和算の成立
──その光と陰──

鈴木武雄著

Giuseppe Chiara

恒星社厚生閣

Padre CHIARA visto dallo studioso Rokutensei (da un vecchio giornale): "Giuseppe Chiara rippa na shimpu de atta" (＝Giuseppe Chiara era un ottimo prete).

キアラ神父の姿

研究熱心なろくてんせい氏の見た

キアラ神父（古い新聞より）

「ジュゼッペ・キアラは立派な神父であった。」

ジュセッペ・キアラ（岡本三右衛門）墓
（調布市　サレジオ神学院内）

イエズス会のIHSが描かれた葡萄蒔絵螺鈿聖餅箱（重要文化財，鎌倉市　東慶寺蔵）

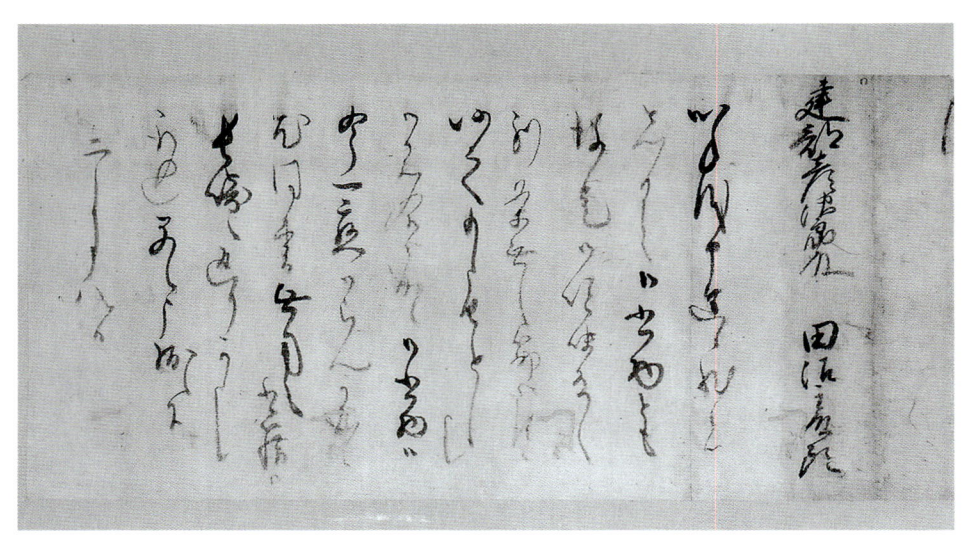

建部彦次郎賢弘宛　田沼主殿頭（意行）書状（著者所蔵）

序にかえて

　戦後の歴史研究のウェイトは，時にはニュー・ヒストリーと呼ばれることもある，社会史的アプローチに傾いています．

　顕著な一例として，夭折したナチス時代の研究家ポイカートの業績をあげましょう．ユダヤ人撲滅計画《ナハト・ウント・ネーベル》を含むナチスの所業は，意外なことにワイマール時代の意欲的で希望に満ちた国民教育計画の中に根を持っていることが明かにされました．自由で民主的で輝かしい文化に満ちたワイマール時代は，人類の最も醜悪な面をさらけ出したナチス時代の系譜学的母体なのです．そこにエリートの文化の光と陰を同時に見ることができます．

　和算の研究で社会との相互作用を視野に入れた考察はごく最近までありませんでした．最初に鍬を入れたのは，戦後の和算研究でトップ・リーダーの地位にあった平山諦博士でしたが，それも世紀末が迫った時期のことでした．その所説は，要約してしまえば，イエズス会士スピノラが京都の南禅寺で行なった算学の講義が和算の誕生の契機になったというものでした．いわば《平山仮説》ともいうべき理論は，一般社会からは好意的に迎えられましたが，和算界からはイデオロギー的ともいうべき反発を受けました．

　平山博士の最晩年の門下生ともいうべき本書の著者鈴木武雄は，上述のような事情から《平山仮説》を補強する証拠を模索していましたが，土倉東北大学名誉教授が発見されたクラヴィウスの著作でマテオ・リッチが翻訳した『同文算指』の平方根の求め方が和算では百川の算学書の中に忍びこんでいる事実から，謎の和算家村瀬の（和算最初の独創的研究である）3次方程式の逐次近似解法へ至る経路をあとづけました．なにゆえ3次式かと問うことにより，授時暦に突き当たります．授時暦では補間法に3次式を使っていたからです．

　従来考えていたよりもはるかに早い時期から暦学の研究が意図的に行なわれていたことは，研究主体の存在とリーダーおよびオルガナイザーの存在を伺わせます．従来名のみが知られていた高原吉種をリーダーと同定し，オルガナイザーとして時のキリシタン奉行で弾圧者として知られる井上政重を見出しました．言い換えれば，和算の成立は時の権力と深く依存せずにはありえないと証

明することで，ニーチェの深い洞察を和算の場合にも認識することになります．この構図の背後には《環シナ海文化圏》ともいうべき東アジアの General Crisis に深く係わっている事実に視野を向けねばなりません．

　本書は端緒にすぎません．学の成立が時の政治社会と密接に連関している事実は，将来もなお深く研究されるべきテーマです．

中村正弘

は　じ　め　に

　数学そのものが敬遠され気味の時代，和算史研究の意義が問われそうです．しかし，数学（和算も）は人類が生み出した貴重な文化遺産であり，その普遍性ゆえに異なる文化・文明，時代を超えた文化・文明の基底を形成しています．

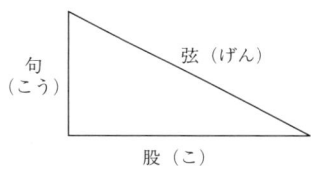

〔句² ＋ 股² ＝ 弦²〕
（和算の場合「句」ではなく「勾」です）

ピュタゴラスの定理の原型は古代バビロニアの粘土板に刻まれ，3,500 年以上の歴史を誇っています．ピュタゴラスの定理は中国の古代数学より「句股法」（「句股弦（直角三角形）の理」）として非常によく知られ，和算でも必修のアイテムです．和算は主として中国や朝鮮を経由して日本へ入り江戸時代に独自の発達をしました．明治政府は学校教育にヨーロッパ数学を導入することを決定しました．その結果，和算は明治になって急速に衰退し消滅してしまいました．

　過去の遺物である和算，現代の数学に直結しない和算を，今さらとお思いでしょう．和算など紙魚と好事家の世界のようにお思いでしょう．本書は和算史を通して大航海時代が日本を中世から脱出させ，近世社会を創出し，さらに日本の近代を準備し明治への架け橋の土台となったことを明らかにすることを大きな目標とします．

　特に本書の特徴は和算の数学的側面をテクニカルに論じるのではなく，その背景にある政治経済および社会文化と関連づけて考えることです．また，本書は和算のルーツが全て中国数学であるという通説に異議を申し立てた，平山諦先生の晩年の著作『和算の誕生』の続編とも言えます．それゆえ本書の書名を『和算の成立』としました．本書は時代的にも『和算の誕生』につづく時代を取り扱っています．さらに本書が『和算の誕生』の続編と自認することは「和算の誕生から成立」にあたってキリスト教文化を含むヨーロッパの数学・天文暦学・測量学などの影響を受けたことを明らかにすることです．16 世紀中葉から地理的にも大航海時代の先端に位置した日本への異なる文明の受容と衝突

が創り出したものとして和算は大きくクローズアップされます．また，その受容と衝突の要因の根底に当時の大きな気候変動，社会変動，歴史的転換があったことも．

　和算史について無知であった私を導いてくださった平山諦先生に深く感謝申し上げます．私家版『和算の成立:上』だけは平山諦先生にお見せすることができたのも，せめてもの恩返しと思っています．本書を平山諦先生の御霊前に捧げます．

　大阪教育大学名誉教授中村正弘先生なくして本書はあり得ません．本書はすべて私の責任で書いたものですが，中村先生との共著というべきものです．それゆえ序文を頂きました．単なるお励ましではなく斬新な視点，新たなアイデアを数え切れないほど多くお教えいただきました．公務煩瑣を理由にしてなかなか本書を完成させ得ない私をつねに厳しく叱咤激励してくださいました．尚，中村先生は数学者であるとともに探偵小説家天城一です．ごく最近，天城一著／日下三蔵編『密室犯罪学教程』（日本評論社）を出版されました．

　東北大学名誉教授土倉保先生には本書のきっかけになった漢訳本『同文算指』を解明した論文を草稿よりお教えいただきました．また，東北大学付属図書館和算図書群のご案内をいただき，史料や常に温かなお励ましを頂きました．

　小山高専名誉教授松崎利雄先生は『算法闕疑抄』等数々のお教えをいただきました．野口泰助氏は三上義夫著「村瀬義益の算法勿憚改」等の史料を，藤井貞雄氏は三上著『支那数学史』，『三上義夫遺稿目録』等，金子勉氏は百川治兵衛『諸勘分物第二巻』および各種の史料を頂きました．福島県和算保存研究会の長沢一松，柴昌明，法井八夫，内藤豊治郎，菅原元三，渡辺秀夫の各氏には礒村吉徳の資料と遺跡をご案内いただきました．近畿数学史学会の下浦康邦，山田悦郎，島野達雄，藤井康生の各氏には数々のお教えをいただきました．山形県和算研究会の板垣貞英，鈴木重雄，佐藤好次郎の各氏は史料のご手配を，千喜良英二米沢女子短大名誉教授は『村山諸藩の和算』を，小川束四日市大学教授は『近世日本数学における円理の萌芽とその特質』『建部賢弘の極値計算について』等を，横塚啓之氏は『授時発明』等の研究論文をお送りいただきました．

　キリシタン史について上智大学教授尾原悟先生，前東京大学教授（現英知大

学）五野井隆史先生には私信や著書を通してご教示いただきました．

大阪府立大学名誉教授金子務先生は『ジパング江戸科学史散歩』（河出書房新社）で，大阪大学名誉教授伊達宗行先生は『「数」の日本史』（日本経済新聞社）で，小説家鳴海風氏は『算聖伝－関孝和の生涯』（新人物往来社）で，拙著『和算の成立』をご紹介いただきました．大阪教育大学教授藤井正俊先生，松宮哲夫先生には「数学教育研究」へのご配慮をいただきました．

井上政重のご子孫である井上正敏氏には，関係する諸事情や写真などの手配をいただきました．鈴木絢子氏には，平山諦先生蔵書の利用を，快くお許しいただきました．小森衛，傑，喜巳子，慧，八木真澄，貴之，藤野政夫，スタジオワン福田の各氏には資料の収集，写真撮影，計算などお願いいたしました．尚，ここに記しませんが多くの方々のご支援ご配慮とお励ましをいただきました．それぞれ感謝申し上げます．

小森傑氏は装丁をしていただきました．

日本学士院図書室，東北大学附属図書館，京都大学附属図書館，筑波大学附属図書館，静岡県立中央図書館，刈谷市立中央図書館，日本珠算連盟，南蛮文化館（北村芳郎氏），キリシタン文化研究会，山形県大石田町立歴史民俗資料館，名古屋市立栄小学校，二本松市の善性寺，台運寺，調布市のサレジオ神学院，小石川の伝通院，谷中の瑞輪寺，イタリア大使館，イタリア文化会館，ローマ法王庁大使館，大須賀町の本源寺，妙龍寺は資料のご案内などをいただきました．

最後になりましたが，本書の出版をお勧めくださり的確なアドバイスをいただいた，恒星社厚生閣の佐竹久男氏，小浴正博氏に深く感謝申し上げます．

尚，本書の研究の一部は，平成10年度文部省科学研究費補助金（研究課題「東西文化史上における和算——和算史における西洋数学の影響について——」：課題番号10913013）の御援助をいただいています．

2004年5月15日

鈴木武雄

和算の成立　目次

序にかえて（中村正弘） ……………………………………………………… v
はじめに ……………………………………………………………………… vii

序　　章 ……………………………………………………………………… 1
　第 1 節　日本の伝統的な数学──和算（wasan）（1）
　第 2 節　『和算の誕生』──平山諦（1904-1998）の遺したもの（5）
　第 3 節　『沈黙』の和算史──カギは『同文算指』（7）
　第 4 節　村瀬義益による飛躍と師礒村吉徳（8）
　第 5 節　関孝和の発見（9）
　第 6 節　陰の演出者──井上筑後守政重 "知は力なり"（10）
　第 7 節　隠された建部賢弘の秘密（11）
　第 8 節　和算成立期の背景（12）

第 1 章　独創の由来──村瀬義益と逐次近似法 ……………………… 15
　第 1 節　前史──開平法および開立法（15）
　第 2 節　『新編諸算記』と『同文算指』（17）
　第 3 節　村瀬義益著『算法勿憚改』と『同文算指』（19）
　第 4 節　『算法勿憚改』の算題「爐縁太サ知事」（22）
　第 5 節　『算法勿憚改』の著者村瀬義益とは何者か（24）
　第 6 節　『算法勿憚改』にみる『同文算指』の影（27）
　第 7 節　礒村・村瀬方式の逐次近似法と連分数展開（29）

第 2 章　奥州の仕置──二本松藩士礒村吉徳 ………………………… 37
　第 1 節　村瀬義益の師礒村吉徳（礒村吉徳）（37）
　第 2 節　礒村吉徳の前半生（38）
　第 3 節　礒村吉徳と二本松藩丹羽家（39）
　第 4 節　二本松藩士としての礒村吉徳（40）

第5節　加藤家とその二本松支配の終焉(42)
　　第6節　伊達騒動——二本松藩の役割(44)
　　第7節　丹羽家二本松藩の成立——捨て石(45)
　　第8節　土木技術者磯村吉徳(47)
　　第9節　近世日本の人口推移——17世紀に起こった人口爆発(48)
　　第10節　まとめ——礒村吉徳の謎(49)

第3章　"知は力なり"——井上政重の場合 55
　　第1節　井上政重と徳川幕府体制の成立(55)
　　第2節　島原の乱（一揆）と井上政重(56)
　　第3節　キリシタン宗門改奉行としての井上政重(59)
　　第4節　外交および安全保障担当大目付としての井上政重(61)
　　第5節　寛永の大飢饉と井上政重(64)
　　第6節　井上政重と西洋学芸(65)
　　第7節　キリシタン政策の転換——ユマニスト井上政重(67)
　　第8節　井上政重の出自と周辺——謎の青年時代(68)
　　第9節　まとめ——"知は力なり"－ベーコン的思想の体現者井上政重(69)

第4章　謎の和算家　高原吉種 77
　　第1節　『荒木彦四郎村英先生茶談』と『算法闕疑抄』にある高原吉種(77)
　　第2節　仮説「高原吉種は潜入宣教師ジュセッペ・キアラである」(79)
　　第3節　イエズス会巡察師アントニオ・ルビノ神父の組織した日本潜入隊(79)
　　第4節　潜入宣教師ジュセッペ・キアラ(80)
　　第5節　クリストヴァン・フェレイラとその貢献(81)
　　第6節　高原吉種とジュセッペ・キアラの動向(85)
　　第7節　『算法闕疑抄』,『頭書算法闕疑抄』と『発微算法』出

版のタイミング（86）
第 8 節　イエズス会士ジュセッペ・キアラ（達）の学識（87）
第 9 節　キアラ達ルビノ第 2 隊と井上政重（90）
第10節　ルビノ第 2 隊・キアラ（達）と井上政重――科学技術研究のオルガナイザー（91）
第11節　キアラ達・ルビノ第 2 隊の動静――海外へ流出した情報（94）
第12節　切支丹屋敷――秘密の科学技術研究所（95）
第13節　切支丹屋敷日記――残存する内部情報（97）
第14節　岡本三右衛門（キアラ）の墓石――史実とは何か？（100）
第15節　謎解き――総論――仮説の検証 1：《高原吉種はキアラである》（102）
第16節　謎解き――各論Ⅰ――仮説の検証 2：『算法勿憚改』の秘密（103）
第17節　謎解き――各論Ⅱ――仮説の検証 3：『算法闕疑抄』の秘密（105）
第18節　謎解き――各論Ⅲ――仮説の検証 4：オルガナイザー井上政重（109）
第19節　岡本三右衛門（キアラ）を知る男――和算家本多利明（110）
第20節　まとめ――謎の和算家高原吉種（113）

第 5 章 "算聖" 関孝和――謎の生涯 121

第 1 節　関孝和，その謎の生涯（121）
第 2 節　氏名の確定しない算聖（122）
第 3 節　不可解な関孝和の父母の死と末弟永章の生年の矛盾（123）
第 4 節　関孝和の兄弟たち（125）
第 5 節　孝和の養家である関家の不思議（125）
第 6 節　その後の関家と内山家（126）

第7節　関孝和の著作『勿憚改答術』『括要算法』——"自由"
　　　　　　　（127）
　　　第8節　磯村吉徳・関孝和とキリシタン版モノグラム（130）
　　　第9節　『闕疑抄一百答術』の暗号——立天元一（133）
　　　第10節　関孝和と礒村吉徳——切支丹屋敷の研究（135）
　　　第11節　まとめ——"算聖"関孝和の誕生（138）

第6章　改暦——武家未曾有の盛典 145
　　　第1節　中国の天文・暦——国家的・公的な大事業（146）
　　　第2節　日本における改暦の動機（147）
　　　第3節　宣明暦と改暦（148）
　　　第4節　近世初頭より貞享暦までの天文暦書（149）
　　　第5節　徳川政権における年号と暦（151）
　　　第6節　朝鮮通信使と国書への年号と天文暦法（154）
　　　第7節　通信使の使命と朴安期（螺山）と岡野井玄貞，保井算
　　　　　　　哲（澁川春海）（157）
　　　第8節　西洋天文暦法の移入（158）
　　　第9節　中国における天文暦法の闘い（160）
　　　第10節　まとめ——改暦と徳川政権の安定化（163）

第7章　暦算家関孝和——小日向科学技術研究所 167
　　　第1節　暦算家関孝和（167）
　　　第2節　関孝和と小日向科学技術研究所（169）
　　　第3節　徳川幕府の情報機構と小日向科学技術研究所（170）
　　　第4節　西洋測量術の伝来と小日向科学技術研究所（171）
　　　第5節　『貞享暦』と関孝和（173）
　　　第6節　黄昏の小日向科学技術研究所（175）
　　　第7節　近世の人口爆発——小日向科学技術研究所（177）
　　　第8節　余録——碁師保井（安井）算哲から天文方澁川春海へ
　　　　　　　（177）

第 8 章　一生の奇会──白石・シドティ・賢弘 ……………181

第 1 節　新井白石とシドティとの出会い（181）
第 2 節　シドティの学識（182）
第 3 節　新井白石の知り得た情報──西洋科学書漢訳本への接近（183）
第 4 節　新井白石と建部賢弘──奇怪な沈黙（186）
第 5 節　シドティと建部賢弘──隠された一生の奇会（187）
第 6 節　建部賢弘の奇妙な転居（188）
第 7 節　建部賢弘後半生の累進（190）
第 8 節　累進の姿──建部賢弘宛の田沼主殿頭意行書状（191）
第 9 節　疑惑の大飛躍──建部賢弘の業績の検証（193）
第10節　『綴術算経』に見える建部賢弘の心理と数学思想（196）
第11節　建部賢弘の性格形成──生育歴と発達心理的な分析（198）
第12節　建部兄弟と関孝和──小日向科学技術研究所（202）
第13節　まとめ──建部賢弘とその時代（205）

第 9 章　和算史の光と陰 ……………211

第 1 節　歴史とは何か──「歴史的真実」とは（211）
第 2 節　「和算正史」考（213）
第 3 節　『徳川実記』の成立（213）
第 4 節　『徳川実記』に現れた和算家・暦算家──関孝和は？（215）
第 5 節　『徳川実記』──関孝和の実家内山家の人々（216）
第 6 節　『徳川実記』──内山庄左衛門と関新七（217）
第 7 節　『徳川実記』──建部賢弘の場合（218）
第 8 節　『徳川実記』に記された関孝和の養子──関新七（新七郎）（220）
第 9 節　建部賢弘と関新七（新七郎）──本多利明の知り得たこ

　　　　　　と（*220*）
第10節　キアラの真相と建部賢弘の秘密——本多利明著『交易論』
　　　　　　（*222*）
第11節　「落書」とは——裏側からの歴史（*224*）
第12節　落書は語る——建部賢弘のある実像（*225*）
第13節　「落書」と関孝和（*226*）
第14節　「宝永落書」——内山七兵衛の役割（*227*）
第15節　田沼主殿頭意行という人物——将軍吉宗の側近（*229*）
第16節　建部賢弘宛の田沼意行の書状（*230*）
第17節　建部賢弘の累進過程——将軍吉宗の意向は？（*232*）
第18節　まとめ（*234*）

あとがき..*241*
人名索引..*245*
書名・論文名索引..*250*

序　章

第1節　日本の伝統的な数学 —— 和算（wasan）

　17世紀初頭の日本で誕生した伝統的な数学を和算といいます．和算という言葉は明治以降のことで，江戸時代には算学，算法，算用などと書かれています．和算は西洋数学を洋算と呼ばれたことに対する用語として生まれました．この和算とよばれる数学は江戸時代から明治初年まで深く研究され広まりました．初期和算は数学的に初等的ながら実学的な色彩をもっていました．元禄頃には有名な関孝和（1640?-1708）などを輩出し，和算は数学的に大きく躍進します．中期以降の和算は多数の有力な和算家（算学者，算者，算用者）による数学的な進展と同時に裾野への拡大が見られます．幕末に至っては広く庶民まで行き渡りました．

　和算は現代の数学のように横書きではなく縦書きで一二三四五‥‥という漢数字を用い，ソロバンによる加減乗除から始まります．甲乙丙などの文字をつかい式表示も独特なものでした．等号（＝）はありませんでしたが，方程式〔開放式〕をつくり解いています．それも多元高次連立方程式を扱いましたから，現代の数学で表現し解いても相当に手が込んだものです．図形はその長さ，面積や体積を求める問題などとして提示され，多角形，多面体，円，球などが多く扱われました．幕末頃には楕円やサイクロイドなど非常に複雑な図形の長さ，面積，体積を求めたり，その重心の問題までありました．面積や体積を求める方法は，ほとんど積分と同じ操作をしました．また，実学的な面とのつながりは，和算の初期からあり，日用算法から測量や天文暦学との深い関係がありました．

　一口に和算史といっても1600年頃から1850年頃までの250年間位ありますから，時代とともに変化（進化）していたことは当然なことです．和算が数学的に飛躍していった内的な要因と，特に重層する外的な要因を探ることは重要

なことです．本書の目的のひとつはそこにあります．

　また，和算の一般庶民への広まりは，和算書（数学書）の需要とその書き手としての和算家がいたからできたことです．この縦書き木版の数学書である和算書は，驚くほど多種多量に出版されました．その代表的存在は，『塵劫記』（初版1627）といい吉田光由（1597-1672）が著作者として知られ，超ベストセラーで超ロングセラーでした．吉田光由の著作ではありませんが，『塵劫記〇〇』『〇〇塵劫記』などと称した和算書も多種多量に出版され，現在でも古書店で廉価で購入可能なものもあるほどです．和算書のなかには高級なものから，珠算の入門書で寺子屋でつかわれるようなものまで各種ありました．和算家にも有名な関孝和のような人から，ほとんど名前しか残らなかった人までいます．

　明治初年になって新政府は，学校教育制度における数学を和算ではなくヨーロッパ数学にしてしまいます．このことは和算を結果的に終焉に追い込んでし

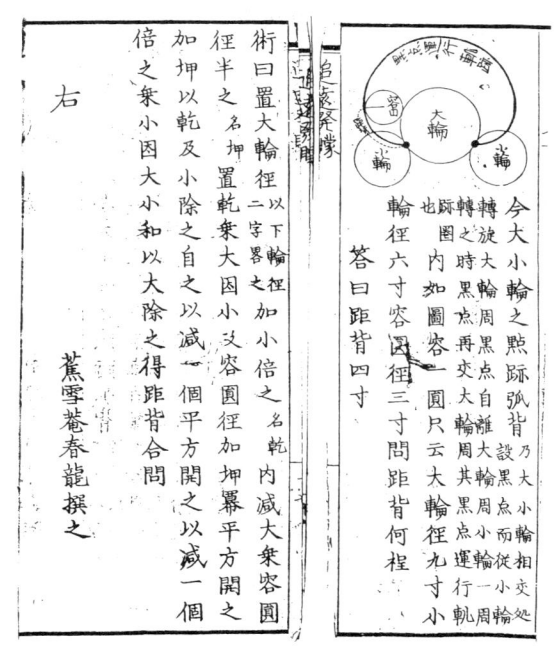

大円の上を小円が転がるときの軌跡（サイクロイド）の長さを求める算題（宅間佐市（好易）編『追遠発矇』，文久3年初版，明治12年再版）．

まいましたが，和算書は明治になっても多数出版されました．和算を担った人々は，消えてしまったのでしょうか．消えてしまったのではなく，彼等は初等中等教育を担ったり，私塾を経営して生活をしていました．現在の珠算塾も，江戸時代からの和算塾の末裔ともいえましょうか．

　このように和算の存在はほとんど忘れさられてしまいましたが，日本が近代化を成し遂げるために大きな役割を果たしたことは，明らかにされなくてはなりません．和算は日本の独特な数学といわれていますが，不思議なことにその数や式は容易にヨーロッパ数学に変換できてしまいます〔数学の普遍性〕．

　従って，幕末から明治において科学技術に関することで活躍した人達の多くは，和算家であったり，少なくとも和算を嗜んでいました．その代表的な人物の一人として，赤松大三郎則良（1841-1920）をあげておきます．彼は長崎海軍伝習所でオランダ人カッティンディーケから数学などを学び，さらにオランダへ5年間も留学し，咸臨丸でアメリカにも行っています．徳川幕府崩壊後，沼津兵学校の一等教授として数学を教えます．その後，明治政府に出仕し日本の近代造船の生みの親となります．その結果，海軍造船中将および男爵として功成り名を遂げます．この赤松則良も，長崎遊学前に和算を学んでいて，それがヨーロッパ数学の修得を容易にしています．嫡孫の赤松照彦によりますと，赤松則良は晩年に至るまで数学が好きで和算も知っていたといいます．事実，赤松文庫のなかには，和算関係の書物が遺されています．この赤松則良は日本の近代化における代表的な例です

赤松大三郎則良銅像
（静岡県磐田市旧赤松邸）

が，他にも多数の有名無名の人物が和算に関わっていました（拙編著『静岡の数学1』pp.31-32（私家版））．

　いずれにしろ，世界史的な観点から見たとき，和算の存在は稀有な例です．中国の数学の歴史的事情は，日本の和算と随分異なっています．宋代，元代までの数学（暦算）は，相当高度なところまで達しました．その影響は和算に及

びます．しかし，明代に入ると，停滞感はまぬがれません．明末からマテオ・リッチ（1552-1610）など科学知識をもつイエズス会宣教師の渡来は，多数ありました．それゆえヨーロッパの科学知識からの刺激は途切れることなくありました．多数のヨーロッパ科学書が漢訳されました．この漢訳書による日本への影響は計り知れないほど大きかったことも事実です．しかしながら，それにより中国の数学が，飛躍的に発達したのかといいますと，翻訳の域を大きく出なかったと言わざるを得ません．キリスト教の宣教師達の布教方針が士大夫階級（マンダリン）の教化という上からのものでありましたから，数学も科学も上層階級の知的な教養やそのときどきの政治統治上の都合に利用された気配があります．

朝鮮における数学の歴史的事情は，中国以上に硬直していたと考えられていましたが，最近川原秀城著『東算と天元術——十七世紀中期〜十八世紀初期の朝鮮数学——』によって，その独自的な発達と和算成立への影響が主張されています．ただ，朝鮮数学〔東算〕が近代を準備し得たかというと留保するところがあります．その差異が大きな課題になると思います．

ところが，和算の場合，幸い「鎖国」というモノと情報の制限と濾過が働き，独自な発達をしたと思われます．また，ヨーロッパ科学書の漢訳本は，キリシタン厳禁という歴史的な経緯のもとで，密輸されたにしろ，あからさまな扱いができませんでした．漢訳本そのままの数学的な記述は，非常に危険なことです．それが和算の独自性を獲得する契機となったかもしれません．

特に違いで大きなことは，庶民への伝播です．17世紀から19世紀中期に至るまで，すなわち近代的な学校制度が始まる以前に，数学が広く庶民階層まで浸透した地域は，日本以外なかったでしょう．和算が単なる計算の道具としてではなく，和算的な思考を通して多くの庶民が合理的なものの見方・考え方をするようになっていたということです．これは識字率とも関連していますが，日本の近世が「和算」のもつ合理的精神と実学としてのソフトウェアを同時に獲得することにより，近代を周到に準備していたということになります．それこそが日本をして，西欧以外（非白人国）で唯一ヨーロッパ的な意味での近代化を成し遂げることができた最も重要な要因であったと言い得ることです．幕末，明治における富国強兵・殖産興業の政策の推進は，数学を基礎とした科学

技術の広範な基盤なくしてできません．富国強兵を担う軍事科学技術からの要請は直接的であり，和算は陰に追いやられヨーロッパ数学が導入されましたが，その吸収は驚くほど早かったというべきです．前述したとおり，その背景に和算の存在があったことを忘れてはなりません．このような意味で，和算の果たした歴史的な功罪を論じることも重要なことです．

特に，本書は最も重要な和算の成立期である寛永末期 (1640頃) から享保前期 (1730頃) までの，およそ100年間の和算の歴史を扱います．

第2節　『和算の誕生』── 平山諦 (1904-1998) の遺したもの

さて，このように和算が果たした日本文化あるいは科学技術への役割は，計り知れないものがあるものの，その歴史には不明な部分や謎の部分がたくさんあります．特に，和算の発生期から成立期までは，不可解と思われることが重要部分にまで残されています．和算発生期の謎に最初に挑戦したのは，平山諦です．その著書『和算の誕生』(恒星社厚生閣, 1993) は，89 歳の時のものです．平山は東北帝国大学理学部数学科の時より数学教室主任教授林鶴一 (1873-1935) と藤原松三郎教授 (1881-1945) に師事し，和算研究に専心してきました．林は『和算研究集録：上下』(東京開成館, 1937) を遺し，藤原は『明治前日本数学史：全 5 巻』(岩波書店, 1954-1960) を遺しました．これらの膨大で精緻な研究は，和算をヨーロッパ数学に置き換えて比較検討するという基礎的基本的なものでした．平山諦の研究も当然この系譜を引くものでしたが，昭和20年10月12日に藤原が亡くなり，さらに戦後の東北大学の数学研究体制のなかで和算史研究は，片隅に追いやられる結果となってしまいます．それに追い打ちをかけるように，昭和26年平山自身が結核となり周囲は死を覚悟したほどの状態になりました．ストレプトマイシンによって九死に一生を得た結果は，後々の自己大変革に結びついていったように見えます．その後も『関孝和』(恒星社厚生閣, 1969)，『関孝和全集』(大阪教育図書, 1974) など多数の和算研究を精力的に進めました．そのなかでも沸々と和算発生期への疑問が湧いていました．それは平山 83 歳の時，『初期和算への西洋の影響』(富士短大紀要, 1987) という論文によって口火が切られ，さらに『和算の誕生』となって結実しました．

『和算の誕生』は，日本へ渡来したイエズス会宣教師カルロ・スピノラ (1564-1622) が"和算の誕生"に深く関与しているという仮説から出発しています〔平山仮説〕．16世紀の終わりに京都にあったイエズス会のアカデミアでカルロ・スピノラが数学や天文学を講義したことは，イエズス会の文書で知られています．たしかにスピノラはイタリアの名門貴族出身でローマ学院（現グレゴリオ大学）で16世紀のユークリッドといわれたクリストファー・クラヴィウス (1537-1612) に短期間学んでいます．しかし，スピノラの学歴と彼自身の書簡からも，数学や天文学を深く学んだようには見えません．

それでも長崎とマカオとの経度差を観測して求めていますから，当時の日本の知識人にとっては，スピノラのもつ新知識への魅力がありました．それゆえ京都のアカデミアには，多数の知識人が外来の新知識を求めて尋ねています．スピノラの講義には，初期和算史を飾った百川治兵衛（百川忠兵衛 ?-1638），毛利重能，今村知商，吉田光由などが参加したと考えられます．ただ講義といっても参加した百川治兵衛，毛利重能などのソロバンの知識と技術はなかなかのものがあり，スピノラを驚かしたに違いありません．むしろ講義というより討論を主とした創造的なもの（ゼミナール形式に近い学習形態）であったと考えられます．つまり和算は誕生したのです．その結果が，毛利重能の著作『割算書』(1622) や百川治兵衛（百川忠兵衛）の著作『諸勘分物：第二巻』(1622)

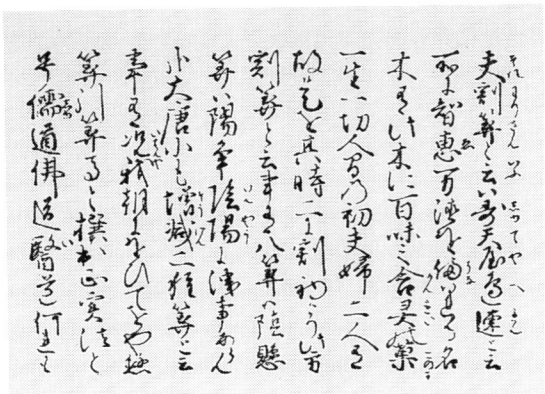

毛利重能著『割算書』元名8年版序．
（日本珠算連盟編集発行，初版1956，再版1978）

『新編諸算記』(1641)，吉田光由の著作『塵劫記』(1627) に遺されています．

　和算誕生の状況は，『割算書』の旧約聖書を引用した序文，そして巻末に「天下一」と号したことや謎の印などで，それとなく知ることができます．寛永15年 (1638) 佐渡にいた百川治兵衛がキリシタンの嫌疑で捕まり入牢し，弟子達の取りなしでやっと出牢しています．『塵劫記』(寛永 8 年版) の跋文に吉田光由は，"我稀に或師につきて" と書き残しました．この "稀なる或師" こそスピノラであると平山諦は，『和算の誕生』(pp.86-87) で主張しています．

　この『和算の誕生』の巻末 (p.204) に述べられているように，毛利重能の三弟子の内，今村知商，吉田光由は，それぞれ著作もあり，わずかながら履歴も判明しています．しかし，もう一人の弟子である高原吉種は，まったく不明であり，何の研究もされてこなかったことを指摘しています．平山諦はこの高原吉種の謎を解くことを最大の研究課題として提示したと言うべきでしょう．

第 3 節　『沈黙』の和算史——カギは『同文算指』

　本書の目的はこの平山の遺された最大の研究課題に回答を与えるということです．詳細は本文に述べていますが，結論的に申し上げますと，高原吉種は 1643 年に日本へ潜入したイエズス会宣教師ジュセッペ・キアラ (1602-1685) であるということです．このジュセッペ・キアラが遠藤周作の小説『沈黙』(新潮社, 1966) の主人公セバスチャン・ロドリゴとして書かれていることは，衆知のことです．『沈黙』は何回も重版され，英訳 (『SILENCE』, 1982) もされ遠藤周作の最高の作品として評価されています．1971年『沈黙』は篠田正浩監督によって映画化もされ，主役の

映画「沈黙」(「Silent」) のパンフレット表紙．

ロドリゴはディヴィド・ランプソンによって演じられました．

この高原吉種がジュセッペ・キアラであったという仮説は，和算史上の重要な謎を解き明かすことになります〔平山第2仮説〕．

さらに，ジュセッペ・キアラ達は，大目付兼切支丹奉行として悪名高い井上筑後守政重(1585-1661)の下屋敷に収容されます．この下屋敷こそ現在でも切支丹屋敷としてその名前が残っている場所です．筆者はこの切支丹屋敷が秘密の科学技術研究所であった，という驚くべき事態に気づきました．

どのようにして，このような仮説に立ち至ったのかを説明いたします．高原吉種がジュセッペ・キアラであるという仮説に到達する前に，筆者は東北大学名誉教授土倉保の『同文算指』(原著 Clavius『Epitome Arithmeticae Practicae, Rome, 1583』)の研究から出発していることを報告します．土倉は『同文算指』の開平計算が逐次近似法によることを苦心の末に解明しました．土倉による解明は，平山が『同文算指』の開平計算について問い合わせたことが契機となりました．この『同文算指』(1613)は，中国に渡来したイエズス会宣教師マテオ・リッチとキリスト教徒となった李之藻によるクラヴィウスの翻訳書です．マテオ・リッチもクラヴィウスの弟子でした．マテオ・リッチの方が，カルロ・スピノラより長期間ローマ学院でクラヴィウスから数学や天文学を学んでいます．

第4節　村瀬義益による飛躍と師礒村吉徳

この『同文算指』の開平計算が逐次近似法によるという土倉保の解明は，和算における逐次近似法の所在を調査するきっかけになりました．それは村瀬義益(?-?)という人物にあたることになります．村瀬という和算家も不可解な人物ですが，和算史上最初に3次方程式を逐次近似法で解いています．この代数方程式を逐次近似法で解く方法は，非常に有効な方法で現在でも数値解法の主要なものとなっているほどです．村瀬義益は『算法勿憚改』(1681)を著します．この書の序文に村瀬自身の履歴が若干書かれていて，最初佐渡の百川に学び，さらに礒村吉徳(1630?-1690?)を師として学んだといいますが，ほとんど不可解な人物といえます．そこで礒村吉徳なる人物を調べることになります．この礒村吉徳は，現在も福島県二本松市の善性寺に墓石が残っていて，これはこの時

代の和算家として稀なことです．礒村吉徳は，高原吉種の弟子であるといわれています．ここで，高原吉種にたどりつきました．

　ここで，さらに重大なことがあります．この高原吉種の弟子に礒村吉徳以外に算聖関孝和がいたのです．すなわち，算聖といわれた関孝和の師匠が，イエズス会の潜入宣教師ジュゼッペ・キアラであったなどとなれば，おそらく驚天動地でしょう．筆者自身も驚きでありましたから，最初お聞きになった方は，驚きを超えて疑いをもたれるでしょう．しかし，関孝和とその周辺を調べてみると，不可解な謎ばかりでありましたが，この仮説に従うと，これらの謎をうまく解明することになります．この謎解きは，関孝和の高弟として著名な建部賢弘(1664-1739)にも及ぶことになります．

　このようにして，本書は，高原吉種，礒村吉徳，村瀬義益，関孝和，建部賢弘といった，和算史上錚々たる人物をとり上げることによって，はからずも「和算の成立」は如何に成されたかを解明することになりました．

第5節　関孝和の発見

　和算史上，関孝和ほど有名な人物はいないでしょう．教科書にも関孝和の名前は，掲載されていますから，和算史上の代表的人物として知られるようになります．

　ところで，関孝和はどのような業績があり，どのような経歴をもった人物であったのか，といいますと，一般に知られていません．関孝和の業績については，林鶴一，藤原松三郎，三上義夫，加藤平左ェ門，平山諦などの大先達が，多くの部分を明らかにしてきました．関孝和の代表的な業績は，先ず傍書法という文字と文字式を創案し，それにより多元高次連立方程式を組織的に取り扱ったことです〔演段術〕．また，その際に行列式を導入しました．円周率の計算においても，増約術という現代の数値計算法におけるエイトケン加速法を導入しました．また，円周率の分数近似を求める零約術を創りました．まだ，他にいくつもの業績が知られていますが，まさに画期的な業績でありました．それ故，後に関孝和は"算聖"とよばれ，後世の和算家の崇拝の的となります．また，明治になっても関孝和は，贈位の対象となり国定教科書でも日本が生ん

だ偉人の一人となります．

ところが，関孝和については，藤原松三郎も"不明な点がすこぶる多い"といわざるを得ないほどの人物なのです．関孝和自身も自らを詳しく語っていません．関孝和の弟子には建部兄弟とくに建部賢弘という大秀才の和算家がいて，卓越した業績もよく知られています．建部家の家譜がありよく知られています．ところが，師匠である関孝和について，建部兄弟はほとんど語っていません．これも不思議なことです．その他にも関孝和の弟子が知られていますが，彼らも師について語っていません．このように和算史上最大の業績のある和算家が，不可解な人物のままの状況でいます．

筆者は，関孝和の師がジュセッペ・キアラ（高原吉種）であったという仮説に立つことによって，新たな関孝和を発見することができました．

第6節 陰の演出者── 井上筑後守政重 "知は力なり"

井上筑後守政重（1585-1661）は大目付兼初代宗門改奉行としてキリシタンの大弾圧を企画執行した悪名高い人物として知られています．遠藤周作『沈黙』において，井上政重は「奉行」「イノウエ」とよばれ，映画では岡田英次が演じました．井上政重は三代将軍家光の格別の信認を得て辣腕を振るいました．

さて，この井上政重の力の源泉はどこに求められるでしょうか．彼の兄，井上正就が二代将軍秀忠附の年寄（老中）であり，その娘婿すなわち彼の姪婿が智恵伊豆こと松平伊豆守信綱など，それなりの幕府内に人脈があったことも事実です．しかし，兄井上正就は殿中で刺殺されるという悲運があり，人脈それだけで将軍の信任を得て幕府内で力をもち得ません．20代前半までの彼の経歴は，不詳です．むしろ隠されているように見えます．彼は4人の内の1人の惣横目（大横目，大目付）に就任したときから，歴史に登場します．

井上政重については，日本の史料よりオランダ史料など外国人の情報の方がより詳しく，人間性が伝わってきます．それらによれば，彼は警視，（将軍）特使，筑後守殿などと畏敬の念で見られていました．オランダ人が驚くほどの海外情報の蒐集，天文・数学，測量，医学，築城，大砲の製造などあらゆる科学技術に詳しく高い関心を示しています．実際に正保の国絵図・城絵図製作を指

揮しています．隠された大きな仕事は，江戸切支丹屋敷にありました．

"知は力なり"を体現した人物こそ井上政重その人です．井上政重はベーコン的思想の体現者でした (Francis Bacon, 1561-1626)．

井上政重は和算家ではありません．天文暦学，測量，築城，大砲などの軍事科学など総合的な科学技術の陰のオルガナイザーの役割を担いました．

また，一方で宗門改奉行，天主教考察という徳川政権の思想警察の元締めをしました．これが悪評の原因になってしまいましたが，オランダ人たちも彼のことを，「ローマ教（ローマ・カトリック教）に精通している」と驚嘆しているほどの人物です．彼はリアリストであるだけでなく，当時のヨーロッパの人文主義の影響を色濃く受け，それを現実に折り合いを付けつつ執行していました．

しかし，人間の歴史的な評価とはむずかしいものですが，筆者の本書における最大の発見の一つは，井上政重だと確信しています．"知は力なり"の体現者であり人間井上政重を本書で発見することができると思います．

第7節　隠された建部賢弘の秘密

建部賢弘 (1664-1739) は，関孝和の高弟であっただけでなく，若くしてその大秀才振りを発揮して『研幾算法』『発微算法演段諺解』『算学啓蒙諺解大成』などを板行しました．また師関孝和および兄建部賢明との共著で大著『大成算経』を残すなど，逸材として知られていました．建部賢弘は幕府右筆の三男として生まれて，後に養子に出ます．その上悪筆だったようです．賢弘は養家と折り合いが悪くその家を出て，その後甲府宰相綱豊 (1712-1763) の家臣となり，綱豊が将軍綱吉の世継ぎとなった結果幕府直属の御家人となります．さらに，八代将軍吉宗 (1683-1751) の代に，累進を重ねます．和算的な面で見ると，丁度将軍吉宗の頃，享保7年 (1722)『綴術算経』という独創的な研究をします．このとき，建部賢弘の年齢は何歳であったでしょうか．このことに，いささかの疑念が生じても不思議はありません．

そのころ，ひとつの大事件が起こっています．1708年イエズス会宣教師シドティ (1668-1714) が日本へ潜入したのです．このシドティに会ったのが，新井

白石です．新井白石は，シドティに出会ったことを"一生の奇会"というほどの衝撃を受けました．本書によって，シドティと建部賢弘との接触と意外な展開を知ることになるでしょう．

第8節　和算成立期の背景

この和算成立期の歴史的な背景を考察する必要があります．

1643年は，ジュセッペ・キアラたち，いわゆるアントニオ・ルビノ隊の潜入だけでなく，様々なことがありました．朝鮮通信使の来朝もありました．三代将軍徳川家光の乳母である春日局（1578-1643）と政治顧問であった天海大僧正（1535-1643）が死去しています．将軍家光（1603-1651）の精神的な打撃は大きかったはずです．徳川政権は将軍独裁の軍事政権ですから，将軍家光個人の問題に止まらない性格をもっていました．さらに，大きなことは，この年の前後全地球的な規模で寒冷期であったことです．冷害による穀物の不作はひどいものでした．西日本では牛の疫病が蔓延しています．これは日本だけではなく，中国でもヨーロッパでも記録に残っています．イギリスのロンドンのテムズ川では，8月でもスケートができたというほどの寒さでした．中国では，この時期に中国東北地区で満州族が勢力を拡大し，ついに明朝を滅ぼしてしまいます．明朝が滅ぼされるということは，徳川政権にとって夢想だにしなかったことです．満州族の台頭は，彼らが蒙古族の後裔を自称していましたから，元寇の際と同じような蒙古の再来襲を思い起こさせました．寛永末期はこのような時代であったわけです．

このような時代に徳川幕府は，将軍独裁の軍事政権から老中・若年寄等の合議制による文治政権への移行がなされます．それは武威武力による支配体制から，文による支配体制への転換でありました．時代は三代将軍家光から四代将軍家綱のころです．家綱政権では，将軍個人の力量で政権運営，特に武威武力による支配体制の確立は困難でした．さらにこの文による支配体制の転換は，五代将軍綱吉，六代将軍家宣とその傾向を一層強めます．文による支配体制の確立のためには，それなりの支配装置が必要です．その支配の装置は儀式儀礼であり，法秩序であり，倫理道徳であり，役職と官位，石高による臣下の序列

化であり，そして政権の正統性を示す造暦と暦の頒布などです．

　特に，よい暦《善暦》の頒布は外交上でも交渉を優位にするために重要なことでした．外交文書には，年号および年月日が記されます．外交文書において，どの国のどの暦を使うのか大問題でした．使用する暦の優秀さによって政権の文化的な優位性や強さが推し量られます．外交における暦《正朔を奉じること》は，足利政権以来の大きな問題でした．暦は，東アジアに共通する外交上の大きな問題でした．東アジアの前近代において，造暦と頒布は政治そのものでありました．国内政治においても，徳川幕府による造暦はこれまでの鎌倉および室町の武家政権でも成し得なかった盛典であったのです．いわゆる澁川春海による貞享暦の成立の背景を追究する必要があります．

　善暦かどうかの判定は，日食や月食の予報が的中することによりました．善暦を造るためには，天文暦法の理論と天体の観測から得られた数値計算が必要です．数値計算の処理のために和算は高度に発達したという考えが，平山諦と天文学者の広瀬秀雄の見解です．関孝和の和算研究の動機は，天文暦計算にあったというのです．すなわち関孝和は和算家であると同時に暦算家と考えた方が彼の学問的な性格を特徴づけると思います．

　以上のように考察してみると，和算の成立も徳川政権の成立過程《武威武力の支配から文による支配への転換》と深い関係があると言わざるを得ません．

《主な和算家の師弟人物関係図》

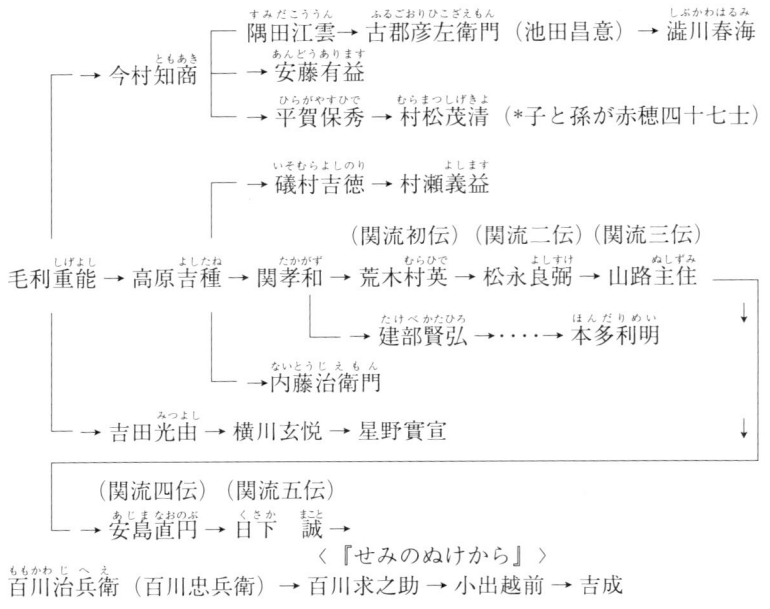

百川治兵衛（百川忠兵衛）→ 百川求之助 → 小出越前 → 吉成

《井上筑後守政重の関係図》

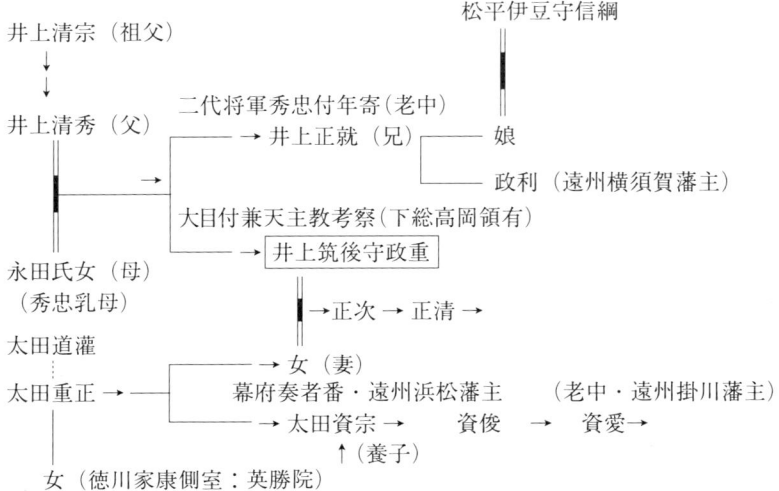

第 1 章　独創の由来——村瀬義益と逐次近似法

第 1 節　前史——開平法および開立法

　村瀬義益と逐次近似法とは何かを述べる前に，和算史における開平法および開立法〔平方根や立方根を開く計算〕について調べてみましょう．これについて，平山諦著『和算の誕生』は詳細に論じています[1]．

　開平法および開立法が和算書の目次に最初に登場したのは，吉田光由（1597-1672）の最初の著書である『寛永四年版（26条本）塵劫記』（1627）の巻之第四の一番最後の「開平法の事」「開立法の事」です[2]．

　ただし，それ以前で最初の和算書といわれる龍谷大学所蔵『算用記』と有名な毛利重能著『割算書』（1622）には，目次に開平法がありませんが，登り坂の問題に開平法が潜んでいます[3]．『割算書』の跋に「開平と云は平に四方になす算也，開立法と云は四方高さも同寸に塞のごとくになす算也」と言葉はあり

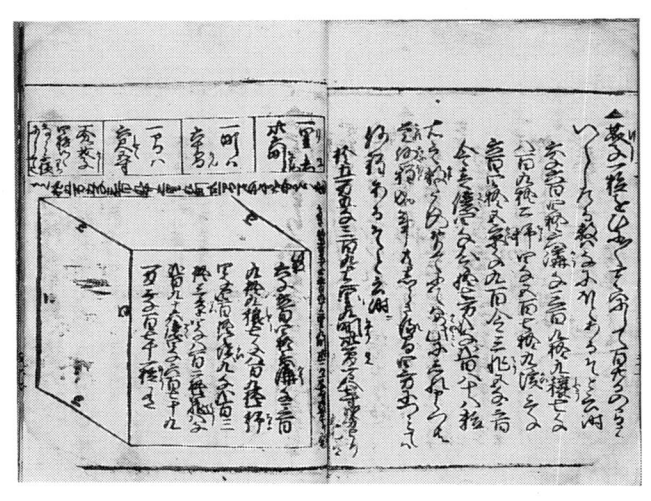

慶安 5 年 5 月版『塵劫記』巻下（50 丁裏，51 丁表）．（平山諦蔵書）

ますが,言葉だけで解説はありません.また,百川治兵衛著『諸勘分物:第二巻』(1622)の目次にも開平法はありませんが,いくつかの問題の解法計算に簡単な開平法を必要としています[4].

ここで興味深いことは,最初に開平法および開立法をはっきり採り上げ記述した吉田光由がよく理解していなかったということです[5].それにも関わらず吉田光由は開平法および開立法を詳しく記述しています[6].また,寛永20年版(1643)「第六 ひにひに一ばいの事」で芥子1粒を毎日2倍して,120日の間の数を開立する問題で,結局2^{119}(=6646溝1399穣7892秭4579垓3645京1903兆5301億4017万2288粒)という巨大数の開立計算をしていることです.しかも,1回開立した余りの内7078兆がすっぽり脱落しています[7].その後の計算に間違いがなく,誤刻かもしれませんが,単なるケアレスミスとも考えられません.はなはだ奇怪なことです.

ところで,百川忠兵衛著『新編諸算記』(1641)は,開平法および開立法が文章で明瞭に説明してあります[8].しかも重要なことは,『新編諸算記』の開平法および開立法がニュートンの近似法と同じであったことです[9].百川忠兵衛は,百川治兵衛と同一人物といわれています[10].すなわち,百川治兵衛こそ日本で最初に開平法および開立法を理解した和算家といえます[11].

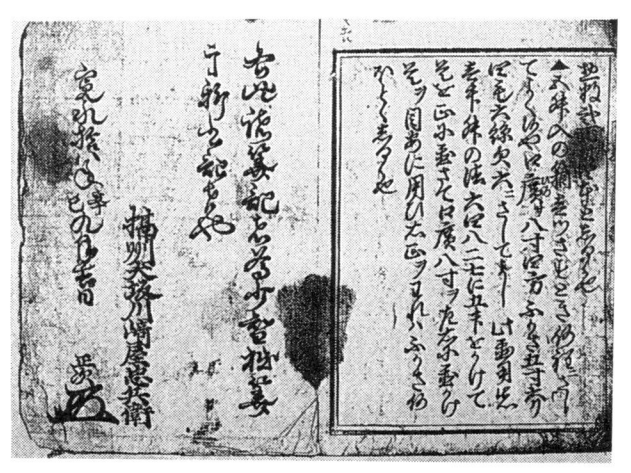

百川忠兵衛『新編諸算記』(寛永18年)下巻,末(名古屋市立栄小学校蔵)

ここで非常に重要なことは，百川治兵衛はどのようにして開平法・開立法にニュートン近似法を適用することを得たのでしょうか．

第2節 『新編諸算記』と『同文算指(どうぶんさんし)』

百川治兵衛が開平・開立の計算のためにニュートン近似法を独創したのでしょうか．初期の和算家であった百川治兵衛がいかに抜きん出た存在であったとしても，数学の歴史のほとんどなかった日本で，独力でニュートン近似法を開平・開立計算に適用できたでしょうか．バビロンからヨーロッパの数千年の歴史において開平法にニュートン近似法を適用することを発見してきたことを忘れてはなりません[12]．

筆者は百川治兵衛が開平・開立計算へニュートン近似法を適用することを独創したのではなく，何らかのヒントを得たと考えています．そこで考えられることは，その頃までに出版された数学書の中で開平・開立計算へニュートン近似法を適用したものを探すことです．

幸いなことに東北大学名誉教授土倉保が，『同文算指(どうぶんさんし)』[13]（1613）の中の開平計算が，

$$x_{n+1} = x_n + \frac{A - x_n^2}{2x_n} \quad (n=0, 1, 2, \cdots)$$

という漸化式で表されていることを解読しました．まさにニュートンの近似公式と一致していることを見出したわけです．『同文算指』では，$A=20$，$x_0 = 4$（$n=0$ のとき），という数値を用いて近似値を求めています．

$$\begin{aligned} x_1 &= 4 + \frac{20-4^2}{2\times 4} \\ &= 4.5 \end{aligned}$$

これを再び代入して，

$$\begin{aligned} x_2 &= 4.5 + \frac{20-4.5^2}{2\times 4.5} \\ &= 4.472223\cdots \end{aligned}$$

この値を再び代入して，

$$x_3 = 4.472223 + \frac{20 - 4.472223^2}{2 \times 4.472223}$$
$$= 4.4721326\cdots$$
$$\sqrt{20} = 4.4721359\cdots$$

ですから,小数点以下第 5 桁まで一致しています.非常に速い収束です.くわしくは,土倉保著『「同文算指」の開平法』をご覧下さい [14].とにかく,数学的方法として繰り返し同じ式に代入するという方法〔逐次近似法,反復法〕が決め手です.

このことは非常に重要なことで,これまでの和算史の疑問を解く鍵を与えるものになるはずだからです.

結論的に申し上げますと,百川治兵衛は『同文算指』の開平法の部分からヒントを得て,自家篋中のものとし弟子達に秘密に教え,その結果が『新編諸算記』として遺ることになったと考えます [15].弟子達は師を追悼する意味で,教えの重要部分を記念として板行したと考えます.その根拠の一つは,『新編諸算記』巻之下第四十二「開平法口伝知ル」「開立法口伝知ル」と"口伝"という

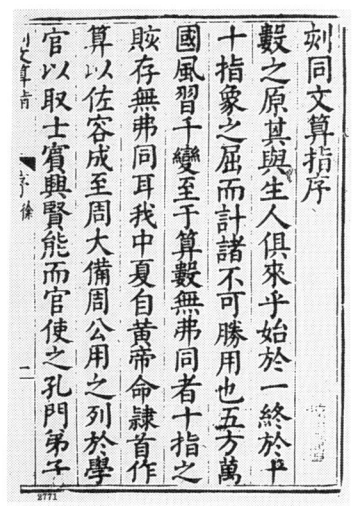 

(左)『同文算指』序,(右)『同文算指』の原書,クラヴィウス著『Epitome Arithemeticae Practicae』(『RARA ARITHMETICA』,GINN AND COMPANY, 1908)

言葉があります．この"口伝"という言葉は，ここ以外には目次に第三十二「入子算口伝知」にありますが，本文では「入子さん」であって"口伝"という言葉はありません．従って，開平法と開立法だけに"口伝"という言葉を入れたのです．

ところで『同文算指』は，明末に中国に渡来したイエズス会宣教師マテオ・リッチと李之藻によって刊行された西洋数学の漢訳本のひとつです[16]．『天学初函』の一部を成しています．『同文算指』の原書は，マテオ・リッチの師でありローマ学院の学頭クリストファー・クラヴィウス（Christopher Clavius, 1537-1612）著『Epitome Arithmeticae Practicae』（初版 1583）です[17]．

ここで重要なことは，1630 年キリシタン書の輸入禁止がとられたといわれていることです．『同文算指』も禁書目録に入っています．百川治兵衛が禁書である『同文算指』を入手できたかどうか，非常に問題になるところです．しかし，逆に考えれば百川治兵衛が突如開平・開立計算にニュートン近似法を適用するという飛躍は，『同文算指』をヒントにしたとしか納得のゆく説明ができません．『同文算指』をヒントとして示した者は，カルロ・スピノラだったと考えます．『同文算指』は 1613 年に出版されています．スピノラはイエズス会の組織的活動として，マカオを経由して『同文算指』を入手できる立場にありました．スピノラ自身同じローマ学院で，短期間にしろクラヴィウスに学んでいますから，原著の存在は知っていたはずです．原著がすぐ入手できないとき，また日本人に与えるためにも『同文算指』は，スピノラにとって喉から手が出るほど欲しい存在だったと推測できます．

ただし，百川治兵衛が『同文算指』の開平法を解読したのは，京都を去った後と考えています．それゆえ，毛利重能著『割算書』や吉田光由著『塵劫記』から見て，彼らが開平・開立法を理解していないのは，百川治兵衛が『同文算指』の開平法を解読する以前に離れた結果と見なされます．

第 3 節　村瀬義益著『算法勿憚改』[18]と『同文算指』

村瀬義益著『算法勿憚改』の最も重要な点は，和算史上初めてあるタイプの 3 次方程式を逐次近似法[19]を用いて具体的に解いたことです．このことは和算

史〔数学史〕上において非常に重要な出来事です．開平・開立法から格段の飛躍と考えられます．どのようにして村瀬義益は3次方程式に逐次近似法を拡張することを発見したのでしょうか．村瀬義益のまったくの独創ではなく，何らかのヒントを得たものと考えるのが自然です．

結論的に申し上げますと，村瀬義益は『同文算指』の開平法がニュートン法による逐次近似法で解かれていることをヒントにして，あるタイプの3次方程式[20]に拡張したのではないかと考えられます（ただし，『算法勿憚改』にある開平法は，通常の方法です[21]）．

『算法勿憚改』の問題を方程式にしますと，
$$4x^2(14-x) = 192$$
となります．『算法勿憚改』では，これを3通りの方法で解いています．

〈第1法〉現方程式を展開します．
$$14x^2 - x^3 = 48$$
$$14x^2 = 48 + x^3$$
$$x^2 = \frac{48 + x^3}{14}$$

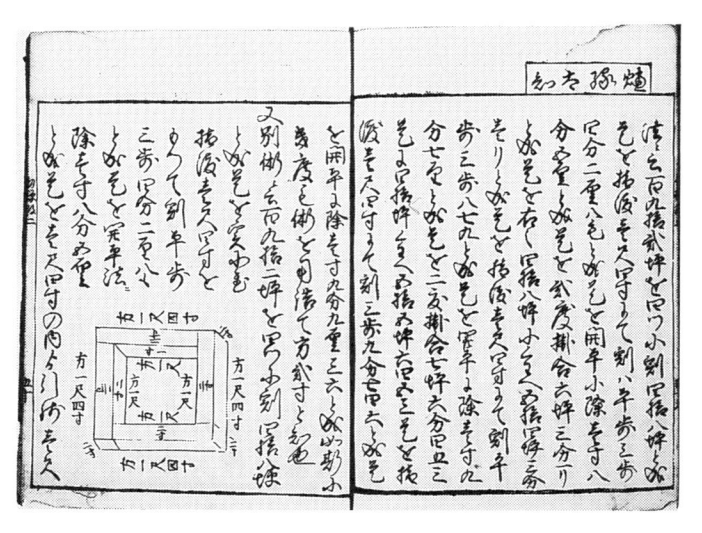

村瀬義益著『算法勿憚改（算学渕底記）』第2巻, 49丁裏, 50丁表（平山諦蔵書）．

$$x_0=0, \quad x_1^2 = \frac{48 + x_0^3}{14}, \quad x_2^2 = \frac{48 + x_1^3}{14}, \quad \cdots\cdots$$

によって x_1, x_2, x_3 ……を定めれば，次第に求める根に近づくと，すなわち，漸化式で

$$x_{n+1}^2 = \frac{48 + x_n^3}{14}$$

と表され，

　$x_0=0$, $x_1=1.85$, $x_2=1.97$, $x_3=1.9936$, と近似しています．

〈第2法〉（別の変形をして）

$$4x^2(14-x) = 192$$

両辺を $4(14-x)$ で割ります．

$$x^2 = \frac{48}{14-x}$$

という有理式になり，

$$x_0 = 0, \quad x_1^2 = \frac{48}{14-x_0}, \quad x_2^2 = \frac{48}{14-x_1}, \quad x_3^2 = \frac{48}{14-x_2} \cdots\cdots$$

すなわち，漸化式

$$x_{n+1}^2 = \frac{48}{14-x_n}$$

を使って，

　$x_0=0$, $x_1=1.85$, $x_2=1.976$, $x_3=1.9989$, $x_4=1.9999907$,

と近似しています．この第2法は，有理式になりましたので，第1法より一層収束が速くなっています．

　第1法と第2法で2つの漸化式

$$x_{n+1}^2 = \frac{48 + x_n^3}{14}$$

$$x_{n+1}^2 = \frac{48}{14-x_n}$$

と『同文算指』の漸化式

$$x_{n+1} = x_n + \frac{A - x_n^2}{2x_n}$$

を並べてみましょう．もちろん，漸化式は異なりますが，数値を繰り返し代入するという解法〔すなわち逐次近似法あるいは反復法〕に対する数学的思考はまったく同じです．

　この代数方程式に逐次近似法をつかって数値解を求める方法は，非常に重要な方法で，一般型3次方程式，4次方程式，……; n次方程式に拡張できます[22]．現代の数値解析でも有用な方法です．このように非常に重要で有効な方法を，一個人が和算史上はじめて突然獲得できるでしょうか．筆者は，村瀬義益も『同文算指』の開平法へ逐次近似法〔反復法〕を利用していることを知り，これを拡張して3次方程式へ逐次近似法をつかって解き，自著『算法勿憚改』に記述したと推定します．

　尚，最近中村正弘・武田二郎著「『同文算指』と『算法勿憚改』の間」（大阪教育大数学教育研究第32号，2002）で逐次近似法の適用が開平法から3次方程式では飛躍があり，『新編諸算記』が『口遊』の問題は2次方程式になりそれを逐次近似法で解いたと推定しています．すなわち，開平法 → 2次方程式 → 3次方程式と逐次近似法の適用の発展段階を指摘しました．

第4節　『算法勿憚改』の算題「爐縁太サ知事」

　もちろん『算法勿憚改』の本文に現代的な文字式で3次方程式が記述してあるわけではありません．爐縁（ろえん）すなわち囲炉裏の縁の体積と太さに関する問題になっています．この爐縁の体積を192坪とするとき，一辺が1尺4寸のとき太さ（幅と高さ）を求めよ，という問題です (p.20の図を参照)．

〈原文〉	〈解説〉
「寸坪百九拾弐坪有　是を壱尺四寸四方の爐縁にして ふとさ何程の方と問」	現代の方程式の応用問題と考えて，太さ＝xとおきます．縦 x，横 $(14-x)$，高さ x，の直方体が4個ありますから，合計して192とすれば よいわけです．すなわち，

	$x \times (14-x) \times x \times 4 = 192$
	整理すると
	$4x^2(14-x) = 192$
「答云　弐寸四方」	答を述べると　2寸四方
「法ニ云」	解法を述べると，
「百九拾弐坪を四ツに割四拾八坪と成」	$192 \div 4 = 48$ となります．すなわち，方程式の両辺を4で割ると，
	$x^2(14-x) = 48$
	これを展開して整理します．
	$14x^2 - x^3 = 48$
	$14x^2 \;\;\;\;\;\;\;\;= 48 + x^3$
	漸化式で，$14x_1^2 = 48 + x_0^3$
	ここで，$x_0 = 0$ とする．
「是を指渡壱尺四寸にて割は　平歩三歩四分二厘八毛と成」	$14 x_1^2 \;\;\;\;\;\;\;\;= 48$
	$x_1^2 \;\;\;\;\;\;\;\;\;\;\;= 3.428$
「是を開平に除　壱寸八分五厘と成」	$x_1 = \sqrt{3.428} = 1.85$
「是を弐度掛合六坪三分一リと成」	$14x_2^2 \;\;\;\;\;\;\;\;= 48 + x_1^3$
	$x_1 = 1.85$ を代入し
	$14x_2^2 \;\;\;\;\;\;\;\;= 48 + 1.85^3$
「是を右の四拾八坪にくわへ五拾四坪三分壱リと成」	$14x_2^2 \;\;\;\;\;\;\;\;= 48 + 6.31$
	$14x_2^2 \;\;\;\;\;\;\;\;= 54.31$
「是を指渡壱尺四寸にて割　平歩三歩八七九と成」	$x_2^2 \;\;\;\;\;\;\;\;\;\;\;= 3.879$
「是を開平に除　壱寸九分七厘と成」	$x_2 = \sqrt{3.879} = 1.97$
	これを再び漸化式に代入して，
	$14x_3^2 \;\;\;\;\;\;\;\;= 48 + x_2^3$
	$14x_3^2 \;\;\;\;\;\;\;\;= 48 + 1.97^3$
「是を弐度掛合七坪六分四五三」	$1.97^3 \;\;\;\;\;\;\;\;\;\;= 7.6453$
「是に四拾八坪くわへ五拾五坪六四五三」（原文では，八坪が抜けて四拾坪となっている）	$14x_3^2 \;\;\;\;\;\;\;\;= 48 + 7.6453$
	$14x_3^2 \;\;\;\;\;\;\;\;= 55.6453$
「是を指渡壱尺四寸にて割　三歩九分七四六と成」	$x_3^2 \;\;\;\;\;\;\;\;\;\;\;= 3.9746$
「是を開平に除　壱寸九分九厘三六と成」	$x_3 = \sqrt{3.9746} = 1.9936$
「如斯に幾度も術を用詰て方弐寸と知也」	このように幾度も繰り返す方法を突き詰めることによって，答が2になることを知る．

まさに，逐次近似法〔反復法〕によって，答が2に近づくことをはっきりと示しています．

しかも，「別術ニ云」という言葉で，第2法も同様にして順序に従って，わかりやすく記述しています．現代の方程式における逐次近似法に容易に置き換えることができます．さらに，「又別術ニ云」という言葉で，第3法も述べています．著者村瀬義益は，よほどこの逐次近似法〔反復法〕という方法に思い入れがあるように見えます．『算法勿憚改』における逐次近似法〔反復法〕は，著者村瀬義益にとって最重要なことを意味しています．

第5節 『算法勿憚改』の著者村瀬義益とは何者か

村瀬義益とは何者なのでしょうか．彼は3次方程式を逐次近似法で解くという和算史上だけでなく，世界数学史上でも稀有な存在なのです．しかも，同じ問題を3通りの方法で解くという意味で，逐次近似法の発見が自覚的であり，偶然獲得した方法ではないことを示しています．

これまでに村瀬義益と『算法勿憚改』に関する研究は，藤原松三郎による前述の『明治前日本数学史：第1巻』および『和算ノ研究Ⅲ』と三上義夫の論文『村瀬義益と算法勿憚改』[23)]しかないようです．これらの論著における村瀬義益に関する人物情報は，『算法勿憚改』の序文しかありません．本人以外で村瀬義益についての記録は，いわゆる『荒木村英茶談』と村瀬の師であった磯村吉徳著『頭書算法闕疑抄』しかないようです．それは簡単な記述です．従って，『算法勿憚改』の序文，3巻と4，5巻の序文と跋文による情報が最も詳しいのです．

そこで『算法勿憚改』の序文の一部を原文で示してみます．

「前略…野夫竹馬春風の比より此術に志，生國佐州において百川の流れを汲といへども，勘智浅ふして算淵の底に不_得_至，ひたすら早算の所作他に勝ればやとのみ心かけ，朝暮進退乗除を事とせり，其以後武陽江府に有て，礒村氏吉徳を師と頼，難算の好示を請，愚勘の斧をといで算綾を縫べき針になさん事を思へり．……爰に桐陵九章捷徑算法，算学啓蒙，直指統宗等は異朝の書なれば，たとへ考勘發明の人も，文才なけ

れば不能讀事．尤倭朝にて近年板行の書の中にも，和字ならぬは見る人もまれにして，なべてのたすけに成がたし．……素愚勘の作意なれバあやまれる事粗おほからん誠に過則勿㆑憚㆑改と侍れハ後看の士之改給ハん事をこひねがふ予も又他作之誤之思ひよれるを筆にまかせ号て算法勿憚改といへるのミ」

村瀬義益の生まれた国は佐州すなわち佐渡において百川〔治兵衛＝忠兵衛〕流を学び，その後江戸に出て礒村吉徳を師として，『桐陵九章捷徑算法』『算学啓蒙』『直指統宗』など異朝の算書で研鑽したと述べています．

佐渡の百川流とは，百川治兵衛に直接学んだのか，あるいは百川の学統を継でいることを言いたいのでしょうか．村瀬義益は江戸で礒村吉徳を師として学んだことを明示しています．

3巻の序文[24]には，皮肉を込めた言い方で，結論は師礒村吉徳の『算法闕疑抄』をそれとなく持ち上げています．

4, 5巻の序文では，他の和算書『算法根源記』『算俎』『算法直解』『算法童介抄』を徹底的に批判して，『算法闕疑抄』を持ち上げています．ここでも村瀬義益の性格がよく表れています．

また，『算法勿憚改』の村瀬義益の跋文（寛文13年）に，

「下総国葛飾郡世喜宿住

村瀬所左衛門尉義益　誌之」

とあります．世喜宿とは，現在の千葉県関宿町です．この頃，村瀬義益は関宿に住んでいたようです．関宿は関東内海水運の拠点であり，関宿城は江戸城の丑寅の方角にあり幕府枢要な譜代大名久世氏等が治めました[25]．

村瀬義益は，佐渡，江戸それから関宿と遍歴をしていますが，それ以上の情報はありません．生年も歿年もまったく不明です．佐渡の百川，江戸の礒村，そして関宿とつなげて考えてみる必要があります．百川治兵衛は，キリシタンの疑いで入牢しましたが，弟子達の取りなし懇請で出牢したといいます．17世紀初頭の佐渡の歴史の中で，この事件を考察しなくてはなりません．筆者は，百川治兵衛が疑いなくキリシタンであったと考えています．後述しますが，礒村吉徳もキリシタンの嫌疑があります．

村瀬の跋文の後に，もう一つ中沢氏亦助照の跋文があります．

「此五巻を村瀬氏義益編集而．師の一読を望侍るといへども．吉徳数日の病悩心にまかせざれば．予に加見せよかしとてなげいだされしを．師命不及辞目くら蛇におそれす　とかやにて　つくづく是を被見せしに．……略
　　　　　奥州二本松の住
　　　　　　　　中沢氏亦助照」

算題が三問あって後，
　「延宝九辛酉稔（年）
　　　正月　吉祥日
　　　　日比谷横町亀屋開板」（（　）内は筆者）

と最後に出版年と書肆名があります．

　中沢助照は，同じ二本松藩士で礒村吉徳の弟子であった中沢茂兵衛のことでしょう．中沢の跋文にあるように，師の礒村吉徳が数日の病だったので，〔本来師礒村吉徳が跋文を書くところを〕かわって「目くら蛇におそれす」で兄弟弟子村瀬義益の書の跋文を書いたと述べています．

　著作者（村瀬）が和算の実績も定かでない兄弟弟子（中沢）に対して，師（礒村）に替わって跋文を書かせることなど，聞いたことがありません．これは別の理由がありそうです．また，村瀬義益と礒村吉徳，中沢助照との関係を改めて考えるもとになります．いずれにしろ，村瀬義益之の履歴は，ほとんど不明であるといってよいでしょう．生年も歿年も不明です．『算法勿憚改』を板行したことだけしか分かっていません．

　ただ，村瀬義益の百川流という文言は，百川忠兵衛『新編諸算記』における開平・開立法を『同文算指』をヒントにしてニュートン近似法で求めていることを暗示していると考えます．そうしますと村瀬義益の『算法勿憚改』の 3 次方程式へ逐次近似法を適用したことが『同文算指』をヒントにしたことと完全につながります．

　さらに，村瀬義益の師である礒村吉徳とは何者であるか調べる必要があります．このことについては，第 2 章で細述します．

第6節 『算法勿憚改』にみる『同文算指』の影

再び『算法勿憚改』にみる『同文算指』の影を探ってみましょう．もちろん『同文算指』はキリシタン禁書でありましたから，『算法勿憚改』にあからさまにその影響を示すことはあろうはずがありません．しかし，逐次近似法以外でも『算法勿憚改』への影響について，細部に目を凝らすことによって，『同文算指』を参考にしたという，かすかな痕跡を見付け得るはずです．

〈1〉

序文で「爰に桐陵九章捷径算法，算学啓蒙，直指統宗等は異朝の書なれば」とありますように，和算書ではなく中国算書をとりあげています．『桐陵九章捷径算法』は知られていない算書です．『算学啓蒙』は日本で復刻本がいくつも出版されるほど重要な算書です[26]．『直指統宗』は，有名な中国算書で『算法統宗』といわれる算書のことで，『同文算指』との関連がある算書です．

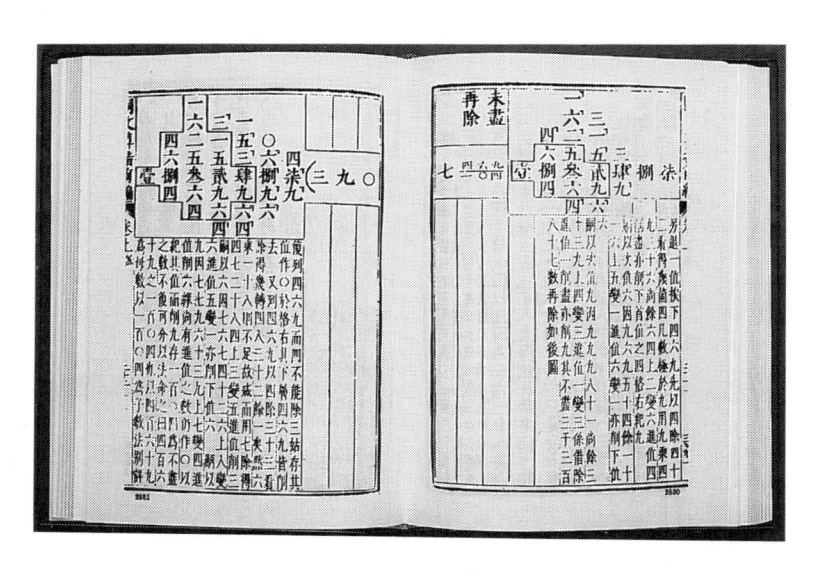

『同文算指』（明刻天学初函所収）に説かれた帆船法（ガレー法）．
$1832487 \div 469 = 3907\dfrac{104}{469}$ を示す．

また,「等」「異朝の書」という言葉に, これら以外の算書を参考にしたことを暗示しています.

〈2〉

また, 序文「たとへ考勘發明の人も, 文才なければ不能讀事. 尤倭朝にて近年板行の書の中にも, 和字ならぬは見る人もまれにして, なべてのたすけに成がたし」と, 表面的には中国算書やそれを日本で復刻した算書が漢文で素養がないと読めないし稀にしか読まないと述べています. ただ, 算書を読もうとする人は, 多少の漢文の素養もあったはずです. ここはむしろ『同文算指』がこれまでの算書とまったく違った雰囲気で, 分数の分母が上で分子が下に書いてあることや特にガレー法の割算[27]について, 違和感を述べたと推測します.

〈3〉

『算法勿憚改』巻之一「搾形」のところで, 立体図形を分割してそのひとつ一つに記号でしるしをつけています. 卍, ◯, ＋, ◎, ◯, ⋈, ✡, などです. 図形の部位を区別するための記号と思われますが, 駿府城の石垣に刻印された記号と非常によく似ています[28]. これらの記号はキリシタン記号ではないかともいわれています（参照：本書カバーの背景にある図形の記号）.

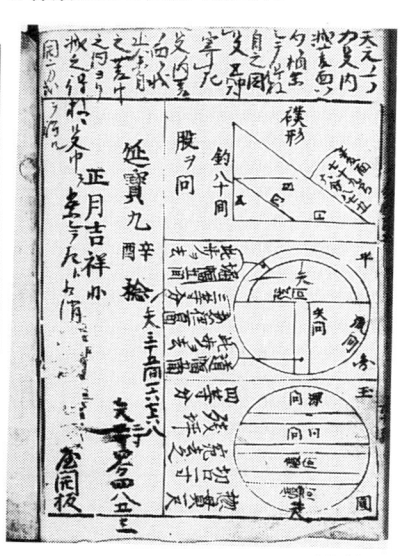

『算法勿憚改』末（平山諦蔵書）　　　　　『算法勿憚改』末（日本学士院蔵書）

〈4〉

東北大学所蔵本，平山諦所蔵本，下平和夫所蔵本『算法勿憚改』の第5巻末にある書肆名は，前述したように，

「日比谷横町亀屋開板」

とあります（前頁の図を参照）．

ところが，日本学士院所蔵『算法勿憚改』の書肆名がつぎのように

「　　　　　屋開板」

と，削って，板行されているのです．2種類を比較してみると，まったく同じ版ですが，書肆名だけ削って板行したのです．何のためにこんなことをしたのでしょうか．「日比谷横町亀屋」という場所と書肆名があると都合が悪いとしか考えられません．無断出版か，あるいは秘密出版と考えられます．筆者はもともと『算法勿憚改』が秘密出版であったと考えています．それは禁書『同文算指』が絡んでいるからだと考えています．この問題は，第4章で細述します．また，江戸時代の地図に日比谷には二本松藩の屋敷があったことも．

第7節　礒村・村瀬方式の逐次近似法と連分数展開

ここで，もう一度，一番単純な，2次方程式に戻って考えてみましょう

$$x^2 = 2$$

$$x = \frac{2}{x}$$

$$x_{n+1} = \frac{2}{x_n} \quad (n=1, 2, 3, \cdots\cdots)$$

$x_1 = 2, \; x_2 = 1, \; x_3 = 2, \; x_4 = 1, \; \cdots\cdots$

となって，解が振動してしまいます．これでは，この形の2次方程式は解けません．すなわち，平方根を礒村・村瀬式の逐次近似法では解けないことになります．

友人の横山武志が単純で巧妙な方法で，この問題をクリアーしました．

$$x^2 = 2$$

$$x^2 + x = x + 2$$

$$x(x+1) = x+2$$

$$x = \frac{x+2}{x+1}$$

$$x = 1 + \frac{2}{x+1}$$

$$x_{n+1} = 1 + \frac{1}{x_n+1} \quad (n=1, 2, 3, 4, 5, \cdots\cdots)$$

このように変形すると，収束することは直ちに分かりました．その後，それだけではなく，漸化式の形から，$\sqrt{2}$ の無限連分数展開が出来ることに気付きました．

$$x_1 = 1, \text{ のとき, } x_2 = 1 + \frac{1}{2}$$

従って $$x_3 = 1 + \cfrac{1}{2 + \cfrac{1}{2}}$$

$$x_1 = 1, \text{ のとき, } x_2 = 1 + \frac{1}{2}$$

従って $$x_3 = 1 + \cfrac{1}{2 + \cfrac{1}{2}}$$

従って $$x_4 = 1 + \cfrac{1}{2 + \cfrac{1}{2 + \cfrac{1}{2}}}$$

すなわち，

$$\sqrt{2} = 1 + \frac{1}{2} + \frac{1}{2} + \frac{1}{2} + \cdots\cdots$$

とも表されます．

このように，見事に正則無限連分数展開[29]できることに気付きました．

ここで，再び和算史を繙いてみますと，連分数展開の初見は宝永7年（1710）のことと，萩野公剛『日本数学史研究便覧』[30]にありました．それにより，『明治前日本数学史：第2巻』[31]を見ますと，関孝和の第一高弟として有名な

第 1 章 独創の由来——村瀬義益と逐次近似法　*31*

建部賢弘の業績中にあります．しかも，最も著名な『大成算経』の第 6 巻にあります．

> 「本巻における零約術は括要算法のものと異なり，連分数の理論を述べてゐる．これは建部賢弘の綴術算経に，兄賢明の発見せる方法なることが記されてゐる．綴術算経は享保 7 年 (1722) の著であるから，連分数の記載は本巻を最初とする．」(( )内は筆者)

とあります．この文章に出会ったとき，甚だ奇怪な感を禁じ得ませんでした．これについては，既に驚くべき事態に遭遇していることだけを告白しておきます．詳細については，別に項を改めて論じたいと思います．

―― 参考文献・註 ――

1) 平山諦著『和算の誕生』（恒星社厚生閣，1993）p.8, pp.20-21, p.26, pp.27-28, pp.30-32, pp.37-38, pp.62-63, pp.71-72, pp.76-77, pp.118-126.
2) 山崎與右衛門著『塵劫記の研究 図録編』（森北出版，1977）p.15, pp.130-132
3) 龍谷大本『算用記』17丁，毛利重能著『割算書』復刻版（日本珠算連盟，初版1956，再版1978）p.36, pp.76-77, 平山諦著『和算の誕生』pp.42-46.
4) 百川治兵衛著／金子勉編著『諸勘分物：第二巻』（私家版，1990）．
5) 平山諦著『和算の誕生』pp.31-32, p.37, p.62.
　　土倉保先生から「開平の計算は岩波本の図から算盤に結びつけているのは分かり難いことは確かですが，正しい方法だと思います．当時の人がこの方法で多い桁のものも計算したかどうか分かりませんが，開ききれる場合はきれいでしょう．しかし，桁の多いときはどうでしょうか．私は近似の方法つまり逐次近似でやったのではないかと思います」という貴重な私信をいただきました．
　　さらに，初版寛永4年版から寛永 6 年（?）版，寛永 8 年版，寛永 18 年版，寛永 20 年版の『塵劫記』の開平法の数値 $\sqrt{15129}$ で，開立法の数値 $\sqrt[3]{1728}$ は全く同じです．その上，解説の図も全く同じです．同じ著者が何回も改版しても，同じ数値を使い同じ解説図をつかうのは，著者の理解度を疑うことになります．
6) 吉田光由著／大矢真一校注『塵劫記』（岩波書店，1977）pp.240-251.
7) 同書 pp.208-211.
8) 平山諦著『和算の誕生』p.62, 鈴木久男校注『新編諸算記』（研成社，1994）寛永 18 年版『新編諸算記』は唯一下巻のみ名古屋市立栄小学校に所蔵されています．各務文治校長には複写等のご配慮を頂きました．明暦元年版『新編諸算記』は東北大学付属図書館等に所蔵されています．
9) 平山諦著『和算の誕生』p.8, pp.62-63,
　　「開平に開こうとする実は次のように書くことが出来る．
　　　　実 ＝ $(10a+b)^2$
　　ここで a を初商とし，b を次商とする．a は 2 桁でも，3 桁でもよい．この式を展開すると，
　　　　実 ＝ $100a^2 + 20ab + b^2$

となる．次商 b は次のように求めることが出来る．

$$b = \frac{実 - 100a^2}{20a + b}$$

ここで b は 20a に比較するとはるかに小さいから，棄てて，

$$b = \frac{実 - 100a^2}{20a}$$

として，次商を求めることが出来る」としています．

　筆者の愚問に答え，土倉保先生から「これは近似の計算の基本原則である　高位の無限小を省くということで，b を知りたいとき b^2, b^3, ……などは，みな 0 としてしまうことです．f' の入った計算でも微分法自身が高位の無限小を計算した結果を利用しようとしているのですから，全く根本的には同一です」という貴重な私信をいただきました．この私信から，筆者は最初期の和算家である百川治兵衛〔忠兵衛〕が独力で何のヒントもなくニュートン近似法を会得することは困難であると確信しました．

10) 平山諦著『和算の誕生』p.58，鈴木久男校注『新編諸算記』pp.9-12，で慎重な見方で百川治兵衛と百川忠兵衛と同一人物としています．戸谷清一『新編諸算記』（「数学史研究 123 号 pp.1-6，1989）で寛永版『新編諸算記』と明暦版『新編諸算記』および『塵劫記』，『諸勘分物』を比較して，同一人物説を保留しています．また，下平和夫著『江戸初期和算書解説』（研成社，1990）pp.28-30 で，「諸算記」の解説をしていますが，百川治兵衛と百川忠兵衛の関連については言及していません．百川や田原は朝鮮から渡来したか豊臣秀吉軍の捕虜となって日本へ連れてこられた人であった可能性があります．藤井正俊・中村正弘・鈴木武雄著『朝鮮と和算』（大阪教育大学数学教育研究第 31 号，2001）pp.99-102．

11) 平山諦著『和算の誕生』p.62．

12) 中村正弘・鈴木武雄『バビロンから作用素平均へ－平方根の近似法を巡る五千年の旅－』（大阪教育大学数学教育研究第 26 号，pp.195-206，1996）でニュートン近似法の重要性をその歴史と現代数学の作用素論まで論じています．もちろん，このニュートン近似法は微分法の理論の応用として得られたものではありません．

13) 土倉保先生のご厚意で，東北大学図書館所蔵『同文算指』のコピーを頂きました．武田楠雄著『同文算指の成立』（科学史研究第 30 号，pp.7-14，1954）によると，『同文算指』はクラヴィウスの原著に中国算書『算法統宗』の算題等を加えて編集したといいます．ただ，開平・開立法はクラヴィウスの原著の翻訳です．『同文算指』出版の意義は，中国に初めて筆算を組織的に輸入したことです．銭宝琮編／川原秀城訳『中国数学史』（pp.245-246，みすず書房，1990）で『同文算指』に言及していますが，開平・開立法に特段の注目をしていません．

14) 土倉保『「同文算指」の開平法』（大阪教育大学数学教育研究第 26 号，pp.185-188，1996）土倉先生は実解析（フーリエ解析）が御専門ですので，収束について誤差評価までされ，相当によい近似度であるとしています．また，李人言著『中國算學史』（台湾商務印書館，pp.227-234 中華民國 26 年初版）にも，『同文算指』の開平法についての解説があります．

15) 鈴木久男校注『新編諸算記』pp.178-179 で，開平・開立法を解説しています．このなかで，スピノラの影響はないとし「開平法も開立法もともに "口伝" としており，中国算書を学んだ百川の独創と考えることが適当と考えられるがいかがであろうか？」と述べています．ただし，具体的な中国算書の書名をあげていません．また，百川の独創という意味が具体的に示されていません．

16) 武田楠雄著『同文算指の成立』（科学史研究第 30 号）．狭間直樹編『西洋近代文明と中華世界』

第 1 章　独創の由来——村瀬義益と逐次近似法　33

（京都大学学術出版会，2001）pp.332-373.
17) D. E. Smith『History of Mathematics』（VOL.2, p.255 Dover，初版1925）．欄外に「$\sqrt{20}=4\frac{5473}{11592}$ approximately」となっていて，『同文算指』は同じ数値を使って翻訳していることが分かります．『RARA ARITHMETICA』（pp.375-379 E. D. SMITH, 1908）には，原著『Epitome Arithmeticae Practicae』の書誌的な解説があります．北京の北堂教会には，中国へ渡来した宣教師たちが持ち込んだ多数のヨーロッパの科学技術書があります．戦中1939年日本軍が目録づくりを着手し戦後1949年米軍占領下で完成した分厚い目録があります．この目録にはクラヴィウスの著書が25冊含まれていて，1296番が『Epitome Arithmeticae Practicae』です．
18)『算法勿憚改』（延宝9年 1681. 刊）東北大学所蔵本，日本学士院所蔵本，故平山諦所蔵本，故下平和夫所蔵本，故下浦康邦所蔵本等があります．『算法勿憚改』の題簽は「算学淵底記」となっていますが，下浦本は「算法勿憚改」となっていると，私信がありました．西田知己校注『算法勿憚改』（研成社，1993）によって活字化されています．
19) 逐次近似法〔method of successive approximation〕は微分方程式論においてピカール（C. E. Picard:1856-1941）によって考えられた方法として知られていますが，この場合は数値計算法における反復法のことです．日本学士院編『明治前日本数学史：第1巻』（pp.367-378 岩波書店，1956 第1, 1994 第4刷）には，『算法勿憚改』の逐次近似法を論じています．さらに，藤原松三郎著『和算ノ研究III』（THE TOHOKU MATHEMATICAL JOURNAL VOL.46, Part.2, 1940）は，一層詳しく論じています．
20) あるタイプの3次方程式とは，$x^2(\mu x+1)=\nu$ の型の方程式のことです．この型の方程式は紀元前のバビロニア人も表を使って解いています．
21)『算法勿憚改』の開平法は，巻之二の廿一番目にあります．ちなみに，開立法は，同巻の廿四番目です．
　　　『算法勿憚改』の開平法は，次のような問と答と解法です．
　　　　　「寸歩百五拾六歩二分五厘有　是を方平ニして方何程と問」
　　　　　「答云　方壱尺弐寸五分」
　　　　　「法ニ云」
　　　　　「実に百五拾六歩二分五リと置位を見」
　　　　　「商に壱尺と立　一一の一と云て百歩　実より引」
　　　　　「残て五拾六歩二分五リ」　　　　　　　　　　1　2　5……商
　　　　　「実に有　次の商に二寸と立」　　　　1　）156.25……実
　　　　　「一二と卜置」　　　　　　　　　　　　+1　100
　　　　　「初の商の一をくわへ二尺弐寸と成」　　22　　56.25
　　　　　「是を実より引 残拾弐歩二分五厘実　　+2　　44
　　　　　に有」　　　　　　　　　　　　　　　245　　12.25
　　　　　「三の商に五分と立」　　　　　　　　　5　　12.25
　　　　　「法に一二五と置 初次の商一二をく　　　　　　　0
　　　　　わへ二尺四寸五分と成」
　　　　　「是に三の商の五をかけ拾弐歩二分五リと成」
　　　　　是を実にて引払　一二三の商一尺二寸五分 則方尺成」
　　　このように，原文にそって検討してみますと，右のような通常よく知られた方法と同じであることが分かります．
22) 私家版『和算の成立上』p.20.,『岩波数学辞典　第3版』（岩波書店，1985）pp.706-710.

23) 三上義夫著『村瀬義益と算法勿憚改』（千葉県図書館協会，1932）9号-13号．
24) 巻之三の序文の原文（一部）
「古昔ぢんかうき〔塵劫記〕出てより京田舎共に初学の算士数にもとつく種を求あしたにハ算盤の拍子に因帰算歌之三十治余を口すさミ夕べには師を尋得て方便の遠近を習学せんとおもえりされとも明暦の比迄は　さのみおさおさ〔長々〕しきかんしや〔勘者〕も侍らざりぞかし欠疑抄〔算法闕疑抄〕出てよりこのかたいつとなく劫者も多くなり侍りて……」
25) 渡辺英夫著『近世利根川水運史の研究』（吉川弘文館，2002）pp.165-169，関宿は利根川と江戸川の分流点であり重要拠点でした．江戸湾に注いでいた利根川本流を現在のように外洋へ直接に流れるように変更する大工事がありました．村瀬義益はそのような土木工事に技術者として関連したと推測しています．二本松藩も船を保持し，江戸へ回漕していたと記録されています．

『算学啓蒙』の序にある曲直瀬正琳の蔵書印「養安院」（筑波大学附属図書館所蔵）．

26) 筑波大学付属図書館所蔵『新編算学啓蒙』には「養安院」の蔵書印があります．養安院とは当代随一の名医と知られた曲直瀬道三（正盛・正慶・一渓：1507-1594）の孫娘（曲直瀬玄朔の娘）を妻とした曲直瀬正琳（1565-1611）の院号です．後陽成天皇へ薬を献じ平癒した御礼に賜った院号と言われています．正淋は宇喜多秀家の室（秀吉の養女豪姫－前田利家の四女）が病に罹ったときそれを治し，そのお礼として豊臣秀吉より『算学啓蒙』を含む膨大な朝鮮刊本（「数車之書籍」「数千巻」）を拝領したといわれています．豊臣秀吉が朝鮮を侵略したとき，宇喜多秀家などが持ち帰ったものだといわれています（cf. 児玉明人編著『十五世紀の朝鮮刊銅活字版数学書』（私家版，1966））．1584年初代道三（一渓）は受洗し有力なキリシタンとなり天文暦法にも精通していました．1585年正琳も受洗しキリシタンとなっています．（『勧修寺晴豊記』天正10年（1582）2月3日～7日，cf.立花京子著『信長と十字架』（集英社新書，2003）pp.219-223）その筋で『算学啓蒙』が伝わったことも考えられます．『算学啓蒙』は天元術すなわち高次代数方程式の解法について記述した算書で，この解明が和算を飛躍させました．『算学啓蒙』は日本で紀州藩士（天文生）久田玄哲による復刻本『算学啓蒙（訓点）』(1658)や星野實宣による註解本『新編算学啓蒙註解』(1672)が出版され，建部賢弘著『算学啓蒙諺解大成』(1690)はその最も詳しい解説書です．ただし，久田や星野，建部がその元にした『算学啓蒙』が養安院本であると決めつけられません（邊恩田著「朝鮮刊本『金鰲新話』の旧蔵書者養安院と蔵書印」『同志社国文学第55号』pp.24-36）．この論文に正琳の養安院蔵書印以前の蔵書印に言及し，「養」の古体字を用い「安」も古体字になっていて，「ヨウアン」「ヨハン」と関係しないしないだろうかとしています．筆者は第5章で論じるキリシタン・モノグラムから解釈できると考えています．尚，金容雲・金容局共著『韓国数学史』（槙書店，1978）p243，任濬著『新編　算学啓蒙註解』(1662)

があります.
27) カジョリ原著／小倉金之助訳『カジョリ初等数学史』下－近代－（共立出版，1970）pp.212-213，ガレー法による割算の方法が書かれています．帆船法ともいいます．
28) 田端宝作編『駿府城石垣刻印調査報告』（日本城郭調査会，1970），田端宝作著『駿府城石垣刻印の謎』（城郭石垣刻印研究所，1991），キリシタン大名による＋（クルス），卍（マンジ），〇（マル），△（ウロコ）など多様な記号が残っています．当時の石工など技術者にキリシタンがおり，石切場には，簡易な礼拝場がありました．同様の記号が『算法勿憚改』の本文の図と『頭書算法闕疑抄』の頭注にある図に多数出現しています．ただし，この記号は初版『算法闕疑抄』にはありません．
29) ファン・デル・ヴァルデン著／加藤名史訳『代数学の歴史』（現代数学社，1994）pp.92-94，ラファエル・ボンベリ著『l'Algebra』（Venis, 1572）は3巻で最も教えやすく，最も組織的な代数学の教科書で，非常に影響があった本でした．この本は平方根を連分数表示しています．この本の日本への影響について全く論じられていませんが，筆者は可能性を否定できないと考えています．連分数論は，高木貞治著『初等整数論講義 第2版』（共立出版，1971）pp.124-195，武隈良一著『ディオファンタス近似論』（槙書店，1972）pp.21-32．
30) 萩野公剛著『日本数学史研究便覧』（富士短期大学出版部，1961）p.27．
31) 日本学士院編『明治前日本数学史』第2巻（岩波書店，1994）pp.394-395．

第 2 章　奥州の仕置——二本松藩士磯村吉徳

第 1 節　村瀬義益の師礒村吉徳（磯村吉徳）

　村瀬義益がその著書『算法勿憚改』で和算の師匠としている人物は，礒村吉徳のことです．礒村吉徳の主著『算法闕疑抄』[1]（初版万治 2 年，1659）は，後に増補された『頭書算法闕疑抄』[2]（初版貞享元年，1684）とともに何度も改訂し書肆を変えて出版されベストセラーとなりました．

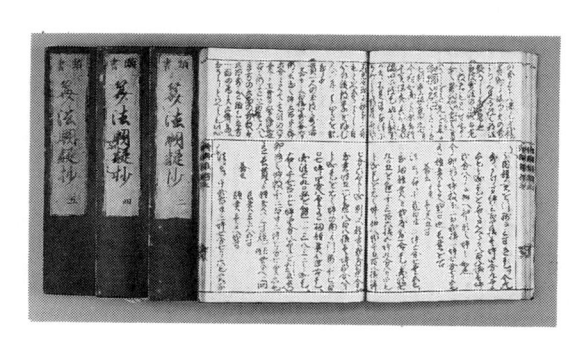

礒村吉徳著『頭書算法闕疑抄』全 5 冊．

　しかも，礒村吉徳は村瀬義益と違い万治元年（1658）二本松藩士（丹羽家）となり，歿年（1710）および墓所（福島県二本松市根崎の善性寺）も知られていて，珍しく経歴のはっきりした和算家です．当時の和算家の経歴は，ほとんど追跡できないのが現状です．村瀬義益もほとんど不明といってよいでしょう．
　礒村吉徳著『算法闕疑抄』は名著でありましたが，それまでの和算家たちの業績を整理し分かりやすくまとめた著作で，必ずしも数学的に独創的とか画期的な和算書とは言えません．また，同書は，吉田光由著『塵劫記』や今村知商著『竪亥録』の影響を受けて円周率を 3.16 とするなど，新著にすれば数学的に前進のない不可解な点も見られます．

磯村家累代の墓（福島県二本松市根崎善性寺）．

ところが，磯村吉徳の弟子である村瀬義益著『算法勿憚改』(1673) は，3 次方程式を逐次近似法で解くという数学史上画期的な書物でした．同書の円周率は 3.1416 とし，格段の進歩をしています．磯村吉徳は，弟子である村瀬義益に最も重要な数学的業績をゆずったのでしょうか．磯村吉徳には，村瀬義益以外に中沢亦助など数人の弟子が知られていますが，このような特別な扱いを受けていません．しかも前章で書きましたように，村瀬義益という人物は，存在感のない怪しいところがあります．

さらに，磯村吉徳は初版から 26 年後に増補して『頭書算法闕疑抄』(1684) を出版します．同書は自著の遺題に解答を与えるなど他の和算家がしないことをしています．また，円周率を 3.14159 余とし，その求め方についても方法を明示し正 131,072 角形で円を内接させ計算して，数学的に大きな進歩を示します．

第 2 節　磯村吉徳の前半生

著書『算法闕疑抄』では著者名を磯村喜兵衛吉徳としていますが，二本松藩士名録『世臣録』[3] では磯村文蔵（喜兵衛　藤原吉徳）としています．「礒村」と「磯村」の違いがあり，「いわむら」か「いそむら」と読み方まで問題になったこともあります．和算家として磯村吉徳，二本松藩士としては磯村文蔵と使い分けていたように思えます．その背景に，磯村吉徳のはっきりしない経歴と二本松藩丹羽家への仕官の事情があったと考えられます．

磯村吉徳の二本松藩に仕官する以前については，本国は尾張で鍋島孫平太正茂の家人で算術で知られていた存在であったと藩士名録にあります．

関流初伝として知られている荒木村英が語った『荒木先生茶談』[4] には，

「高原氏の門人に磯村喜兵衛吉徳，『算法闕疑抄』，同『頭書算法闕疑抄』

を作る．二本松の城主丹羽左京太夫殿に仕ふ」

とあります．すなわち，礒村吉徳の師匠として高原氏の名をあげています．この高原氏とは，高原庄左衛門吉種のことです．後述しますが高原は初期和算史上重要な和算家ですが，まったく謎の人物なのです．

従って，高原吉種がいかなる和算家であったのかということと礒村吉徳の生涯は深い関係があります．

さらに，礒村吉徳が家人として仕えたという鍋島孫平太正茂という人物も気になる存在です．鍋島孫平太正茂 (1604-1686) は，佐賀藩の支藩（鹿島）の藩主でした．鹿島鍋島家の婦人たちには，キリシタン関係者が何人かいます．礒村吉徳とキリシタンとの接点を暗示するところです[5]．

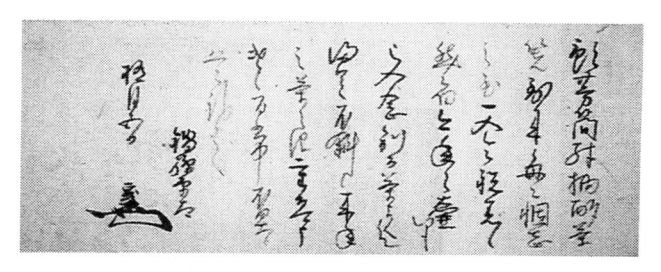

鍋島正茂下総矢作領主書状（天領宇治の代官と御茶師支配の上林三家宛）．

二本松藩の藩士名録にも礒村吉徳は，本国が尾張とありますが両親や兄弟などについての記録も匂いもありません．しかも二本松藩の公式記録には高原吉種の名はありません．これは不思議なことです．明らかにしたくない何らかの理由がありそうです．

第3節　礒村吉徳と二本松藩丹羽家

尾張を本国とし九州佐賀藩の鍋島家の家人であったという礒村吉徳が，どのような関係で陸奥の二本松藩丹羽家に仕官できたのでしょうか．礒村吉徳の前半生と二本松藩丹羽家と結びつくものは本国が尾張くらいなもので，ほとんどないからです．

礒村吉徳が二本松藩に仕えたのは，万治元年 (1658) のことです．公式記録

には「15石5人扶持算者」[6]とありますから，微禄というべきでしょう．一緒に仕官したものは，13名いました．その前後数年にわたって数名から数十名が仕官しています．

　丹羽右京大夫光重が二本松に10万石で入封したのは，寛永20年(1643)のことです．磯村吉徳が仕官する15年前のことです．

　丹羽家の祖は織田信長の重臣丹羽長秀です．丹羽長秀は柴田勝家と並び称されていたために，秀吉が羽柴の姓を名乗ったといわれるほどの家柄でした．秀吉が天下を取ると丹羽家は一時加賀越前120万石の大大名となります．ところが様々な理由で減封させられます．若狭小浜12万石，加賀松任4万石，文禄4年(1592)越前小浜12万石と変転を繰り返しています．

　慶長5年(1600)丹羽長重は前田利長と戦い徳川家康の怒りをかい12万石を没収され浪々の身となり，家臣団は解体します．

　その後やっとのことで常陸古渡にお情けで1万石をもらい官位を復します．その後1万石加増，元和8年(1622)棚倉5万石加増国替し棚倉城の築城を命じられます．城が完成すると寛永4年(1627)白河10万石加増国替を命じられます．ここでも新城の築城を命じられたり江戸城や日光東照宮の修築を次々と命じられます．時の天下人秀吉・家康にいいように弄ばれてもご奉公するしかない外様大名の姿がそこにあります[7]．

　その丹羽家を二本松に入封させることによって，徳川幕府は何を期待したのでしょうか．徳川幕府にすれば，何の目的もなく丹羽家を二本松の地へ入封させないでしょう．

第4節　二本松藩士としての磯村吉徳

　万治元年(1658)二本松藩士となった磯村吉徳は，翌年万治2年(1659)『算法闕疑抄』(初版)を発行します．藩士名録にあるように磯村吉徳は二本松藩に「算者」として抱えられています．二本松藩士に抱えられた時期と主著『算法闕疑抄』が発行された時期がほぼ同時ということは，この2つの事柄に深い関係があると考えられます．すなわち，『算法闕疑抄』の出版が実績になり，二本松藩士に抱えられた重要な要素だったということです．

第 2 章　奥州の仕置——二本松藩士磯村吉徳　*41*

二本松城（霞ヶ城）．寛永 20 年（1643），丹羽光重が増築，修築．

　磯村吉徳の二本松藩において期待された役割は何であったでしょうか．このことと丹羽家が二本松へ本拠を置き入封したことと関連すると考えられます．

　さて，磯村吉徳の二本松藩への最も大きな貢献は二合田用水の測量・開鑿といいます．二合田用水は二本松の西方にあり標高 1,700 m の安達太良山の中腹を水源とし，総延長 16 km および，平均斜度 38/1000 の用水路です．現在では岳ダムができ，そこから水を取り入れ有効に利用され田畑を潤しています[8]．従って，二本松藩における磯村吉徳は，用水路の測量および用水開鑿の指揮監督であったと考えられます．

　江戸時代後期の和算家は，藩お抱えの算者といえば藩校などで算術を教授する例がよく見られます．江戸時代でも元禄ころまでは，むしろ磯村吉徳のように測量など実学的な和算によって幕藩体制を支えていたと考えられます．

二合田用水（二本松城跡）．

二合田用水記念碑（二本松城内）．

よく知られているように吉田光由著『塵劫記』の内容は，版によって違いがあるものの実学的な要素が濃厚な和算書です．『算法闕疑抄』も『塵劫記』の系統を引く和算書で実学的です．ただし『算法闕疑抄』は測量書ではありません．当時測量術は規矩術といい，幕府はこれを広めることを禁じていたといいますから，あからさまに書物にすることは憚られたのでしょう．

　測量術は，長崎の樋口権衛門が西洋人から学び広めたものと言われています．このことは蘆千里著『長崎先民伝』(1819) にあり，樋口は最初小林義信といい天文地理暦学に精通し，キリシタンの疑いで 21 年間も入牢しています．これらの測量術伝来の背景が幕府の禁ずるところとなったとも考えられます．

　磯村吉徳が二合田用水の測量をするとき，

　　「水路の測量を為すに当たり，夜間のみを用いて，遠きは道に迷いし者の捜索の為とて提燈者を山野に放ちて奔走せしめ，近きは線香に点火せしめ，それを目標に測量したりと」[9]

と夜間に測量をしたのは人の目をごまかすためとの伝承ですが，当時の測量の方法として夜間の点灯は珍しいことではありません．また，測量術がキリシタン伝来であるが故に幕府の禁であったためかもしれません．

　このような測量術を磯村吉徳はどのようにして習得したのでしょうか．磯村吉徳が二合田用水の測量と開鑿に貢献したことは，地元二本松でよく知られていたことですから．

第 5 節　加藤家とその二本松支配の終焉

　丹羽家以前に二本松の地を支配していたのは，加藤嘉明 (1562-1631)・明成

(1591-1661) でありました．二本松城主になったのは，嘉明の女婿松下重綱で5万石で支配しました．その後，加藤明利が3万石で支配しました[10]．

加藤嘉明は，もともと豊臣秀吉の家臣で朝鮮へ出兵し，その功によって伊予松山10万石を領有しました．さらに，関ヶ原の戦いの際，加藤嘉明は徳川家康に味方し福島正則らと先陣を切り石田三成等の西軍を破りました．この功によって嘉明は，10万石加増して伊予国松山城20万石の大名となります．

寛永4年(1627)会津藩主蒲生忠郷（氏郷の孫）が25歳で死去しますが，無嗣により60万石を没収される事件が起こります．忠郷の母親が家康の娘〔三女振姫〕であったためか，蒲生家は弟の忠知が継ぎ伊予松山20万石になって移ります．このことにより加藤嘉明は伊予松山より会津若松へ40万石の大名として移封することになります．嘉明は寛永8年(1631)に死去します．その跡を継いだのが明成です．

ところが，この加藤明成が藩主になった8年後，寛永16年(1639)に大事件が起こります．3千石の家老堀主水が弟および一族郎党300余人を引き連れて出奔し，途中闇川橋を焼き払い，城に向けて発砲に及んだと言います．堀主水はゆうゆうと旅をつづけ鎌倉に居を構えましたが，追っ手の探索が迫り高野山に逃げ込みます．加藤明成は「堀主水の首と40万石に替えても」と引き渡し交渉を幕府とします．

寛永18年(1641)堀主水は，大目付井上筑後守政重の宅に訴え出ます．そのとき，七ヶ条の訴状を提出しています．その最初の1，2条は豊臣秀頼と通じていたことで，3，4，5条は，口では徳川家への忠臣を言っているが兵を鍛錬し無断で城を改築したり新たな関所を設けたとあります．残りの2ヶ条は明らかでないようですが，キリシタン宗徒を吟味せず牢舎へ入れたことなどのようです．その10日後，堀主水は幕府によって調べられ処刑されます．

しかし，その2年後寛永20年(1643)，加藤明成は40万石を幕府へ返上します．明成は事実上の改易処分を受けることになります．明成改易の理由は6ヶ条あり，第1条は新たに関所を設けたこと，第2条は「家来の内切支丹宗これあり穿鑿なく牢舎せし事」，第3条に堀主水のことなっています[11]．

これで奥州の有力外様大名であった蒲生家と加藤家が姿を消すことになります．加藤明成が改易された後，会津へ23万石で将軍徳川家光の弟である保科

正之が入封します．これにより結果的に奥州の地に徳川幕府の強固な拠点を作ることになりました．

この出来過ぎた狂言回しをしたのはだれでしょう．歴史書はその人物を追究していません．その人物こそ井上筑後守政重に違いありません．図らずも堀主水が井上筑後守政重の屋敷に訴え出るという記録により，その一端が明るみに出ます．後述しますが，蒲生家にも井上筑後守政重は深く関与しています．

すなわち，徳川幕府の奥州外様大名への対策〔仕置〕の立案推進者は，井上筑後守政重ということになります．

外様大名である丹羽家を散々いたぶった後に二本松に配置したのも徳川幕府首脳および井上筑後守政重の策略と考えてよいでしょう．そのねらいは何であったのでしょうか．そのころの地図を広げてみるとすぐ分かります．外様大名の大立者である仙台藩の伊達家が大きく浮かび上がってきます．

第6節　伊達騒動 ── 二本松藩の役割

　　「万治三年(1660)七月十八日．幕府老中から通知があって，伊達陸奥守の一族伊達兵部少輔，同じく宿老の大条兵庫，茂庭周防，片倉小十郎，原田甲斐．そして，伊達家の親族に当る立花飛騨守ら六人が，老中酒井雅楽頭の邸へ出頭した．……」(（　）内は筆者)

　　「伊達むつの守，かねがね不作法の儀，上聞に達し，不届きおぼしめさる，よってまず逼塞まかりあるべく，跡式の儀はかさねて仰せいださるべし」

これが山本周五郎著『樅の木は残った』[12]の冒頭部分です．この歴史小説は，いわゆる伊達騒動を題材にしたものです．従来悪人と知られていた原田甲斐宗輔に新たな光をあて，定説を覆したものです．伊達兵部少輔とは，政宗の末子であった宗勝のことであり，伊達騒動の一方の主役でした．

伊達綱宗が逼塞隠居を命じられた万治3年(1660)は，父伊達忠宗が死去し家督を継いでから2年目のことでした．また，祖父伊達政宗が70歳で死去してから24年後の出来事でした．慶安4年(1651)将軍徳川家光が48歳で死去し，側近の堀田正盛，阿部重次は殉死します．万治元年(1658)井上筑後守政

重が職を辞し寛文元年 (1661) 死去しています．翌寛文 2 年 (1662) 政重の姪の夫でもある老中松平伊豆守信綱が死去しています．同年酒井忠勝も死去しています．

　すなわち，将軍徳川家光自身および政権を担ってきた要人が次々と死去しています．徳川幕府政権が大きく転換するときでもありました．四代将軍徳川家綱になっていましたが，老中酒井雅楽頭忠清が実権を握りつつありました．酒井雅楽頭忠清は下馬将軍といわれるようになるほど権勢を振るいました[13]．

　酒井雅楽頭忠清の娘（養女）は，伊達宗勝の嫡子宗興の妻となります．そのような関係もあり，酒井忠清が伊達家中の内紛に関与したのが，いわゆる「伊達騒動」でした．伊達騒動自体は伊達家中の内紛ですが，徳川幕府にとって伊達家取り潰しあるいはその力を削ぐ絶好の機会と見たのでしょう．この方針は，奥州外様大名の仕置という幕府開闢以来の徳川政権の一貫した政策であったと見るのが妥当です．

　この伊達騒動は，寛文11年 (1671) 3月大老酒井忠清邸で行われた事件（谷地境の争い）の取り調べ中に控えの間で原田甲斐が，伊達安芸宗重に斬りかかり，本人はその場で惨殺されます．4月伊達綱村の後見伊達宗勝らの処罰という厳しい終末を迎えますが，伊達家仙台藩は生き残ります．

　徳川幕府は伊達家仙台藩を取り潰すという目的を達することができませんでしたが，外様大名の心胆を寒からしむることはできました．それでもこの失敗は，奥州を知悉し政略に長けた井上筑後守政重のような人物を失っていたからです．

第 7 節　丹羽家二本松藩の成立──捨て石

　さて，徳川幕府の奥州外様大名に対する政策の中で丹羽家を二本松藩として存続せしめたそれなりの理由を考えてみます．

　寛永 4 年 (1627) 丹羽長重は白河へ10万石で国替えになります．白河は古来から白河の関があったように奥羽の押さえの要害の地であり関東（徳川幕府）防衛の最前線でした．徳川幕府に散々いたぶられた名門丹羽家ですが，大名として復活させていただいた御恩に報いるために忠誠を誓っての白河への配置と

考えられます．そのために幕府は白河城の築城を命じ，7年の歳月をかけて完成させます[14]．

　寛永20年（1643）加藤明成が改易された後，丹羽光重が二本松藩主として入封します．伊達政宗が死去して8年後のことです．忠宗の時代です．この時代は領内総検地をおこない仙台藩地方支配が確立した時代であります．徳川幕府としては，伊達家に付け入るスキのない時代であったともいえます．

　伊達家仙台藩領の南隣領は，徳川幕府にとって重要な地となります．奥州から江戸を攻め上がるとき，図上演習として考えても容易に理解できます．すなわち，丹羽家二本松藩領は，伊達家仙台藩に対する布石と見ることができます．ここでも二本松城を修築します．

　二本松に残る伝承によりますと，

　　　　「仙台藩主伊達公参勤交代の際，当城下を通過する時，常に鉄砲組をし
　　　　て，火縄に火を点じて，筒先を後本丸に向けるのを例とした．‥‥」[15]

とあります．そのため二本松藩は，台運寺に二代将軍秀忠公の廟所を設け，鉄砲の筒先を向けさせないようにしたといいます．先年台運寺を訪ねたとき，ご住職が本堂で秀忠公の大きな金色の位牌の存在を教えて頂き拝見できました．

　また，鏡石寺には三代将軍家光公の廟をつくり，秋田公（佐竹氏）も抜き身の槍で二本松藩内を通過していたが，槍先を覆ったとのことです．

二本松市台運寺より市外をのぞむ．

二代将軍徳川秀忠公の位牌（二本松市　台運寺）．

このように丹羽家二本松藩の役割は，奥羽の外様大名にたいする布石でありました．ただし，各藩は徳川幕府へおもねり競って東照宮社や秀忠や家光の廟を建てました．仙台藩にも東照宮社があります．

第8節　土木技術者磯村吉徳

前述のように丹羽家は，一度領地を没収され家臣団が解体されています．その後，国替え加増で家臣を新規召し抱えています．旧臣も多く戻ってきています．二本松藩になってからは，医師，馬医，砲術家，兵法家，右筆など技術者や専門家を召し抱えています．算学者磯村吉徳もその内の一人と考えてよいでしょう[16]．棚倉城，白河城，二本松城の築城や絵図面の作成などに貢献した家臣は，大友直人慶高，高根孫左衛門正利，鈴木七郎兵衛重吉，など9名が知られていて，その最後に磯村文蔵吉徳があります[17]．

彼ら技術者や専門家は，当然のことながら召し抱えられた期待の仕事を果たしたでしょう．磯村吉徳への期待は，算学者として測量など土木技術者としての仕事です．実際に，二本松に残る磯村吉徳の最大の業績は，二合田用水の設計・測量・開削でした．

この二合田用水は，二本松城の用水不足を補うのが最大の目的でありました．もちろん，二合田用水が現在果たしている水田への用水という役割を同時に果たしました．仮想敵国たる伊達家仙台藩に隣接する二本松藩とすれば，軍事的に城内用水の安定的な確保および食料の確保という二重の安全保障は，極めて重要かつ緊急の課題でありました．

日本の用水の歴史を調べてみますと，他の用水も二合田用水と同様に近世初頭に出発を辿ることができます．それは様々な理由が考えられます．その一つは測量という技術的な問題です．それは測量術の伝播と関連しているからです．前述したように，測量術はヨーロッパ伝来の高級技術でした．また，幕府は測量術の伝播をコントロールしようとしています．算学者（和算家）の多くは測量術の技術者でしたから，

また，徳川政権になって「鎖国」により幕府も各藩も外国貿易により利益を得る方法が制限され，領内の新田開発などによって財政をまかなう方向しか道

がなくなります．戦争がなくなり人口が増大することと連動して食料の増産が必要となります．江戸時代初期は人口の増大した時期であることはよく知られています．さらに，戦争がないということは，用水路建設と維持に必要なことです．一旦戦乱になれば，用水路の維持管理は困難を極めます．用水路を破壊することは容易なことだからです．その上建設には厖大な時間と費用がかかります．このようないくつかの条件が重なって，近世初頭において実用的で大規模の用水路が造られるようになりました．

第9節　近世日本の人口推移——17世紀に起こった人口爆発

歴史人口学者速水融は，江戸時代初期の人口が1,200 万人±200万人と推計しました．享保時代にはその人口は 3,000 万人くらいに激増しました．将軍吉宗による全国の国別人口調査が享保17年(1732)におこなわれ分かっています[18]．

近世初期に比べて元禄時代 (1688-1703) 頃には約 2.5 倍の人口増となります．

百年そこそこで日本のような島の人口が食料を輸入にたよらず約 2.5 倍増加するということは驚くべきことです．原野の開墾，湖の干拓による農耕地の拡大と水稲づくりのために水源の確保と用水路の開削が全国規模で行われなければなりません．さらに，それまでの耕地の生産性を高める農業技術の進歩があったことです．乾田化，農具の改良，肥料，堆肥，育種など[19]．稲作以外で野菜，漬け物，綿作と木綿，桑作と養蚕，ロウ，タバコなど豊富な産物が生産され，それに魚や貝，昆布などの海産物，山の幸など商品となってきたこともあります．さらにそれらの多くの産物や物資の流通革命，それにつづいて金融革命も同時並行的に進行したでしょう．これは複式簿記の成立[20]に連動し，ここでも和算史と深い関係があります．一方加賀藩の経済運営は「御算用者」が担っていたことを磯田道史著『武士の家計簿』（新潮新書）は明快に示しました．

17世紀の日本近世の人口爆発は上記のようないくつもの技術革新に支えられた結果です．二本松における磯村吉徳を中心とした二合田用水開削は，その一つの事例です．

長野県佐久の五郎兵衛新田[21] (1623-1626)，箱根用水[22] (1660-) は大規模で歴

史的に有名ですが，少し小規模の用水は各地[23]にあります．

利根川の開削，水路の大規模な変更など内水運の発達，沿岸航路による水運の発達も徐々に起こります．元禄時代紀伊国屋文左衛門による木材の運搬はよく知られています．これら産業経済全体の急速な拡大が17世紀の人口爆発の誘因となったのです．

第10節　まとめ──礒村吉徳の謎

礒村吉徳（喜兵衛）という氏名は，自著『算法闕疑抄』『頭書算法闕疑抄』に刻したものです．二本松藩士としての氏名は，磯村文蔵（喜兵衛，吉徳）と記録されています．同音同義の「礒」と「磯」というわずかな違いは何を物語っているのでしょうか．それも苗字の方です．この微妙な違いに意図的なカムフラージュを感じます．

礒村吉徳は『頭書算法闕疑抄』第4巻の序文に見られるように辛辣な批判精神に富んだ興味深い人間ですが，一方において非常に慎重であり用心深い性格であったことが分かります．これら全体像が礒村吉徳の謎の核心部分です．

『頭書算法闕疑抄』の序文は，『算法闕疑抄』刊行のいきさつを自ら明らかにし，その刊行の時期について，

　　　「さあら万治三（1660）庚子年中春の比おひにや」

と刻しています．ところが，現在知られている『算法闕疑抄』の初版は，

　　　「万治二年（1659）己亥卯月中旬」（（　）内は筆者）

とあり，明らかに1年の違いがあります．さらに念が入っていることに，「万治三年庚祢年二月中旬」に刊行された『算法闕疑抄』も存在しているのです．『頭書算法闕疑抄』の刊行は貞享元年（1684）孟冬で，序文の終わりに，

　　　「且夢後の形見となれかしと思ふのみ．貞享元甲子暮春の花の名残とも
　　　に記をわり侍りぬ」

とあるように，礒村吉徳自身が老齢を意識しています．それ故，初版の刊行期日を間違えたと言うかもしれません．しかし，まさに新著『頭書算法闕疑抄』を書く気力があった人間が，若年のころの自著『算法闕疑抄』の初版の期日を記憶違いするでしょうか．大いに疑問とするところです．

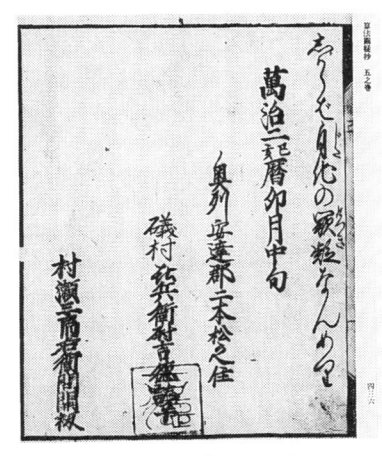

万治 2 年版『算法闕疑抄』. 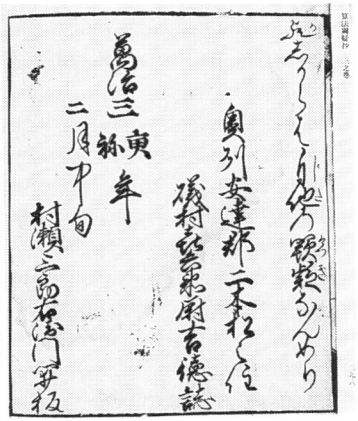　　　万治 3 年版『算法闕疑抄』.

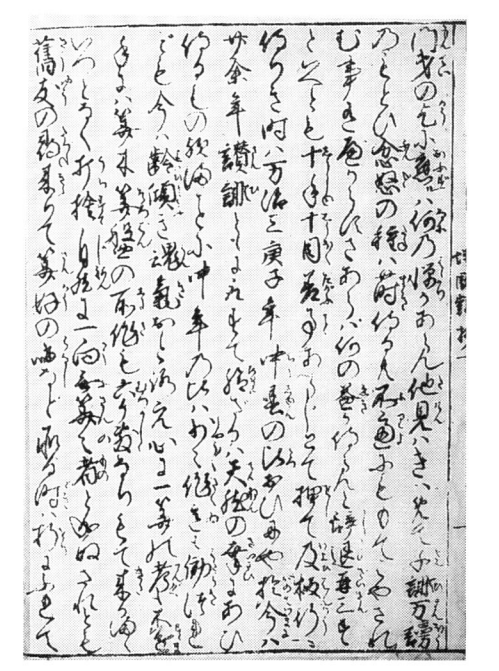

『頭書算法闕疑抄』の序文.
1丁裏 5 行目に「万治三庚子年中春の此おひにや」とある.

だれしも最初の著作には多くの思い入れがあり，後年新著の序文を書くとき調べ直せばよいことであり，間違うことなど考えられません．むしろ礒村吉徳は，意図的に何かをカムフラージュするために「万治三年」としたと考えます．

特に，初版『算法闕疑抄』には，一般に公にしたくない秘密の事情が隠されていると考えられます．このことは今後の本書の展開に大きく関係してきます．初版『算法闕疑抄』の謎に関連して，礒村吉徳の二本松藩へ仕官する以前の記録があまりにも少なく，自分自身の過去を隠していると思えます．

「生国は尾張で佐賀鍋島孫平太正茂の家人であった．算術で知られていた……」

などと藩士名録などにあるだけで，先祖や両親についての記述は藩士名録にも自著にもありません．一般的に武士は先祖を系図を偽造しても誇るものです．

生年も記録されていませんが，二本松の和算史家であった漆間瑞雄は1630年頃と推定しています．

万治元年（1658）に礒村吉徳は二本松藩へ仕官しています．その翌年に『算法闕疑抄』を出版しています．ここで2つの疑問が出ます．

一つは『算法闕疑抄』を書けるだけの算術・算学の力をどのようにして付けたかと言うことです．礒村吉徳は算術の師匠の氏名や存在そのものも明らかにしていません．『荒木村英先生茶談』には，高原吉種の弟子の一人として礒村吉徳の存在を記しています．それでは高原吉種とはどんな和算家であったのか非常に気になるところです．このことは後の章で論じたいと思います．

『算法闕疑抄』をつぶさに見ると算術の知識だけでなく，古今の書籍を広く読み同時代人と比較しても確かな教養を持っていたと考えられます．また，礒村吉徳が実務経験も積んでいたから，『算法闕疑抄』は分かりやすく実例を入れベストセラーになったのです．また，礒村吉徳が算術の力を身に付け，それを応用できる実務経験をどのようにして積んだのでしょうか．

村瀬義益の『算法勿憚改』の奥書に「関宿」とあります．村瀬義益が関宿に住まいして利根川の改修事業に技術者として参加していたことを示しているように考えられます．同様に礒村吉徳も実務経験を関宿など利根川改修事業で積んだ可能性もあります．

現代でもそうですが，江戸時代に『算法闕疑抄』など書籍を刊行することは，

容易いことではなく，1枚1枚版木に彫りそれを刷り上げてゆくという，たいへんな行程を経ます．書籍を刊行するためには非常に金銭がかかります．二本松藩へ仕官したばかりの人に藩が出版費用を出すでしょうか．後にベストセラーになったにしろ，初版を出版する段階ではわかりません．礒村吉徳に出版費用を出すスポンサーの存在が，浮かび上がってきます．このことは，次のことに関係してきます．

もう一つは二本松藩へ仕官できた理由です．二本松藩が算術の専門家を必要としていたでしょうが，身元あやしい人物を抱えることは藩当局にとって危険なことです．身元保証人というか礒村吉徳を二本松藩へ仕官させた人物がいたと考えるのは自然なことです．

筆者は，その人物こそ井上筑後守政重と考えています．

その詳細は次章にゆずりますが，井上筑後守政重の名は加藤家の改易の際に出てきました．井上筑後守政重こそ，この時代寛永（1632）頃から明暦（1657）頃までの徳川政権の陰の実力者でありました．特に大目付兼宗門改奉行（天主教考察）として辣腕をふるい恐れられた人物として知られています．

―― 参考文献・註 ――

1) 初版『算法闕疑抄』「近世文学資料類従参考文献編12」（勉誠社，1978）．原本所蔵者は山崎与右衛門・松崎利雄．万治二年版は唯1本で現在所蔵者不明．
2) 礒村吉徳著／小谷静枝編『頭書算法闕疑抄』（喜寿記念出版，私家版，1985）で活字化されています．
3) 二本松市編『二本松市史5：近世Ⅱ』（二本松市，1979）pp.599-916.
4) 『荒木先生茶談』平山諦著『増補訂正 関孝和』（恒星社厚生閣，1974）pp.43-47.
5) 川上茂治著『藤津鹿島のキリシタン』（私家版，1993）pp.110-111, pp.132-136, 鍋島正茂の父忠茂はドミニコ会のキリスト教会を建てさせています．ただ，正茂は本家鍋島勝茂との確執から藤津鹿島2万石を放棄して，下総矢作領5千石の幕府旗本「餅の木鍋島家」となります．北島治慶著『鍋島藩のキリシタン』（佐賀新聞社，1985）pp.156-158.
6) 『二本松市史4：近世Ⅰ』p.133.
7) 安斎宗司著『奥州二本松藩』（歴史春秋社，1979），『二本松藩史』（二本松藩史刊行会編，1926）．
8) 漆間瑞雄著『二本松における和算家〔数学者〕の資料とその解説』（私家版）pp.7-8.
9) 『二本松市史6：近世Ⅲ』pp.309-310.
10) 『二本松市史1』pp.441-446.
11) 『徳川実記』第3編 pp.312-313, 『物語藩史』「会津藩の概略」（新人物往来社，）pp.148-192.
12) 山本周五郎著『樅の木は残った』（新潮社，1963）p.5, 浅倉寅雄著『伊達安芸と寛文事件』（伊達安芸公頌徳会，1929）．

13) 福田千鶴著『酒井忠清』(吉川弘文館, 2000) p.101-112, 酒井忠清の関与は受け身であった, とあります.
14) 『二本松市史1』pp.457-458.
15) 平島郡三郎『二本松寺院物語』(二本松町公民館, 1954) p.1, 平島郡三郎は明治元年二本松藩士平島正就の子として生まれ, 自由民権家平島松尾の弟で小学校長・村長などを歴任. 郷土史研究の論著を多数残しました.
16) 『二本松市史1』pp.479-480.
17) 『二本松市史1』p.504.
18) 速水融著『歴史人口学で見た日本』(文春新書, 2001) pp.66-70.
19) 岡光夫他著『日本経済史』(ミネルヴァ書房, 1991) pp.36-62.
20) 河原一夫著『江戸時代の帳合法』(ぎょうせい, 1977), 西洋では複式簿記の成立と算術・代数学の発達が連動していたことを, クロスビー著『数量化革命』(紀伊国屋書店, 2003) pp.253-283 が示し, パチョーリ著『算術・幾何学・比および比例全書』(1494) と『神聖な比例』(1509) はその頂点を成していました. ボイヤー著／加賀・浦野訳『数学の歴史3』(朝倉書店, 1984) pp.14-16.
21) 伊藤一明著『五郎兵衛と用水－改訂版－』(信州農村開発史研究所, 1995), 五郎兵衛新田については, 数万点の古文書が残されています.
22) 佐藤隆著『箱根用水史』(わかな書房, 1979), 『清水町用水史』(清水町教育委員会, 1981). これらの用水史は有名です.
23) 筆者が住居する菊川町には加茂用水があります. 勤務校区には嶺田用水があり地元では現在でも用いられていて, 中條右近太夫という開削主導者の生命を賭した行動は語り継がれています. 中嶺田老人クラブ編著『郷土乃歩み』(中嶺田老人クラブ, 1969) pp.14-38.

第3章　"知は力なり"——井上政重の場合

　前章第5節加藤家の騒動で井上筑後守政重が登場しました．本章では井上政重の人となりや足跡および関心・思考について調べます．彼に定着しているイメージは，キリシタンへの悪辣非道な弾圧者です．ところが，井上政重は当時めずらしい現実主義者であると共に合理的精神の持ち主であり人文主義者的側面を発見できます．井上政重がフランシス・ベーコンの標語"知は力なり"[1]を実践した稀な人物であったからです．この井上政重のために一章を割くのは，和算を学として成立させたオルガナイザーだと推定するからです．

第1節　井上政重と徳川幕府体制の成立

　寛永9年（1632）二代将軍徳川秀忠が死去し，三代将軍徳川家光が実権を掌握するために，大目付（惣目付・惣横目）という幕府の要職をはじめて設置しました．そのとき，4人の大目付の内の1人として井上筑後守政重が就任しました．他の大目付は，柳生但馬守宗矩などでした．寛永11年3月（1634）老中職が成立しました[2]．大目付の設置は老中職の成立とならんで，幕藩体制における官僚組織を整備することになりました．それまで徳川幕府の重臣は「年寄」と称されていました．年寄職は，大名を支配する老中職と旗本を支配する若年寄職に分離しました．徳川政権は将軍による軍事独裁政権ですが，初代将軍家康のように支配者個人の能力による支配体制から，二代将軍秀忠，三代将軍家光になるに従い官僚組織による支配体制が整備確立することになりました．

　徳川幕藩体制において目付職は，監視監察の役であり，禄高があまり高くない割に非常に強い権限を保持していました．徳川幕府における大目付職は，将軍独裁軍事政権を強固にするために大名を監視監察する役割を担っていました．将軍は直接に大目付に命令を下し，また大目付は直接に将軍に上訴する権限を有していました．将軍は老中職を通じて各大名に命令を発するだけでなく，

その命令がどのように浸透しているか監視監察をしなくてはなりません．その役割が大目付です．老中自身も大名として大目付（大横目）の監視監察の対象になり，大目付が恐れられた存在であったことが分かります．

> 「いにしえより様々こまかなる儀も御耳に立ち，またもれ候事もこれある由，左様これあるべく候，それに就き（年寄衆が）大横目におじおそれ候由，これ又左様にこれあるべくと存じ候事」[3]

これは細川三斎〔忠興〕が述べたものです（細川家史料）．大目付職は，徳川家光が将軍として実質的な支配権を確立し浸透させるために創設し，幕末まで徳川幕府の要職として存在しました．最初の大目付職は設置目的が明確であり，将軍独裁政権を強固にするための大きな役割を果たしていました．

第2節　島原の乱（一揆）と井上政重

島原の乱は寛永14年（1637）10月から翌年にかけて，島原松倉藩領の島原地方と唐津寺沢藩領の天草地方の農民が起こした一揆でした[4]．

島原の乱は日本近世を通じて大きな影響を与えてきた事件でした．後年磐城平一揆や飛騨の大原騒動の記録には，島原の乱を想起させる記述があります．島原の乱の原因と性格は，農民一揆でありましたが当初からキリスト教信仰を結集の核としていました．島原藩主松倉氏は最初の検地で表高4万石を10万石にし，二度目の検地で13万石に近い高とし，年貢搾取による苛酷な圧政をしました．幕府のお手伝普請などは，表高10万石，13万石に比例した役が藩へ割り振られます．実高4万石は変わりませんから，さらに藩は農民から苛酷に収奪するしかありませんでした．

これに対して，一揆は潜伏したキリシタンの多い島原半島南部を中心に起こりました．一揆勢は，島原半島の古城原城を修築して本拠とし，さらに天草に渡り一揆に加勢し富岡城を攻撃しますが，城は落ちず，島原に戻り，松倉氏の倉を襲い武器・弾薬・食料を確保し原城に籠城することになりました．

寛永14年（1637）10月27日28日文書で，幕府は，豊後目付〔豊後へ配流した越前宰相の監視〕を通じて島原藩の家老たちより11月9日報告を受けていました．同時に，幕府は熊本藩（細川家）など九州諸大名（家老たち）より連絡

を受けていました．

　即日将軍家光は，板倉重昌・石谷貞清を上使に任命し，現地へ派遣しました．板倉重昌は，京都所司代板倉重宗の弟であり三河深溝藩主（1万5千石）で，石谷貞清は幕府の目付であり1千5百石でした．最初将軍家光および幕閣は，この乱を甘く見ていたようで，柳生宗矩に諫言されました[5]．この二人の上使の身分から見て，九州外様大名たちを指揮する役割は重すぎたという考えです．また，11月27日将軍家光は「戦後処理」のために老中松平信綱と大垣藩主戸田氏鐵を上使として派遣したことからも分かります．

　11月10日と20日板倉・石谷の上使軍と島原藩・佐賀藩・久留米藩・柳川藩の総勢5万人で一揆の立て籠もる原城を攻めますが落ちません．翌年元旦，上使松平信綱・戸田氏鐵が近日中に現地到着と聞き，焦って総攻撃をかけた板倉重昌は，戦死し石谷貞清も負傷して幕府軍は敗退しました．従って，その直後現地に到着した老中松平信綱が，幕府および九州諸大名の連合軍の総司令官となりました．正月3日原城攻めの失敗を聞いた将軍家光は，すぐ大目付井上政重を上使として派遣しました．家光は，

　　「一揆を攻めるにあたって味方に死傷者が多くでないよう慎重にことを
　　運ぼう」[6]

と面命しました．井上政重は大阪夏の陣に参戦した経験がありますが[7]，松平信綱は若年で実戦経験が乏しかったわけです．そこで将軍家光は，総司令官松平信綱の相談相手（参謀長）として井上政重を急ぎ派遣させたのです[8]．

　原城攻めのために，大阪城より大鉄砲・仕寄せ具足・鉄楯などを輸送させました[9]．

　また，兵の損害を少なくするために竹束や井楼[10]を用いていました．この井楼は，ヨーロッパの攻城兵器（攻城塔）[11]を模していました．この井楼をつかって，少しずつ城に近づく「仕寄り」の戦術をとっていました．その上で，多数の大鉄砲（大砲）や鉄砲で火力による攻撃を計画を立て実行しました．ところが，鍋島軍が抜け駆けの先陣をして計画が狂いますが，幕府軍および九州諸大名連合軍は，少なくとも12万人の大軍で原城を総攻撃しました．これにはたまらず原城は陥落し，一揆軍の女子供含む2万7千人が殺戮されました．連合軍の死傷者も1万人を超えた惨憺たる戦いでした．

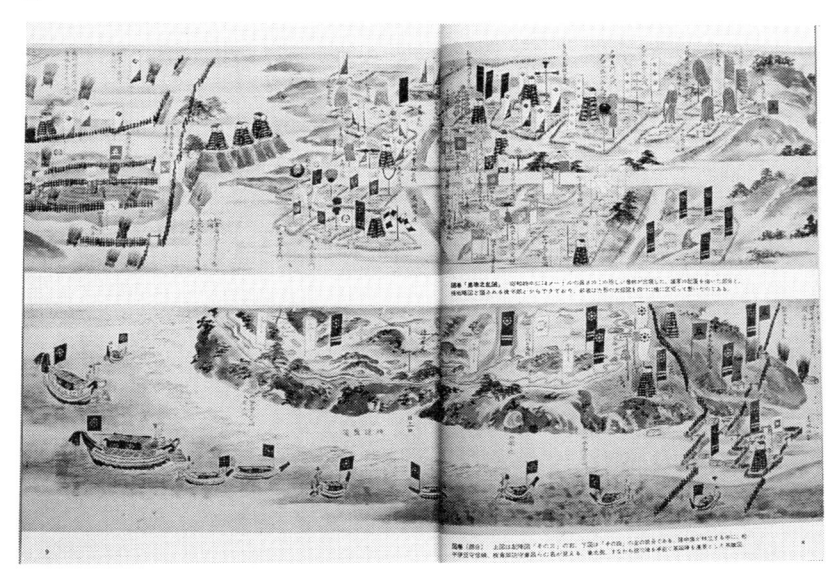

「島原之乱図」，竹束や井楼があちこちに立ち，幕府連合軍は「仕寄り」攻めをしている．(『探訪大航海時代の日本 6 受容と屈折』(小学館) の口絵写真より) (南蛮文化館所蔵)

　この島原の乱により，松平信綱と井上政重の考え方と政策が大きく変わるのは当然のことです．また，将軍家光や他の幕閣の松平信綱と井上政重に対する信頼は高まり，彼らの幕府内での権威と権力はいやがおうにも高まります [12]．また，この島原の乱をとおして徳川幕府は九州支配を強化しました．

　島原の乱は軍事戦術・技術でもそれまでと違いを見せました．前記したように幕府連合軍は多数の大鉄砲・鉄砲の圧倒的な大火力によって攻撃しました．その上，井楼による仕寄りを行い攻城戦にこれまでに見られない方法を持ち込んでいました．以前は，戦死した板倉重昌のような力ずくでしゃにむに城攻めをする方法が一般的であったのです．また，持久戦ならば，秀吉のように水攻めや兵糧責めだったでしょう．

　実際に島原の乱以降，幕府はオランダ人に臼砲の鋳造や弾丸の製造法，各種大砲の実射を要求していました．また〔他藩の〕日本人には臼砲の製作などの秘密を漏らさないように厳命していました．軍事技術の独占を図っていたのです．大砲および臼砲に関する記述は『平戸オランダ商館の日記』(第 4 輯) に

「大砲」59 頁,「臼砲」65 頁の合計 124 頁もあります. この序説 (p.5) の中で永積洋子は,

> 「砲術は西洋学術のうちでも, 幕府当局者にとって最大の関心事であり, 平戸におけるこれらの臼砲の鋳造や,〔一六〕四〇年六月,〔フランソワ〕カロンが再び参府した際, 牧野内匠頭信成とその家臣が牧野邸内で, 弾薬の製造法を, 火薬係ユリアン・ヤンセンから習ったことは, そのまま蘭学につながる動きといえよう」

と評価しています. その後, これら軍事技術についても井上政重が深く関与してゆくことになります.

もう一つ, 鍋島軍の先駆け先陣によって計画が狂ったことについての, 参謀長井上政重の反省は, 15 世紀ヨーロッパの軍事教本に視線をおよぼした可能性があります. 軍事教本はルネサンス期ヨーロッパの新たな戦闘隊形に, 数百人から時には数千人の兵士を編成していました. その戦闘隊形は正方形その他の四角形三角形や大鋏形などのため, その軍事教本には平方根と平方根表が載っていました. 当時のヨーロッパの将校は有能であるために, 代数と数学の大海原を骨折って進むか, 数学者を雇うしかありませんでした [13]. ただ幕藩体制の中では, その限界があることも井上政重の承知するところであったでしょう.

第 3 節　キリシタン宗門改奉行としての井上政重

寛永 15 年 (1638) 4 月 5 日小倉で上使太田資宗が, 一揆勃発の責任者島原藩主松倉勝家の改易, 天草藩主寺沢堅高の領地を召し上げを申し渡しました. 後に松倉は斬罪になり, 寺沢は自害しました.

抜け駆けをした佐賀藩主鍋島勝茂は, 軍令違反となり, 江戸に召還されしばらくして閉門になりました. 軍令違反を罰することは軍隊として非常に珍しいことです. もしも, 1940 年ころ日本の参謀本部が井上政重のような厳格に軍律を解する人によって指導されていたなら, ノモンハンの責任者である辻政信参謀たちを日米戦争を引き起こすポストへ "栄転" させるようなことはなかったでしょう.

また, 一揆鎮圧にあたった諸大名にはなんの恩賞もなく, 幕府は軍役規定に

定められた兵1人に1日5合の扶持米だけを支給しました．諸大名の軍費と人的な損害は幕府より支給された扶持米では遠くおよばず，まさに島原の乱は「恩賞のない戦い」でした．

それにもかかわらず，寛永17年（1640）6月井上政重は6千石加増され，それから毎年長崎政務を命じられ，異国の商舶およびキリシタン禁制の責任者となりました[14]．政重が4千石を1.5倍加増されたことは，島原の乱の功績と考えてよいでしょう．

明暦3年（1657）9月大目付井上筑後守政重は，天主教考察（宗門改奉行）[15]現代風にいえば宗教思想警察部門を創設し元締めに就任し辣腕を振るい悪名を轟かすことになりました．井上政重が天主教考察であったのは，2年弱でした[16]．キリシタン宗門改に係わるのは，島原の乱以後長崎における外交および内政の最高責任者としての仕事の一環でした．寛永15年（1638）仙台藩領で3人の宣教師が捕まり江戸に送られ，幕府評定所で4度詮議するがらちがあかず，酒井忠勝邸で将軍家光列座で沢庵和尚や柳生宗矩による詮議も駄目という事件がありました．結局，井上政重による取り調べで棄教あるいは刑死となりました[17]．

決定的な事件は，寛永20年（1643）に潜入したイエズス会宣教師団ルビノ第2隊の取り調べと全員の棄教でした．井上政重は，この事件を将軍および幕府首脳の願う最上の形で解決しました．その結果，井上政重は幕府におけるキリシタンの取り締まりの最高責任者になったわけです．それまでのキリシタンの取り締まりは各藩にまかされていましたが，寛永20年以降は井上政重が直接各藩へ介入してゆきました[18]．まさにキリシタン取り締まりをテコにして，幕府は各藩の民衆を直接支配する道を拓きました．

井上政重はこの天主教考察（宗門改奉行）と大目付とを1人で兼務しました．万治元年（1658）政重が職を辞すると大目付北条氏長が天主教考察の兼務を命じられました[19]．寛文2年（1662）2月作事奉行保田宗雪が天主教考察との兼務を命じられました[20]．すなわち，天主教考察〔宗門改奉行〕職は，大目付兼務1名と作事奉行兼務1名，合計2名によって担われることになりました．その後この制度は成立し存続しました．それだけ天主教考察が重職であり専門的な知識を必要としていました．特に，注目しなくてはならないことは，天主教考察と作事奉行の兼務です．井上政重も寛永14年（1637）1月江戸城本丸御殿

の作事奉行の内の一人なりました．作事奉行は大工職・石工職など技術職を管理監督します．作事奉行が天主教考察を兼務すると言うことは，大工・石工・測量士・算法家など技術をもった集団とキリシタンの関係を示すものです．両者に密接な関係があるがゆえに作事奉行とキリシタンの取締役を兼務したのです．

第4節　外交および安全保障担当大目付としての井上政重

　豊臣秀吉が朝鮮への侵略戦争を実行しましたが，その死によって終結することになりました．徳川家康は豊臣秀吉の対外関係の反省と対外交易による利益の大きさという現実から積極的な外交を展開しました．このためにアジア近隣諸国〔朝鮮，東南アジア諸国〕はもとよりスペイン（メキシコ），イギリス，オランダなどヨーロッパ諸国にも書簡を送り，国交を開く努力をしました．

　徳川家康の外交顧問は黒衣の宰相として有名な金地院崇伝でした．外交文書の作成を京都五山の学僧が担ってきた伝統によります．実際の外交担当責任者は家康の側近であった本多正純でした．

　徳川家光が将軍になってからの外交担当者は，筆頭年寄土井利勝，酒井忠勝でした．寛永15年（1638）11月土井，酒井が大老になり，その後の幕府の外交責任者は松平伊豆守信綱，井上筑後守政重となりました[21]．このことは，寛永15年2月に終結した島原の乱の鎮圧と戦後処理と深く関係しました．

　島原の乱で総司令官を務めた松平信綱と参謀長を務めた井上政重は，当然のことながら将軍家光の信頼を一層高め幕閣内での存在感を確かなものにしました[22]．松平信綱は筆頭老中となり[23]，井上政重は外交および安全保障担当の大目付としての役割が顕著になりました．

　井上政重の外交担当大目付としての最初の役目は，寛永13年（1636）朝鮮通信使を岡崎まで出迎えたことです[24]．この年，井上政重はオランダ使節より贈り物をもらっていますから，オランダ側は外交担当者として井上政重を認識していました．

　井上政重が外交および安全保障担当大目付としての辣腕を振るうようになるのは，島原の乱後からです．「オランダ商館の日記」および「バタヴィア城日

誌」に「使節筑後殿」「大目付筑後殿」「警視筑後殿」が頻繁に見えるようになります．

寛永17年9月（1640年11月）井上政重は，平戸オランダ商館を一つも例外なしに取り壊す様命令しました．その理由はオランダ商館の破風に西洋年号が書かれていたことでした[25]．その後のオランダ商館の長崎出島への移転につながりました．幕府はオランダと直接に外交を展開し交易を長崎で独占するためでした．すなわち，平戸藩主松浦氏を通さなくてもよいわけです．近世日本外交・交易史における大きな転換点になりました．

また，「和蘭風説書（おらんだふうせつしょ）」の提出を命じた際，将軍の名においてこれを直接担当したのは，井上政重でした[26]．現在残っている和蘭風説書の最も古いものは，寛永18年（1641）のものです[27]．周知のようにこの和蘭風説書は，幕末まで連綿とつづき，幕閣がヨーロッパを中心とする世界情勢を把握する重要な役割を果たしました．

「華夷変態（かいへんたい）」「唐風説書（からふうせつしょ）」という中国大陸情勢の報告書もこのころより始まっています．「華」とは明朝のことで，「夷」とは満州族のことです．すなわち，明朝から満州族の清朝に変わったこと〔変態（へんたい）〕に衝撃を受けた幕府による情報収集のための報告書です．1644年明朝の最後の皇帝である崇禎帝（すうていてい）は自殺し，その結果満州族清朝が北京に入城しました．幕府は満州族の王朝を元朝の再来と見なし，非常な脅威を感じていました．華夷変態の文字に当時の日本人の外交感覚が読みとれます．

1644年明朝最後の皇帝になった崇禎帝は自殺しますが，江南各地で明の後裔を擁立する政権が建てられました．福王・唐王・桂王・魯王の四藩と称される南明政権です．唐王を支えたのが福建に一大勢力を誇った海商の鄭之龍でありました．唐王は日本へ援軍の要請を1645年1646年とします．1645年明の遺臣崔芝が派遣した使者林高が長崎に来ました．幕府は長崎奉行馬場利重と井上政重の名を以て長崎奉行山崎正信宛に「将軍家光に言上できない」の意向を伝えています．この援軍の要請を「日本乞師（にほんきっし）」といいました[28]．

井上政重の海外情報は，オランダ人を通さない独自ルートもありました．寛永20年（1643）12月，井上政重はオランダ人にマニラの大地図を広げて同地の要塞の様子や大砲の門数，港の入り口，船舶の停泊地の水深，兵士の数など

第3章 "知は力なり"――井上政重の場合 63

細かく説明しました．フィリピンのマニラはスペインが領有していたので，敵対していたオランダ人にとって井上政重の情報網は大変な驚きでした[29)]．

アメリカの近世日本外交史の専門家であるロナルド・トビは，その著『近世日本の国家形成と外交』[30)]で，

「このように幕府によって考案された情報機構は，その方法，組織，行動がともに，近代の領事館，軍事情報機構と著しく似ている．時代の相違による技術と伝達の避けがたい相違を酌量すれば，ここで議論されている情報網は，春秋時代の軍事理論の教祖孫武，二十世紀中期のアメリカの「情報の技術」の指導的な主唱者アレン・ダレス，或いは領事館，情報機関で働いた人々のいずれにも同じ程度に身近なものである」

と驚きをもって語っています．さらに，同書で，

「日本では，外交の衝に当たる機関は，十七世紀のみ存在したのではない．十八世紀に入っても弱体化せず，衰微もしなかった．既に述べたごとく，たとえば情報機関は十九世紀中葉までひき続きその機能を果たしており，老中のうちから特定の外交関係の衝に当たる者が任命されていたのである」[31)]

と徳川幕府の情報機関とその機能を高く評価しています．

慶安2年(1649)井上政重は老中松平信綱とともに西国・中国・四国の諸大名の家臣を招集して，沿岸警備を厳重にすべきことを命じました[32)]．井上政重が軍事および安全保障担当としての役割を示したものです．

これに先立つ寛永15年(1638)寛永の国絵図・城絵図，正保元年(1644)正保の国絵図の作成の責任者も井上政重が担当しました．これも沿岸警備体制の確立と関連していました[33)]．また，これら国絵図・城絵図の幕府への提出は，幕府による各藩支配の重要な武器でした．従って，幕府は各藩へ江戸時代を通じて何度も国絵図の提出を求めていました．

すなわち，外交および安全保障において，井上政重は情報を最重要視し，情報収集機能が永く低下しないように確かな機構を構築し，実際の政治判断と行政執行に生かしていたのです．

第5節　寛永の大飢饉と井上政重

　寛永の大飢饉は，日本史上16大飢饉のうち8番目の大飢饉で，しかも徳川政権になって最初の大飢饉でした[34]．天下大飢饉と後世に語り継がれるものとなりました．

　寛永10年代の初めから，不作がつづき，寛永19〜20年 (1642-43) が大飢饉のピークとなりました．各地域によって不作の違いがあり，西日本では旱魃で，東日本では冷害によるものでした[35]．

　島原の乱が終結した寛永15年 (1638) ころから九州一円で牛疫病が発生し，その年の終わりには九州の牛は全滅状態になりました．翌寛永16年には中国地方へと広がり，寛永17年 (1640) 8月ころには「五畿内から大津あたりまで」牛が全滅状態になりました．

　複合的な異常気象でしたが，西日本は旱魃型，東日本は冷害型でした．

　寛永19〜20年 (1642-43) になると食べ物に窮した餓死者が発生しました．尾張藩領の馬籠より贄川までの飢人は1万5千人もいて，45人が餓死したという記録があります．自給している田舎で餓死者が多数でているということは，都市も悲惨な状況でありました．このため百姓が村を捨てて多少余裕のありそうな地域・藩へ逃げる事件が多発しました．そのため田畑はますます荒廃することになりました．

　この寛永の大飢饉は「天下大飢饉」として後世に語り継がれ，幕藩体制という政治社会の仕組みとして「飢饉への対応の原則がつくられた」という意味で重要です[36]．「撫民計」「撫育之計」および諸国に高札を立てさせ，全国的な飢饉対策を実施します．米不足・米の高騰で，飢人が多数発生し死人も出ました．

　寛永20年 (1643) 3月幕府は17ヶ条からなる「土民仕置条々」を出しました．幕府の飢饉対策であるとともに，その後の幕府農政の基本法令となりました．第1条から第3条，第11条，第16条は，百姓に対する倹約令です．第4条から第6条は百姓の食べ物の規制でした．たとえば，米をみだりに食べることを禁止していました．「百姓の成り立ち」を明確に意識した前代にない法令でした．第13条が有名な「田畑永代売買禁止」の法令でした．

このころ，井上政重は，西国や長崎へ何度も往復しました．寛永19年（1642）「欽命をかうぶりて，海道の諸民愁苦の事を沙汰す」[37]とあるように，西日本の飢饉の状況をもっとも詳しく知っていた幕閣の一人でした．長崎への海道の往復における飢人や死人を多数見てきた知ある人間それも大目付が何もしないほうが不思議です．特に「飢饉への対応の原則がつくられた」という事に，井上政重が深く関与していると考えられます．その理由は前例のない事に対する原則づくりが，井上政重の対外折衝やキリシタン対策，国絵図作成などに見られるからです．

このような異常気候は，地球規模で起こった気候変動です．天文学史・気候史では，マウンダー極小期とよばれます[38]．極小期には，太陽の黒点の数が激減し，太陽活動が不活発になります．マウンダー極小期では，太陽の黒点がまったくなくなる無黒点期でした．そのため平均気温が低下し，気候は寒冷化しました．マウンダー極小期は，1645年頃から1715年頃までの約75年間をいいます．このような極小期は何度も起こっていますが，年平均気温がもっとも下がったのがマウンダー極小期でした．7月というのに，ロンドンのテムズ川が氷結し，氷上パーティーや店開きをした絵が残っています．オランダでは運河が氷結しスケートをしている絵画が残されています．ペストやインフルエンザが大流行し多くの人々が死にました．

第6節　井上政重と西洋学芸

井上政重において，注目すべきは西洋学芸（ヨーロッパ科学技術および医学薬学）への関心の高さにあります．おそらく同時代の日本人で井上政重ほどの人物はいませんでした．この井上政重の西洋学芸への関心の高さは，単なる知的好奇心からでたものと思われないところがあります．

井上政重の関心が彼自身の職務と必ずしも関係していません．むしろ，政重の西洋学芸への関心の高さが，大目付という役割の拡大拡充を推し進めたと言えます．記録に見る限り井上政重以外の3人の大目付や幕閣が，彼と同レベルの西洋学芸への関心を示していません．

井上政重の最大の関心は，軍事技術でありました．これは当然のことで，当

時まだ島原の乱があり，軍事的にも不安要素が多々ありました．それゆえ臼砲の鋳造や各種の最新の銃器および弾丸・火薬，防弾用甲冑などを注文し購入していました．望遠鏡は軍事用と天文観測用も注文していました[39)][40)][41)]．

島原の乱のとき，前記したように井上政重は軍事戦術として「圧倒的大火力による攻撃」や「井楼による仕寄り」というヨーロッパ式攻城法を進言し実戦に活用していました．これも見逃せないことです．それにより戦闘員の損失を最小限にする作戦です．井上政重はこの作戦を将軍家光に上申し採用され，その結果「家光の面命」によって島原の乱へ参加することになりました．松平伊豆守信綱を支援〔参謀長〕するために参戦しました．

医学・薬学について，井上政重は非常に高い関心を示していました．これについては，長谷川一夫著『大目付井上筑後守政重の西洋医学への関心』[42)]に細述されています．井上政重は逝去間近な将軍家光の診察をするほどの知識も経験も保持していました．また，ラテン語の解剖学書，ヴェサリウスの解剖書およびアンブロワース・パレを見つつ豚の解剖をさせていました．

数学・天文学では，オランダ商館の書記官ファン・バイレンが幾何学を教えるために井上筑後守邸を訪れていました．井上政重自身がどの程度の数学や天文学の知識を持っていたかどうか分かりませんが，関心を持っていたことは事実です．オランダ商館への注文品や届いた品々の中に，ラテン語の『天の光』，ラテン語の星図，ラテン語の惑星の運動に関する書および各種の望遠鏡がいくつも入っていました．

地理学（地図製作）について，井上政重の知識は抜群であったとオランダ人が証言していました．台湾のキールンやフィリピンのマニラの地理や情勢についても，オランダ人を驚かせる最新の情報を持っていました．正保の国絵図の責任者となった井上政重の実力を明らかにしています．

動物学・植物学について，プリニウスの博物誌やドドネウスの植物誌をよく読んで知っていました．特に，ポルトガル語への翻訳ができる人がいないかオランダ人に尋ねています．井上政重本人か家来がポルトガル語を理解できたのではないかと思われます[40)][41)][42)]．

第7節　キリシタン政策の転換——ユマニスト井上政重

島原の乱以降キリシタン政策は変わりました．元和9年(1623)7月家光が将軍に就任し，10月江戸芝でジェロニモ・デ・アンジェラス神父や原主水たちキリシタン50人を火刑に処しました．寛永元年(1624)秋田藩主佐竹義宣がキリシタン33人，寛永4年(1627)島原藩主松倉重政が340人を処刑しました．これは代表例で毎年潜伏宣教師と匿ったキリシタンの多数が処刑されました．

寛永20年(1643)2月アントニオ・ルビノ神父率いるイエズス会宣教師団の第1隊10人全員が長崎で処刑されました[43]．ところが，不思議なことにルビノ第2隊9人全員は江戸送りとなり，処刑されることなく生涯を送ることになりました．このルビノ第1隊と第2隊の差にキリシタン政策の転換を見て取れます．このキリシタン政策を転換させたのは井上政重その人でした．次の井上政重の文言の中にキリシタン政策の考え方が凝縮されています．

>「耶蘇の法は，もと邪法なりといへとも，人々信すへき理あれはこそ，此教を崇敬するものあり，その心得あるへしと，大獻院殿（家光）の仰ありせしかは，親しき子共なとにも，此事の沙汰は聞せすとそ，入道（政重）の申されしは，獻廟の仰に，耶蘇の法は西洋の教なり，それゆゑに我国の人を一人も罪に行はむ事は，損といふへし，なるへきたけは，人のそこないなからむやうに，其宗を改めさすへしと宣ひしと云々，新井君美（新井白石）か説に，獄門にかけよと仰ありしは，其後天草一揆なとの事に，こりさせ給ひしによりてなるへし」[44]（（ ）内は筆者）

この文言は井上政重が天主教考察を退任するとき，後任の大目付北条安房守氏長へキリシタン政策の基本を将軍家光の言葉に仮託して伝えたものでした．

この短い井上政重の言葉に彼のユマニスト（ヒューマニスト）的な側面を読みとることができます．すなわち「キリスト教は邪法といえども，人々が信じる理由があるからこそ崇敬する」「キリスト教はヨーロッパの宗教であり，それゆえ日本人の一人として罪にすることは，我が国の損失である」「なるたけ人命を損なわないように，改宗させるべきである」と，政重は合理的かつ人道的な思想を開陳しています．しかも，思想に止まらず幕府の政策とし，政重自

ら執行しました.

万治元年（1658）井上政重は退任し，万治3年（1660）致仕し，寛文元年（1661）死去しました．この頃から，幕府のキリシタン政策は再び転換しました．豊後で500人以上，美濃・尾張で1,000人以上の大規模なキリシタンの露見があり，大量処刑をしました[45]．これは井上政重による上記のキリシタン政策を再び転換し元の処刑方式に戻すものでした．井上政重のヒューマニスト的な精神は，彼の退任・致仕・死去とともに失われていきました．それだけ井上政重のヒューマニスト的な思想と行動が際だっていた証拠とも言えます．

第8節　井上政重の出自と周辺——謎の青年時代

井上政重の23歳までの経歴は公式記録には残っていません．政重は天正13年（1585）に遠州で生まれています．慶長13年（1608）政重は，将軍秀忠に御家人として仕えています[46]．それ以前，蒲生家に仕えていたことは，会津藩「家世実記」でほんの少し分かってきました[47]．

井上政重は，天正13年（1585）遠州横須賀（現静岡県小笠郡大須賀町）で生まれました．祖父井上清宗と父清秀は，徳川家康の有力家臣であった大須賀康高に仕えました．清秀の妻すなわち政重の母親が秀忠の乳母になります．この母親は非常に気丈な人であったと記録にあります[48]．それゆえ政重の兄正就は秀忠に信頼され常に側近くに仕え，第一の側近として年寄（後の老中）になりました（ところが，寛永5年（1628）井上正就が殿中で刺殺されるという大事件が起こりました．正就のお墓は大須賀町の本源寺にあります）．また，正就の娘婿が松平伊豆守信綱でした．さらに，政重の妻は幕府重臣太田資宗の姉でした．このような縁戚関係から政重が大目付に就任したのも故なしとしないでしょう．

しかし，23歳までの政重の行動が公式記

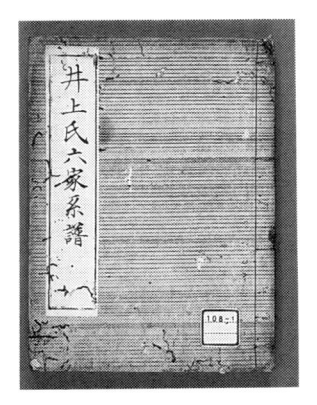

井上氏六家系譜．

録に載せられないのは,「蒲生家の家臣であった理由は隠密活動であった」からでしょう．最初から徳川家康・秀忠は，井上政重をスパイとして蒲生家に送り込んだと説明するのが順当でしょう．それゆえ政重が幕臣となってからは，奥羽外様大名の内実を熟知していましたから，その動向を左右することができました．政重が大目付として活躍するようになりましたが，出自不明の人間が突如大目付になったのではないのです.

　井上政重がキリシタンであったとする伝えがあります．彼を囲む環境がキリスト教とかかわっていたことを考えると，故なしと言い切れません．天正19年 (1591) 横須賀城の第3代城主は渡瀬詮繁でした．彼は豊臣秀次の側近となり，キリシタン大名として高山右近とも親交深い人物でした．また，渡瀬は全国的にも珍しい四階建ての天主閣を建てました．その後，渡瀬は豊臣秀次が切腹させられたとき，追放され碓氷峠で自害しました[49]．それは政重が6歳のころでしたから，キリスト教に関心を抱いても不思議はありません．

　これらのことは井上政重にとっても徳川幕府にとっても隠したい経歴ですから，記録として残らないでしょう．ただし，蒲生家に仕えたという記録は，井上家にもあります[50]．

第9節　まとめ——"知は力なり"ーベーコン的思想の体現者井上政重

　現代の我々の江戸時代についてのイメージは，"250年つづいた太平の世""封建社会＝身分社会""鎖国という閉鎖社会"でしょう．これらのイメージがあまりにも普及しすぎて，誤った時代認識・社会認識を与えています．たとえば，江戸時代を前期・中期・後期の3つに分け考察したとき，固定化したイメージは崩壊するでしょう．もっとも重要な視点は徳川幕府が将軍独裁軍事政権であるということです．各藩の体制も同じ軍事政権です．また，井上政重が活躍した前期は，徳川政権も盤石ではなく，戦国の軍事力が"統治の力"そのものでした．戦国時代の荒々しい気風は元禄の頃まで残っていて，それを転換させたのは五代将軍綱吉であるという説が山室恭子著『黄門さまと犬公方』(文春新書) です．「生類憐れみの令」の裏側でそれと連動して鉄砲の取締りを強化して政策転換したという考え〈人民武装解除論〉が塚本学著『生類をめぐる

政治』（平凡社）です．すなわち，武威武力政治から文治政治への転換です．
　井上政重が活躍した時代は三代将軍家光のときですから，まだまだ武威武力政治がはばを利かせていた時代でした．そのとき"知は力なり"を実践した井上政重の"時代を超えた先進性・近代的センス"が，五代将軍綱吉以前に政策転換をさせたと見るべきです．それが四代将軍家綱の安定期を陰で支え，五代将軍綱吉の文治政治へとつなげていったと結論づけられます．
　井上政重の幕府の重職大目付でその役割を超えた軍事技術・科学技術・医学等への関わりは，彼が知識を政策に役立つ手段として強く認識していたからでしょう．井上政重のキリシタン政策の転換もその延長上にあり，キリシタンや日本へ潜入したイエズス会宣教師たちを処刑するのではなく，彼らの持つ知識を政策に生かす方が人間（民衆）や文化の向上に役立つと自覚して政策転換したと考えるべきです．これらを実現させるために必要な研究機関・研究開発機構が切支丹屋敷であったのです．フランシス・ベーコンが『ニュー・アトランティス』で構想した"ソロモン学院"は，井上政重によって切支丹屋敷（小日向科学技術研究所）として実現したと考えてもよいでしょう．
　井上政重の思想形成はどのようになされたのでしょうか．ベーコンのように著作が残っているわけではないので彼の政策執行過程をつぶさに検証することによって少しずつ分かってきました．それは切支丹宗門改奉行（天主教考察）での政策執行であり，対外政策の執行であり，海防政策であり，全国絵図（正保の国絵図・城絵図）作製の執行の過程に見ることができました．
　大目付井上政重という初期徳川幕府中枢の政治・行政執行者を考察してきました．大目付という役柄が井上政重に適していたのかもしれませんが，彼は常に現実を冷徹に見通し対処しています．オランダ人との現実重視の折衝，南明政権や鄭之龍・鄭成功からの援兵要請を断り，現実主義者かつ合理主義者としての側面がよく現れています．
　また，井上政重は，「情報」をもっとも重視し，そのために永続する機構を創設することなど，第二次世界大戦後の冷戦を情報機関で操ったアレン・ダレスに匹敵するとアメリカの研究者ロナルド・トビに言わしめる現実主義者であり合理的な機構を創設する精神を合わせもっていた人物でした．
　その上，ヨーロッパの西洋学芸（医学薬学および科学技術）への深い関心と

第3章 "知は力なり"――井上政重の場合

合理的な精神は時代を超えた存在でした．

さらに，政重はキリシタンの処遇に関して，宗教に対する合理的な考え方が背景にあって，処刑ではなく棄教により人的な損失をも考え推進しました．ユマニスト的思想の影響を感じさせます．

徳川幕府が抱えていた重大な問題は，将軍家光の時代から家綱の時代へと顕在化します．家康や秀忠は，自ら戦って天下を勝ち取ってきました．しかし，家光が「生まれながらの将軍」と称しても，戦場で政権を勝ち取ってきたわけではありません．将軍家光の頃でも外様大名の伊達政宗や加藤嘉明，細川忠利，細川忠興などは元気でした．ポルトガルやスペインなどヨーロッパ諸国がどのような行動に出るか不明でした．ヨーロッパ諸国と九州諸大名との結託の可能性もあり油断できません．オランダ人も油断できません．土豪とキリシタン宗門の結びついた島原天草の乱如きに，苦戦しているようでは，将軍家光の天下も安寧とはいえません．その上，寛永の大飢饉は，幕藩体制を根底から崩壊させる可能性をもっていました．大飢饉を武威武力で制圧できるものではありません．

このような時代に，井上政重は"知"をもってことに対処したのです．そして，"知は力なり"を対ヨーロッパ諸国との対応・交渉やキリシタン対策，島原天草の乱での軍事戦略・戦術，大砲の製作などの軍事技術，国絵図・城絵図づくりで示してきました．"知は力なり"の具体として政重は，"情報"をもっとも重視していました．

大飢饉への井上政重の考えや具体的行動は不明な点が多いのですが，現実的・合理的かつユマニスト的であったと思います．井上政重は，大飢饉の原因を深く考察して具体的な対策を考えたでしょう．

大飢饉への対策では食料確保が最大の課題です．それは新田の開拓，そのための灌漑施設・溜池・用水路の開削，肥料調達問題，など新農法が必要でした．そのための技術は，数学〔和算〕に立脚した測量術の導入でした．

また，ヨーロッパ諸国や朝鮮など近隣諸国との外交交渉を有利にするための具体的な方策をもち推進したと考えてよいでしょう．朝鮮通信使や琉球謝恩使，オランダ人の江戸参府などの行列や儀式は，将軍の権威を高めるために武力以上の効果が期待できます．

日本の外交で中世以来問題になっていたことは，国書の年号と暦です．東アジアの外交は，中国を中心とした冊封体制に関係します．中国の冊封体制に入るということは，その国が中国の年号と暦をつかうことなのです．"正朔を奉じる"ということです．

　日本は，古来から中国年号ではなく日本年号をつかってきましたが，暦は中国の古い宣明暦を徳川政権になってからも800年以上もつかっていました．そのため2日間のズレが生じていました．

　徳川家康は盛んに諸外国と国書の交換をし交易をしようと試みました．朝鮮とは，豊臣秀吉と違い善隣外交を推進し，朝鮮王朝は通信使（まことを通じる使い）を日本へ派遣しました．朝鮮との外交は対馬藩（宗氏）が仲立ちをしていました．国書の交換において対馬藩が国書を改竄するなどの事件〔柳川一件〕が発覚します．それは藩主宗氏と家老柳川調興との朝鮮貿易に関する対立する中で発覚します．また，朝鮮王朝は国書に明朝の年号や明暦をつかうように日本に働きかけます．詳細は，別の章で明らかにしますが，国書に関連して年号と暦が問題になることは，理解できます．日本が800年以上も前の古い暦をつかって国書に書くのは，笑いものです．日本が文化的に立ち後れていることを証明してしまったのです．このことは家光・家綱・綱吉政権にとって由々しき事態でした．

　こうしてみたとき，外交および安全保障担当大目付でヨーロッパの科学技術に明るく，高度の情報をつかんでいた井上政重が，年号と暦の問題を知らないわけがありません．平戸オランダ商館を破棄させるとき，その理由に商館の破風に西洋年号をつかっていることを井上政重は指摘していました．政重は年号や暦について知らぬどころか，秘かに具体策を練って推進していたと考える方が遙かに合理的です．西洋の天文の書を購入していたのもそのためかもしれません．

　中国を中心とした冊封体制に日本の徳川政権が入らなかったにしても，中国王朝の宮廷の動きには気を配ってきました．『華夷変態』『唐風説書』は，その記録です．明末から清にかけて活躍したキリスト教の宣教師たちによる改暦の動きにも気にかけていたでしょう．アダム・シャールたちの『西洋新法暦』の正確さを見抜いた摂政王ドルゴンは，「時憲暦」として頒布させます．このこ

とは朝鮮王朝に伝わり改暦に長年血のにじむ努力をします．

ところが，日本にアダム・シャールに匹敵する人材はいませんでした．このような状況で，井上政重は何を考えたでしょうか．

—— 参考文献・註 ——

1) 福田歓一著『政治学史』（東京大学出版会，1985）pp.223-225．フランシス・ベーコン（1561-1626）：イギリスのエリザベス朝時代の政治家・思想家．自然認識によって自然を征服しようという新しい哲学をうちたてた．知識そのものは自己目的ではなく，力を獲得するための手段である．知識を獲得し自然法則を見破れば，その自然に服従することによって人間は自然を征服できる．知識は，人間とその文化に役立てることができる．その決め手は，科学・科学技術である．それを実現する中心的な機関は研究機構・技術開発機構である．それを彼は"ソロモン学院"と名づけた．「ニュー・アトランティス」『世界の名著：ベーコン』（中央公論社，1979）pp.507-550．ベーコン著／川西進訳『ニュー・アトランティス』（岩波文庫，2003）
2) 徳川幕府の首脳である老中制および若年寄制の成立は，「老中職務定則」「若年寄職務定則」によります．それまでの年寄の職分が明文化されたといえます．藤井譲治著『江戸幕府老中制形成過程の研究』（校倉書房，1990）p.176
3) 前掲前著 p.170，山本博文著『寛永時代』（吉川弘文館，1989）p.13．
4) 藤井譲治著『江戸開幕 日本の歴史⑫』（集英社，1992）pp.240-274，深谷克己著『増補改訂版・百姓一揆の歴史的構造』（校倉書房，1986）pp.130-184，『原史料で綴る天草島原の乱』（本渡市，1996）．
5) 黒板勝美・国史大系編修会『徳川実記』第 3 編（吉川弘文館，1981）pp.74-75，大阪夏の陣のとき井上政重30歳，松平信綱20歳です．
6) 藤井譲治著『徳川家光』（吉川弘文館，1997）p.165．
7) 『寛政重修諸家譜』第 4 巻（続群書類従完成会，）p.305 「元和元年大阪の陣にしたがい，政重首一級を獲たり」とあります．
8) 長谷川一夫著「井上筑後守政重の海外知識」『法政史学 21号，1969』p.135，本文を意訳すると「（政重が）有馬へ上使として遣わされるとき，（家光が）直々に，松平伊豆守，戸田左門の細かな相談に乗ってやってほしいと懇請し，御腰物青江の刀を御手自ら戴いた」と．家光にすれば，寵臣であり老中松平信綱を派遣して失敗すれば，徳川政権は危ないと判断したでしょう．しかも松平信綱，戸田氏鐵は，年若く実戦経験もありません．そこで，家光が攻城戦である大阪夏の陣へ参戦し経験のある井上政重の知恵を頼りにしたというのは，肯けます．しかも，井上政重の兄正就の娘婿が松平信綱であり，叔父と甥の関係にあります．
9) 徳富蘇峰著『近世国民史—徳川幕府鎮国編』（講談社，1982）p.337，p.341．
10) 『戦略戦術兵器事典—日本城郭編』（学研，1997）p.44，『探訪大航海時代の日本 6』（小学館，1979）pp.5-11，この口絵写真は，島原天草の乱の屏風絵と図巻です．特に，図巻に仕寄り攻め井楼が各陣地にいくつも立っています（大阪市北区にある南蛮文化館所蔵）．
11) 『戦略戦術兵器事典—ヨーロッパ城郭編』（学研，1997）p.61 攻城塔図あり．
12) 藤井譲治著『徳川家光』p.125，松平信綱のことは記録にあるとおりです．井上政重は 6 千石加増で1万石の大名になっただけでなく，その後の幕府内での外交・内政全般にわたった活躍を見ればわかります．

13)『徳川実記』第 4 編（1981）p.192 および『寛政重修諸家譜』．このとき，「耶蘇禁制等の事を裁可す」とあり，キリシタン宗門改に就任したと思われます．
14) アルフレッド・W・クロスビー著『数量化革命』（紀伊國屋書店，2003）pp.18-20．ヨーロッパにおける数量化革命の影響は，こんな狭い範囲ではなく，実に広範囲でありましたが，キリシタン禁制の中で深く日本文化に潜行することになったという考えが本書の基本的な思潮です．
15)『徳川実記』第 4 編 p.241．
16) 村井早苗著『キリシタン禁制と民衆の宗教』（山川出版，2002）pp.29-30．
17)『通航一覧』第五（国書刊行会，p.187）の「(寛永17年（1640））井上筑後守政重，大目付にて吉利支丹の支配を被仰付」とあります．これをもって井上政重が宗門改奉行に就任したとする考えも多くあります．
18) 村井早苗著『キリシタン禁制と民衆の宗教』pp.33-34．
19)『徳川実記』第 4 編 p.266，翌年北條氏長へ与力 6 騎および同心 30 人が配下となり，宗門改役が行政機構となります．井上政重の場合，家臣団がその役割を果たしていました．清水紘一著『キリシタン禁制史』（教育社，1981）pp.205-214．
20)『徳川実記』第 4 編 p.410，保田宗雪の場合も与力 6 騎および同心 30人が配下になっています（前書同頁）．
21) 永積洋子著『近世初期の外交』（創文社，1990）pp.52-94．
22) 藤井讓治著『江戸幕府老中制形成過程の研究』pp.262-266．
23) 藤井讓治著『徳川家光』pp.125-126．
24)『徳川実記』第 3 編 p.39．
25) 永積洋子訳『平戸オランダ商館の日記』（岩波書店，1970）第 4 輯 p.429．
26) 日蘭学会・法政蘭学研究会編『和蘭風説書上』（吉川弘文館，1977）p.52．
27) 前掲書 p.3．
28) 藤井讓治著『徳川家光』pp.180-181，石原道作著『日本乞師の研究』（冨山房，1945）．1645 年南京の福王は殺されます．1646 年 8 月唐王は清軍に捕らえられ，逃れた唐王の弟もほろぼされ唐王政権は滅亡します．このとき鄭之龍は降伏し，妻田川氏自害，息子鄭成功は広州で挙兵します．鄭成功は日本に援兵を求めています．海上および沿岸部で鄭成功は清軍より優位でした．1661年 12月鄭成功は，台湾にあったオランダ人のプロビシアン城とゼーランヂア城を攻略し占拠します．しかし，1661年 4月鄭之龍が殺され，1662年 5月鄭成功が急死します．
29) 村上直次郎訳『長崎オランダ商館の日記』第 1 輯（岩波書店，1956）pp.270-271．
30) ロナルド・トビ著『近世日本の国家形成と外交』（創文社，1990）p.131．
31) 同書 p.187．
32) 23) 同書同頁．
33) 山本博文著『寛永時代』p.112，および川村博忠著『国絵図』（吉川弘文館，1990）．
34) 中島陽一郎著『飢餓日本史』（雄山閣，1996）p.7．
35) 藤井讓治著『徳川家光』pp.142-145．藤井讓治著『江戸開幕－日本の歴史⑫』pp.283-304．
36) 菊池勇夫著『近世の飢饉』（吉川弘文館，1997）p.7，pp.11-46，藤井讓治著『江戸開幕－日本の歴史⑫』pp.276-304，藤井讓治著『徳川家光』pp.136-142，津藩では 6,511 頭の牛のうち，約 3 分の 1 が死に，何とか元気なのは約半数という記録もあります．西日本では牛による農作業と糞尿の肥料による生産が進んでいたため，被害が大きかったのです．寛永 18 年（1642）西日本の凶作の原因は，日照りによる旱魃でした．一方では，豊後臼杵藩では大洪水に見舞われました．北陸を含む東日本では，加賀藩で長雨・冷風，秋田藩で 8 月霜降り，会津藩で 6 月大雨・雹（ひ

ょう），津軽藩大凶作で多数餓死者がありました．これは寛永17年（1640）6月の蝦夷地駒ヶ岳の噴火の影響と言われています．寛永19年（1642）熊本藩で大水，佐賀藩で水損，土佐藩で8月風雨・虫付，美作藩で水損，萩藩で干損・水損，関東で7月長雨・大雨・虫付・霜降り，会津藩で8月末大霜でした．

37) 『寛政重修諸家譜』第4巻 p.305．
38) 桜井邦朋著『太陽黒点が語る文明史』（中公新書，1987）pp.36-57 桜井邦朋著『歴史を変えた太陽の光』（あすなろ書房，1992）pp.133-144．寛永の大飢饉は，地球規模で考えますと理解ができます．このころの物価の高騰は別の要素もありました．南米のポトシ大銀山が新しい精錬法〔アマルガム精錬法〕により生産額が増大し，その大量の銀が中国の生糸に殺到します．そのころ日本も銀の大生産地でそれで中国の生糸を大量に買っていたのです．従って，銀相場は暴落しインフレになり諸物価が高騰する事態となりました．青木康征著『南米ポトシ銀山』（中公新書，2000）pp.111-116．木村正弘著『鎖国とシルバーロード』（サイマル出版会，1989）pp.4-10, pp.17-129．
39) 永積洋子訳『平戸オランダ商館の日記：第3輯～第4輯』．
40) 村上直次郎訳『長崎オランダ商館の日記：第1輯～第3輯』及び東京大学史料編纂所訳編『日本関係海外史料——オランダ商館長日記——寛永10年8月～寛永21年10月』（東京大学出版会，1976-1997）〈既刊13冊〉．
41) 村上直次郎訳／中村孝志校注『バタヴィア城日誌：1～3』（平凡社 1970, 1972, 1975）．
42) 長谷川一夫著「大目付井上筑後守政重の西洋医学への関心」（岩生成一編『近世洋学と海外交渉』巌南堂書店，1979），pp.196-238．Wolfgang Michel著『出島蘭館ハンス・ユリアーン・ハンコについて』（洋学史研究会，青山学院大学での12月発表会，1995）．明暦元年（1656）オランダ東インド会社（VOC）の外科医ハンス・ユリアーン・ハンコ（Hans Jurian Hancko）は商館長ヤン・ブヘリヨンなどと江戸参府に旅立ちました．江戸では，井上政重に会いましたが，井上は持病の痔，膀胱結石，カタルで苦しんでいました．そこで，その適切な治療および養生法を問われ，ハンコは医薬品の注文を受けています．オランダ側の土産の中には鉄製の義手と義足まで入っていました．井上は，パレの医学書で見て知っていたので，感激しなかったようです．ハンコは，井上にヴェルサルの解剖書を解説しています．井上は，お礼として外科医ハンコに，小袖2枚と焼き立てのパンを贈っています．パン焼きは，ポルトガル人追放以来全国的に禁止されていたので，非常に貴重品でした．1956年5月6日長崎に帰ったハンコは，結石などの薬品についての書状を江戸へ送りました．井上は長崎奉行へ向井元升に「覚書」を基に「医学と薬品数種の調合法を伝授」するようにとの書状を届けています．1657年1月14日，向井元升と通訳全員が「ヨーロッパ流の治療術」についての日本語の文書2冊を持ってきました．井上の指示で，上級外科医が口述し向井が通訳の助けを受けて翻訳したものです．
43) いわゆるルビノ隊潜入とその後については，次章にくわしく記します．
44) 『通航一覧』第五巻（国書刊行会，1913）p.210．
45) 村井早苗著『キリシタン禁制と民衆の宗教』pp.35-43．
46) 『寛政重修諸家譜』第4巻 p.305．慶長7年（1602）長子正次が生まれ，政重は秀忠に仕える以前でした．
47) 『会津藩家世実記:巻之五』正保2年6月17日齋藤清右衛門が吉利支丹奉行を仰せ付けられたとき「……（井上）筑後守様より清右衛門事，於蒲生家我等古傍輩ニ候，……」とあります．
48) 藤田清五郎著『増補改訂版 遠州横須賀城史談』（私家版，1972）pp.35-37 井上正就・政重の母親は，永田氏といい遠州丹野村（現静岡県小笠郡小笠町丹野）の豪族永田太郎左衛門の娘でした．

現在もつづく旧家として知られています（山本治一著『丹野 100 年史』（私家版，1980））。秀忠の母親お愛の方は，遠州西郷村（現静岡県掛川市西郷）の豪族戸塚氏の出身で西郷の局と称されました。現地には戸塚氏の墓石群があります。両者は比較的近くであり，それゆえ永田氏は秀忠の乳母となったのでしょう。

49）小和田哲男著『豊臣秀次』（PHP 新書，2002）p.228.
50）『井上家私記』写本の正就の系図に「大神君之大奥ニ大祖母様ト申セシ老女のノ御部屋子ト成玉ヒ五六歳之御時ヨリ　秀忠公之御側ニ遊戯玉ヒシカ…略」と永田氏と正就のことがあります。大祖母様とは秀忠の養育にあたった大姥局といい，本多正信も一目置くほどの女丈夫であったといいます（小和田哲男著『徳川秀忠』（PHP 新書，1999）pp.33-36）。すなわち，正就・政重の母親永田氏の娘は，大姥局の部屋子であったということになります。政重の系図は「正重（ママ）―― 母永田市左衛門女　室太田新六郎女 ―― 始蒲生家ニ仕後 将軍家へ被招出……略」とあります。

　井上政重は寛文元年 2 月27日死去．法名「玄高院殿幽山日性大居士」．墓石は東京文京区丸山浄心寺にありましたが，明治維新の際に豊島区駒込染井霊園に移されました．井上家は代々現在の千葉県香取郡下総町周辺の 1 万石余を領有し高岡藩と称し城跡と菩提寺妙印寺があります．政重の位牌は下総町（高岡）の龍安寺に安置されています．その周辺に井上家の家臣の方々も住まわれているそうです．詳細はご子孫の井上正敏氏に伺い，また写真等のご手配を頂きました．

井上政重墓石（駒込　染井霊園）　　井上政重の位牌（千葉県下総町龍安寺）

第4章　謎の和算家　高原吉種

　初期和算史に高原吉種という人物がいました．高原は，初期和算史上において非常に重要な人物でありキーポイントになる人物であるにもかかわらず，まったく謎の和算家なのです．生年も没年も不明です．高原が著した一冊の和算書も知られていません．

　高原吉種は『割算書』(1622)の著者毛利重能の弟子といわれています．特に重大なことは高原吉種の弟子が礒村吉徳と関孝和であったことです．礒村吉徳も関孝和も自身の著書で高原吉種を師匠と書いていませんが，『荒木彦四郎村英先生茶談』[1]〔以下『荒木先生茶談』〕という写本ではそう読めます．その後のいくつかの和算家の師弟系図もそうなっています．結果として，関孝和を開祖とし荒木村英を初伝，松永良弼を二伝とする，いわゆる関流が成立し和算界を席巻します．その意味で，

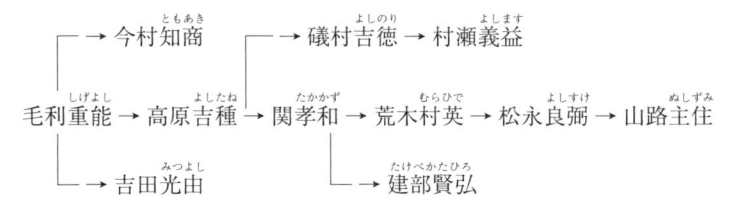

```
          ┌→ 今村知商      ┌→ 礒村吉徳 → 村瀬義益
          │   (ともあき)    │   (よしのり)    (よします)
          │ (しげよし)(よしたね)│ (たかかず) (むらひで) (よしすけ) (ぬしずみ)
毛利重能 →│ 高原吉種   → 関孝和 → 荒木村英 → 松永良弼 → 山路主住
          │                 │
          │   (みつよし)    │   (たけべかたひろ)
          └→ 吉田光由      └→ 建部賢弘
```

という師弟系図を考察しただけでも，高原吉種の重要性は容易に理解できます．上記したように高原吉種を中心にして師弟系図を見直すと和算史を飾る重要人物が網羅されるほどです．

第1節　『荒木彦四郎村英先生茶談』と『算法闕疑抄』にある高原吉種

　前記した『荒木先生茶談』は東北大学附属図書館および日本学士院図書室などが所蔵しています．この写本は初期の和算史について唯一の残存する史料です．書名のとおり関流初伝である荒木彦四郎村英の談話を松永良弼が記録した

ものです．この写本の中に「毛利重能の門人三人あり，今村仁兵衛知商『堅亥録』を作る．吉田七兵衛光由『塵劫記』『古暦便覧』『和漢合運』を作る」という文につづき，次のような一文があります．

「高原庄左衛門吉種，後に一元と云へり」
「高原氏の門人に礒村喜兵衛吉徳算法闕疑抄，同頭書を作る．二本松の城主丹羽左京太夫殿に仕ふ．内藤治兵衛は石川美作守殿に仕ふ．先生も初めは，此一元を師とせりとかや．……」

簡潔で短い文章です．写本ですから，高原吉種という人物そのものが架空の存在と思われました．今村知商も吉田光由もいくつかの和算書を出版して初期和算史を飾る重要人物です．その二人に並んで記載されている高原吉種が，出版した和算書も，写本あるいは断片すら一つも知られていません．

ところが，礒村吉徳著『算法闕疑抄』および『頭書算法闕疑抄』に高原吉種が刻まれているのです．しかも『塵劫記』の著者吉田光由と『堅亥録』の著者今村知商と並んで高原吉種が記載されているのです．第2章で書きましたように，『算法闕疑抄』『頭書算法闕疑抄』は，ベストセラーになった版本です．

従って，高原吉種の存在はより確かになりました．ただ，たったこれだけの

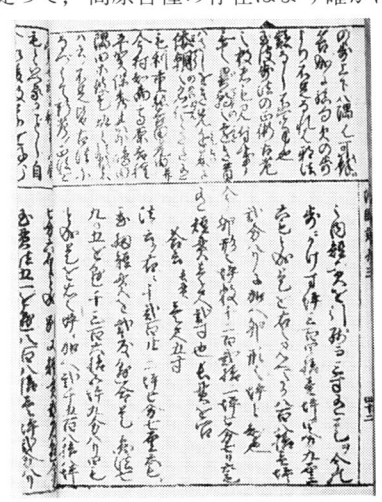

『頭書算法闕疑抄』第3巻42丁裏の頭注の11行目に，毛利重能，吉田光由，今村知商，高原吉種，平賀保秀とある．

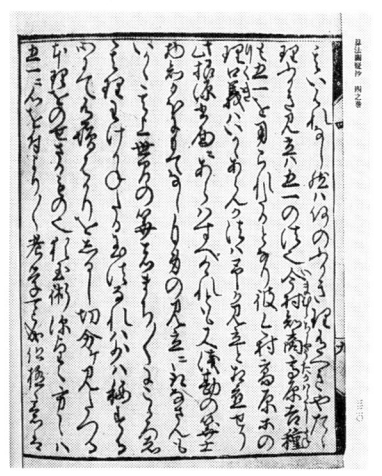

万治2年版『算法闕疑抄』第4巻9丁裏2行目に今村知商，高原吉種とある．（山崎興右衛門蔵）

史料しかありませんから，これまでに高原吉種に関するくわしい論著はありません．これ以上の情報すなわち新史料が出現しない限り書けないからです．

しかし，高原吉種が和算史上しめる位置の重要性は，その弟子が関孝和と礒村吉徳というだけで明らかです．「高原吉種とは何者であるか」不明のまま放置していることは，和算史の最も大きな空白を残したままであることになります．『和算の誕生』[2]の最終項の結びで，平山諦は「高原吉種が何者であるか」という今後の和算史研究の最重要課題を提出しました．

第2節　仮説「高原吉種は潜入宣教師ジュセッペ・キアラである」

そこで，次のような仮説[3]を提出します．

「高原吉種は潜入宣教師ジュセッペ・キアラである」

唐突な感は免れないかもしれません．高原吉種が日本人と思い込んでいた方々にとって，彼が外国人でしかも潜入した宣教師なのだとは，予想だにつかないことです．これを第2平山仮説と呼ぶことにします．この第2平山仮説に従うと，これまでの和算史上の謎や不可解な事柄が自然に説明できます．

もちろん，今後「高原吉種＝あるいは≠ジュセッペ・キアラ」という信憑性の高い情報（史料）が出現すれば議論の余地はありません．高原吉種についての確たる情報が発見されることを待つよりも，むしろ，有名な浮世絵師写楽に諸説があるように，高原吉種について諸説が論じられてこそ，和算史研究そのものは大きく進展するものと信じます．各種諸説の中でより説得力があり，それに関連する謎や不可解なことを豊かに解明しているかによって，その仮説がより高い信憑性を獲得するでしょう．

第3節　イエズス会巡察師アントニオ・ルビノ神父の組織した日本潜入隊[4]

ジュセッペ・キアラは，1643年日本へ潜入したイエズス会宣教師団アントニオ・ルビノ隊の第2隊の一員でした．江戸時代キリシタンへの弾圧が苛烈化するなかで，キリスト教を棄て背教者としての道を歩む人々が現れました．その一人にクリストヴァン・フェレイラ（1580-1650.11.1.）がいました．彼の詳し

い履歴は後述しますが，捕らわれる直前までイエズス会日本準管区の責任ある地位にいました．その彼が殉教したのではなく，棄教し背教者となったことは，イエズス会にとって重大な問題でした．数々の殉教者による栄光は，フェレイラ一人の恥ずべき行動によって地に落ちてしまったのです．

そこでイエズス会宣教師でイタリア人のアントニオ・ルビノ (1578-1643) は，日本潜入のための宣教師団を組織します．このルビノ隊の日本潜入の目的や経過について，最近清水有子がくわしく論じています[5]．

さて，ジュセッペ・キアラは，ルビノ第2隊に属していた宣教師でした．ペドロ・マルケス神父を長とし，フランシスコ・カッソラ神父，アロンゾ・デ・アロイヨ神父，ジュセッペ・キアラ神父，イルマンのアンドレ・ヴィエイラ，および従者5人の合計10名で構成されていました[6]．

このルビノ隊潜入の目的は，清水有子が論じているように，フェレイラのキリスト教への立ち返りと同時に日本布教を目指していました．そのために，キリスト教関係の書物や布教に有用な書物なども，かなりの量を持ち込んでいます．このことはその後の彼らの成したことと関連します．

アントニオ・ルビノ神父自身が長となった第1隊は薩摩（鹿児島）に上陸したところを捕らえられ長崎に送られ，そこで全員処刑されました．

ところが，少し遅れたルビノ第2隊は平戸近くの筑前大島に上陸し捕らえられましたが，長崎を経て江戸送りとなり，江戸で将軍家光らにより訊問をされ，結局のところ井上筑後守政重により全員棄教させられ，井上政重の下屋敷（切支丹屋敷）に収容されます．その上それぞれ妻をあてがわれ扶持をもらいキリシタン目明かしとして一生を送ったといわれています．

それゆえ全員殉教したルビノ第1隊に比べて，第2隊の評判は極めて悪いものです．

第4節　潜入宣教師ジュセッペ・キアラ

ジュセッペ・キアラ (Chiara, Giussepe 1602-1685) は，イタリアのシシリー島のパレルモで生まれ，イエズス会士となりました．日本へ潜入したとき，キアラは41歳のこととなります．その後42年間生き長らえて83歳で死去していま

す．井上筑後守政重によって棄教し，妻と日本名岡本三右衛門を与えられ扶持までもらったといわれています．

ジュセッペ・キアラの日本での生活は，『査祅余録』[7]〔切支丹屋敷日記〕にあります．また，『契利斯督記』[8]『通航一覧』[9] に散見されます．

しかし，日本での 42 年間の生活の様子とすれば，極めて少なくほとんど不明と考えてよいでしょう．特に潜入した 1643 年から 1658 年までの，もっとも活動したと思われる頃の様子はまったく不明です．

さらに，1602 年パレルモで誕生してから日本潜入までの 41年間ジュセッペ・キアラが，どのような生活をし，どこの大学で学び，どのようにしてイエズス会士になったのかも不明です [10]．フェレイラと比較しても，キアラは不明なことばかりです．キアラは巡察師ルビノ神父によって同志として選ばれた人物ですから，イエズス会士として信仰・学識・徳性を認められていたと考えてよいでしょう．また，イエズス会の学院で学んでイエズス会士になったことも確かです．

第 5 節　クリストヴァン・フェレイラとその貢献

ジュセッペ・キアラについて追究する前に，その先駆けであるクリストヴァン・フェレイラ (1580頃-1650) について明らかにしておくことは有益なことです．

フェレイラの経歴を語るもっとも確かな証言は，アントニオ・ルビノによって書かれた説得書です．それはラテン語で書かれていて，Hubert Cieslik 神父による「クリストヴァン・フェレイラの研究」[11] により引用されています．

　　　「あなたは，1596 年のキリストの御降誕の聖なる日に，16 歳の若者として神のために，またイエズス会のために生まれ，この会に名前をささげたあのクリストフォロなのか．

　　　あなたは両親も親類も友人も忘れ，この世のものを捨て，1598 年の最初の殉教者ステファノの祝日に，コインブラのコレジオにおいて管区長クリストヴァン・グヴェア神父の前で，清貧・貞淑・従順の誓願を立てたあのクリストフォロなのか．あなたがかの偉大な殉教者の足跡に従ってきたのは，ただこの聖人が石を投げられて死んだあのキリストを否

定するためであったか．

　あなたは，1600年4月4日の母国とポルトガルの地を離れ，福音の光をその地にもたらすために東インドへと航海したあのクリストフォロなのか．そこにその光をもたらしたのは，ただ真の神を否定するためのみなのか．

　あなたは，聖霊のインスピレーションによって，日本へ布教するために1601年5月1日にゴアを出発したあのクリストフォロなのか．

　あなたは，1608年，我らの救世主イエズス・キリストの生まれたその同じ朝の明け方に，最初のミサ聖祭を立てたあのクリストフォロなのか．あなたは，ただ悪魔にささげるために，これらの聖なる叙階を悪用したのか．

　あなたは，日本人のたましいの救済を渇望し，1609年5月16日に船に乗り日本へ向けて出帆したあのクリストフォロなのか．あなたはほんとうに救済をもたらしたのか，それとも，あなたの誤った手本によって，多くの人々を真の道から逸脱させたのか．

　あなたは，長崎で1617年10月1日に，管区長マテオ・コーロス神父の前で四つの盛式誓願を，喜びをもって立てたあのクリストフォロなのか．多くの証人の前で，神とイエズス会に対して誓ったこの忠節を守るべきはずではなかったのか．我々は，かくも厳粛に約束したことを，誰になしたかをおぼえておくべきではなかったか．

　あなたは1632年12月23日に，イエズス会が大きな信頼をもって，全日本管区の指揮と司教区の管理をゆだねたあのクリストフォロなのか．あなたは，キリストとその修道会に背を向けるためにそれを司どってきたのか．なんと恐ろしい変節であろう．なんと，あなたは自分自身を失墜させてしまったのであろう．これを想うとき私は涙をもって嘆き，溜息をつくのみなのである」

　この文によってフェレイラの前半生と彼の棄教によるイエズス会の衝撃の大きさがわかります．おそらく，アントニオ・ルビノは，長崎で殉教する前にフェレイラに会ったとき，これと同じ言葉で説得したことでしょう．

　フェレイラの後半生に関する医学や天文学についての貢献も，ルビノの説得

により触発され原動力となりつづけたかもしれません．フェレイラにとって，医学や天文学などへの貢献をすることが，殉教者ルビノへの回答であったでしょう．フェレイラの生き方を観察することで，キアラたちルビノ第2隊の後半生がどのようであったのか考察することができます．

フェレイラとルビノ第2隊対面想像図．モンタクス「日本遣使紀行」(キリシタン研究，第26輯，吉川弘文館)．

　フェレイラの医学や天文学への貢献は，長崎の古賀十二郎[12]，新村出[13]，姉崎正治[14]，海老澤有道[15]，尾原悟[16]，伊東俊太郎[17]，などによる詳細な研究が知られています．

　『阿蘭陀外科指南』はフェレイラの著作ですが，後に偽装出版されたようです．著者名を憚っても，それほど重要であったのです．

　フェレイラの医学上の弟子は，杉本忠恵，半田順庵，西玄甫が知られています．杉本忠庵，西玄甫は江戸へ招かれて幕府の奥医師となっています．半田順庵はフェレイラに学んだ後にマカオに渡りさらに医学を学び，名医と称されました．弟子の吉田自庵は傑出していて吉田流の祖となっています．

　彼らフェレイラの医学（医家）の系統を南蛮流医術といいます．幕府が医術という分野ですが，南蛮流を幕臣に取り立てていることに注目しなくてはなりません．

　杉田玄白らによるオランダ流医術（蘭学事始）が有名ですが，ずっと後のことで明和8年(1771)小塚原で解剖を見聞しています．それよりずっと早く，120年も前より存在したフェレイラの系統による南蛮医術を忘れてはならないでしょう．すなわち，ヨーロッパ医学（および科学技術）は，蘭学以前から江戸時代を通じて連綿と伝わっていたことを．また，フェレイラより以前のルイス・デ・アルメイダ(1525頃-1583)の医学への貢献を忘れてはなりません．

　フェレイラの医学は弟子で娘婿でもある杉本忠恵(1617-1689)に伝わります．

フェレイラの日本名「忠庵浄光先生」が刻まれた杉本家の墓石．東京，台東区，瑞輪寺（小森慧　撮影）．

忠恵は将軍家綱の侍医となっています．その子孫は代々幕府の奥医師となっています．フェレイラの名は，東京都台東区谷中の瑞輪寺にある杉本家の墓石側面に「忠庵浄光先生」として刻まれています．

フェレイラの天文学における貢献と影響は，『天文備用』，『乾坤弁説』[18]によって知られています．日本学士院所蔵『弁説南蛮運気書』もフェレイラの著作です．『測量秘言』にも天文学へのフェレイラの貢献があります．

『乾坤弁説』の元になった本は，ルビノ第2隊（ジュセッペ・キアラ）が日本に持ち込んだもので，それをフェレイラが口述し，向井元升が序をつけ，通辞西吉兵衛が日本字にしたといわれています[19]．

実は，フェレイラ以前の日本にヨーロッパ天文学のすばらしい伝統があります．ヨハネス・デ・サスコボスコの「天球論」の註解を書いたイエズス会宣教師ペドロ・ゴメス（1533-1600）が日本のコレジョで講義をしたからです．

ところで『二儀略説』という天文書が知られています．尾原悟は詳細な研究をされて，ペドロ・ゴメスの日本コレジョのラテン語『講義要綱』の第1部「天球論」と『二儀略説』の構成と内容がほとんど同じであることを明らかにされました[16]．このように日本の天文学におけるヨーロッパ科学技術の影響は，医学と同じように江戸時代を通じて底流を流れていました．

第6節　高原吉種とジュセッペ・キアラの動向

　高原吉種とキアラ（岡本三右衛門）との関係を年表にしてみます．高原吉種の存在時期を特定することは非常にむずかしいことですが，『荒木先生茶談』の記述の順序が時間的順序に従っていると考えられます．毛利重能の弟子という記述は，毛利重能著『割算書』(1622) を出版したころより後に高原吉種の活動時期があった考えられます．また吉田光由，今村知商につづいて高原吉種が記載されていることは，ほぼ同時期かやや遅れて活動したと考えられます．

　高原吉種のもう一つの存在時期を推定できるものに礒村吉徳著『算法闕疑抄』と『頭書算法闕疑抄』があります．前述したように，高原吉種の名が刻まれた和算書はこの2書だけです．『荒木先生茶談』にあるように「高原氏の門人に礒村喜兵衛吉徳あり」という文言を裏付けています．そうしますと『算法闕疑抄』(初版 1659) の時期から，『頭書算法闕疑抄』(初版 1684) の時期までは，高原吉種が生存していた可能性を示すことになります．

　一方ジュセッペ・キアラの動向を調べてみましょう．1643年ルビノ第2隊の一員として筑前大島に上陸し，1685年死去するまでです．この間のキアラの動向は『岡本三右衛門筆記』と『査祆余録』〔切支丹屋敷日記〕にしか残されていません．それも主として1674年以降のことです．1643年から1673年までの最も活動した時期と思われる時期が空白なのです．なにゆえ空白にして記録に残さなかったのか，そこにも隠された意図を感じます．

高原吉種の関係	西暦	ジュセッペ・キアラの関係
・今村知商著『竪亥録』出版	1639	・ポルトガル船渡航禁止令マカオ通告
・関孝和誕生？	1640	・大目付井上政重，宗門改役就任
	1642	・ルビノ第1隊薩摩上陸
・丹羽光重二本松藩主となる	1643	・ルビノ第2隊筑前大島上陸
	1649	・トンキン報告「天球論教授のため数学者として将軍邸へ赴いた」
	1657	井上政重，天主教考察就任
・礒村吉徳二本松藩士となる	1658	・井上政重，職を辞す．
		・キアラら吉利支丹書三冊を書く

・礒村吉徳著『算法闕疑抄』初版を板行（高原の名あり）	1659	
・礒村吉徳著万治3年版『算法闕疑抄』版行（高原の名あり）	1660	・井上政重致仕
・礒村吉徳著寛永版『算法闕疑抄』版行（高原の名あり）	1661	・井上政重死去
・今村知商死去？	1668	
・吉田光由死去	1672	
・村瀬義益著『算法勿憚改』板行（3次方程式の逐次近似法）	1673	
・礒村吉徳著延宝版『算法闕疑抄』（高原の名あり） ・関孝和著『発微算法』	1674	・岡本三右衛門宗門書を書く．『査祆余録』〔切支丹屋敷日記〕
	1675	・岡本三右衛門3両．寿庵2両．二官，南甫1両．
・礒村吉徳著『頭書算法闕疑抄』初版（1月）（頭注にも高原の名あり）	1684	
・建部賢弘著『発微算法演段諺解』	1685	・7月25日ジュセッペ・キアラ（＝岡本三右衛門）死去
	1695	・キアラ後家死去（74歳）
・礒村吉徳死去	1710	

　高原吉種とキアラの動向を年表で対応させて見ますと見事に一致します．これをもって「高原吉種＝ジュセッペ・キアラ」が決定されたわけではありませんが，両者の存在時期が一致することは仮説の前提条件になります．

　1658年井上筑後守政重が職を辞するまでの15年間の高原吉種の存在を確かめようがありませんが，最も重要な仕事をした時期と考えられます．それは，礒村吉徳，関孝和など弟子の養成です．また高原吉種が秘密研究に従事していた時期であったでしょうか．

第7節　『算法闕疑抄』,『頭書算法闕疑抄』と『発微算法』出版のタイミング

　両者の年表を比較関連させて見ますと，興味あることに気づきます．その一

つは,『算法闕疑抄』の初版発行年万治2年 (1659) が,井上筑後守政重の大目付・天主教考察という役目を退任する1658年の1年後であることです.これは偶然のことでしょうか.すなわち,井上筑後守政重の退任と礒村吉徳の二本松藩への仕官および『算法闕疑抄』版行との関係です.

もう一つ,『頭書算法闕疑抄』発行年 (1684年1月) の翌年7月にジュセッペ・キアラ＝岡本三右衛門が死去しています.これも偶然でしょうか.

さらに,もう一つあげますと,1674年岡本三右衛門が「宗門書」を書き,『査祅余録』〔切支丹屋敷日記〕の記録がはじまります.この年,関孝和は唯一の和算書『発微算法』を発行します.これも,偶然でしょうか.この両者に深い関係が予想されても不思議さを感じません.

第8節 イエズス会士ジュセッペ・キアラ (達) の学識

イエズス会士ジュセッペ・キアラ (達) の学識がどの程度であったのかを探っておく必要があります.それによって,キアラ (達) の学術的な貢献および影響の可能性が論じられるからです.

キアラ (達) の学識は,同じイエズス会士として中国へ渡来したマテオ・リッチ,やアダム・シャール,フェルディナンド・フェルビーストなどと遜色なかったと考えてよいでしょう.それはローマ学院 (現在のグレゴリオ大学) の教授で16世紀のユークリッドといわれていたクリストファー・クラヴィウス (1537-1612) とそのイエズス会諸学校での影響を見れば見当がつきます.「イエズス会所属のすべての学院をつうじて,数学の最高権威はクラヴィウス神父であった」[20] というE.ジルソンの言葉でも分かります.

そのクラヴィウスは,彼の『数学著作全集』(1611) の序論で数学についての自身の考えを明確に述べています.

「数学の諸学科は,議論の主題となりうるあらゆることがらを最も堅固な諸理由によって論証し,その根拠を示す.それによって,数学は,確かな学者の精神に学問というものを生み出し,またあらゆる疑いを学者の心から完全に取り除くのである.このことは他の諸学科についてはほとんど認められることができない.というのは,そこではたいていの

場合，知性は意見の多数と判断の不一致のために，諸帰結の真理価値について躊躇と疑惑を残すからである．…中略…ユークリッドの諸定理は，他のもろもろの数学者たちの諸定理と同様，幾世紀も前の諸学派において真であったごとくこんにちにおいてもまったく真であり，その結果は確実であり，その論証は堅固で不動である．…中略…こうして，もろもろの学問のうちで第一の位置を占める権利が数学に許し与えられるべきであることは，疑いないのである」[21]

このクラヴィウスの「数学があらゆる学問の最高の学問であると断定する」という見解は，イエズス会諸学校に強い影響を及ぼしていました．

そのもとは，「イグナティウス・デ・ロヨラは，パリのコレージュ・ド・フランスで数学の講義を受けていた．そして数学者クラヴィウスは，1586年の授業計画で，その教育を組織する役割を与えられていた」[22] にあり，また，「イエズス会士〔Jesuites〕たちの定めた教科課程には，哲学専攻の三ヵ年間の第二年目に，毎日45分間の数学の授業が正課に設けられていた」[23] と．

このロヨラの方針とクラヴィウスの授業計画そしてイエズス会諸学校での教科課程から，一般的にイエズス会士の数学に関する意識や素養を読みとることができます．もちろん，イエズス会士の関心は，数学だけでなく天文学をはじめとする最新科学に及んでいました．1582年グレゴリオ暦は，クラヴィウス主導でおこなわれたことを考えれば理解できます．これらのことが，イエズス会士キアラ（達）の学識の前提になります．

キアラの学識を知る手がかりは，彼自身が記録したといわれている『岡本三右衛門筆記』（『西洋紀聞』[24]）にあります．この中にキアラ達ルビノ第2隊が日本へ持ち込んだ書物 [25] や「学文の事」すなわち学問の種類と解説があります．

「第廿三，品々の学文ノ事」で9分野と11分野に区別して書いてあります．

　　一，読書ノ学
　　一，惣別ノ学文ニ当ルラテン（Latin）ノ学
　　一，ガラマチカ（Grammatica）ラテンノ詞ノツラネ様，物ヲ書（ク），テニヲハ教ル学

など古典語や修辞学，哲学などのようです．つぎの11分野のうち数学や科学技

術に関する4項目だけ書き出します.

　　一，アレツメチカ（Arithmetica）算勘ノ学
　　　　算勘ノ学ヲアルツメチカト申候．南蛮ノ算ハソロバン（十露盤）ト
　　　　申ハ無ニ御座ニ候．算用ノ文学御座候．其文字ヲ以テ何ホド（程）
　　　　ノ義モ埒明（キ）申候．
　　一，マテマチカ（Mathematica）天文ノ学
　　　　天文ノ学ヲマテマチカト申候．別ノ子細無ニ御座ニ候テ学達シ候
　　　　ヘハ，タトヘ六十年ホド先ノ義マテ書顕シ候ニ相違無ニ御座ニ候．
　　一，アソトロジヤ（Astrologia）星ノ学，易ノ学
　　　　アソトロジヤモ天文ノ学ニテ御座候．星ノ気ヲ見テ万（ヅ）ノ事ヲ
　　　　知ル学ニテ御座候．
　　一，コウスモガラヒヤ（Cosmographia）世界ノ図ヲ書（ク）学
　　　　世界ノ図ヲ書（ク），コウスモガラヒヤト申候．之モマテマチカ天
　　　　文ノ内ヨリ出タル学ニテ御座候．

この文章の終わりに，

　　　「右十一品ノ学ハ三右衛門習不ν申候事．
　　　　　　延宝三年卯四月十日　　　　　岡本三右衛門　蛮字あり」

さらに，「右ノ書ノ裏ニ所々片紙ヲ貼スルモノ　左ノ如シ」とあって，11項目を解説しています．その内の関係する1項目を書き写します．

　　　・アレツメチカハ不ν存候．算勘ノ学ハ南蛮ニテコンタクトルト申候.
　　　　ソロバンハ無ニ御座ニ，文字ニテ算用仕候．

　岡本三右衛門（＝キアラ）は，後半の11分野の学問は習わなかったといっています．また，裏の貼り紙でもアレツメチカは習わなかったといっています．恐らくキアラはイエズス会士になるだけの一般的学問を習ったが，専門的に習わなかったと謙遜して述べていると思います．

　特に注目すべきことは，アレツメチカ算勘の学の項です．算術計算は，ソロバンを用いないで，文字で計算するというところです．一つは，筆算の計算でしょう．もう一つは，文字と文字式のことをいっていると読めます．なにゆえ，マテマチカの項で強調したかといえば，日本の算術との違いを強調するためでしょう．これによりキアラ（達）の学識が，数学至上主義ともいえるクラヴィ

ウスの計画にもとづくイエズス会の学校によって形成されたものであることが分かりました．

第 9 節　キアラ達ルビノ第 2 隊と井上政重

　ルビノ第 1 隊は長崎で全員殉教したにもかかわらず，ルビノ第 2 隊が全員生き残ったことは，そこにとても重大な問題が潜んでいると考えられます．第 1 隊は薩摩国（鹿児島）に上陸し捕らえられ，長崎に送られ，そこで全員処刑されました[26]．第 2 隊は平戸近くの筑前大島に上陸しましたが捕まり，長崎に送られました．ところが，ここから先の処遇が全く異なってしまいます．第 2 隊は長崎から江戸送りになります．このときフェレイラが同行しています．その上，江戸送りとなった第 2 隊は将軍家光に会っています[27]．その後井上政重の下屋敷〔切支丹屋敷〕で生涯をまっとうすることになります．第 2 隊の江戸送りは南部藩に上陸し捕らえられたオランダ船ブレスケンス号[28]の乗組員の訊問と関係しているといいますが，この第 1 隊と第 2 隊の処遇の差は，あまりにも大きすぎます．

　ルビノ第 2 隊の処置を長崎（奉行）にまかせないで，江戸で将軍家光自らが会うという破格の扱いをしていることです．しかも，結果論という見方がありますが，ルビノ第 2 隊全員は処刑ではなく生存の道を歩むことになります．結果的に考えられることですが，将軍家光および幕閣はルビノ第 1 隊の処置が失敗であったと認識していたと考えられます．少なくともその処置が適切でなかったという認識であったということです．何が失敗であり何が不適切な処置であったのかといいますと，ルビノ第1隊の処置を長崎にまかせ処刑させてしまったことです．

　ルビノ第 1 隊が上陸したときから，長崎奉行所は彼等を拷問して第 2 隊が近々日本へ上陸するという情報を得ていたでしょう．ルビノ第1隊の上陸から処刑まで半年以上かかっています．その情報は当然長崎奉行から将軍家光や井上政重に報告されていたでしょう．その情報を得た井上政重は，将軍家光に進言してルビノ第2隊の処置を長崎ではなく，"とりあえず江戸送り"という処置に変更させたのです．このルビノ第2隊の処置の変更は，将軍家光および他の

幕閣を納得させられるものであったはずです．

その一つは，先年仙台で捕縛した宣教師を井上政重が棄教させた実績もあり[29]，彼の「殺すより生かして活用する方が得策」[30]という考え方が受け入れられたということです．これこそ，井上政重の合理的な精神とユマニスト的な考え方の核心を突いたものです[31]．さらに，島原天草の乱に際し，松平伊豆守信綱を助け，洋式攻城法により味方の被害を減らす策を進言し収拾したような，井上政重の現実的な執行力にあったと考えられます[32]．

もう一つは，当時の緊急かつ重大な政治的，経済的，社会的な状況が決め手になったのです．対スペイン・ポルトガル，明朝の衰退と満州族の台頭など緊張する対外関係，国際的なインフレと大飢饉による物価の高騰，大飢饉による飢餓人の発生・百姓の逃亡・子供の身売りなどの社会不安の増大，と徳川政権はじまって以来の危機でした[33]．

さらにもう一つは，将軍家光自身と彼をとりまく個人的なことで重大な状況にありました．将軍家光は鬱病・精神的な疾患があり政務の執れない時期がありました．島原天草の乱がはじまった頃，回復に向かったようですが，幕閣は心配でした．また，寛永20年(1643)9月家光の乳母春日局が死去し，同年10月家光の政治顧問天海大僧正が遷化しています．両人は家光の精神的な支えであり，何度も見舞っています．将軍独裁政権では，将軍個人の状況が政権全体を左右してしまいます．その意味で，この時期最大の危機でした．

第10節　ルビノ第2隊・キアラ（達）と井上政重
　　　　　——科学技術研究のオルガナイザー

このような徳川政権開闢以来という難局に対して，井上政重は何をしたかということです．また，ルビノ第2隊・キアラ（達）に何を期待し何をさせたかということです．

現実主義者であり合理的な対処をする井上政重は，この大きな難局を乗り切る手段の一つとしてルビノ第2隊・キアラ（達）の処遇を考え実行に移したでしょう．一言でいえば「生かして活かす」ことです．殉教を覚悟で日本へ潜入した宗教者達を改宗させ，しかも役に立たせようというわけですから，まさに

「言うは易く，行うは難し」です．

　対外的にも潜入宣教師達を背教させる意味は，重要でした．フェレイラの背教に驚いたイエズス会はルビノ隊を派遣しました．だがフェレイラを翻意させようとしましたが失敗してしまったからです．イエズス会やポルトガル・イスパニアさらにオランダ人も大きな衝撃をもってルビノ第2隊の背教の情報を聞いたことでしょう．ルビノ隊の潜入後の様子が『オランダ商館日誌』に細かく記載されているのは，幕府側がオランダ語通辞をとおして情報を意図的に流していたのです[34]．そうでなくては，オランダ人が，潜入宣教師の名前だけでなく，年齢や出身地などの情報を知る術がありません．この対外へ向けた宣伝工作は，大成功をおさめます．その後およそ65年間，1709年にシドティが単独で潜入するまで，日本へ潜入してくる宣教師はなくなったからです．

　ここからが井上政重の真骨頂を示すことでした．現実主義者で合理的精神があり科学技術に関心が深い政治執行者が背教させたことだけに満足するでしょうか．背教は内面の問題であります．それよりも積極的に行動すること，すなわち多くの人々の役立つこと，民衆の苦しみを救うことに貢献する役割を担うようにキアラ（達）に促すことです．

　ルビノ第2隊は長崎から江戸まで送られました．この移送の記録は分かっていませんが，朝鮮通信使の旅程と同じと考えてよいでしょう．九州から大阪まで海路で，そこからは陸路だったはずです．ルビノ第2隊は海道の途中で，大飢饉で多くの民衆が飢え死んでゆくのを見たはずです．食べ物がなく痩せ細った多くの民衆を見たはずです．この長崎から江戸への旅そのものが，ルビノ第2隊の全員に何かを気づかせたと思います．それこそ長崎と江戸を何度も往復して海道の民衆の悲惨を熟知していた井上政重のもう一つのねらいであったかもしれません．

　「宗門鑿穿心持之事」[35]は井上政重の遺言でしたが，彼が言葉のレトリックだけでルビノ第2隊全員の心を変え，積極的な行動に転換させることは困難であったでしょう．拷問はむしろマイナスにしか作用しません．ルビノ第1隊への対処での失敗はここにありました．記録を読むと拷問を受けた宣教師達は，一刻もはやい死を望んでいます[36]．殉教は望むところでしたから．

　生きて「海道で見てきた苦しんでいた多数の民衆の役に立つ」という行為・

行動は，殉教する以上の意義あることだと井上政重は説得したでしょう．井上政重は民衆に役立つ行為・行動の具体を示したはずです．

大飢饉による食糧問題の克服は，米麦など穀物類の増産という新しい農法にあります．もっとも単純な方法は，原野を開拓して田畑を増やすことです．徳川政権は，米を政治経済の基礎においていました．この方法は，民衆を救うということと徳川幕藩体制の基礎を固めるという，井上政重にとってまさに一石二鳥の政策でした．

原野を開拓して田畑を拡大しても，水がなければ作物は作れません．特に，水稲は文字どおり水利が決め手です．水田に水を引き入れるための水路を造らなくてはなりません．用水路の開削のためには，測量が必要になります．測量術を体得するためには，数学的な知識と測量器具をもちいた実地訓練が必要です．稲作りは種籾を蒔く時期が決め手になります．当時の稲は晩稲が主流でしたから，その年の気候予想は非常に重要です．春できるだけ早く種籾を蒔くことです．そうしないと秋になって寒さが到来して稲の成熟時期が遅れて「しいな」になり不作になってしまいます．

人類の歴史から見て農耕は自然暦の発生と深い関係があります．

「生活の基礎である農耕は季節ときり離すことはできない．そのためには，太陰のみちかけによって日を数える一月の長さと，季節を結びつけようと努力したであろう．太陰のみちかけで日を数えることは，季節とは何の関係もないのである．季節は太陽の天空上における位置によってきまるから，<u>農耕生活にはどうしても，太陽の運行による太陽暦が必要となってくる</u>」[37]（下線は筆者）

ところで江戸初期の暦は，中国の唐代の暦である宣明暦を持統天皇のときから800年以上もつかっていました[38]．また，日本の暦は，朝廷の臣である土御門家（安部家），賀茂家（幸徳井家）が支配していました[39]．

徳川政権としては，将軍家光の頃から軍事政権から官僚制政権すなわち武力支配から文・伝統・儀礼による支配体制への移行がはじまりました．造暦・改暦および暦の頒布権は，支配の正当性を示す重要な要素でした．それが中国を中心とする東アジアの皇帝による支配の伝統だったからです．そこで朝廷側から暦に関する権限を奪取して徳川政権による支配にしたいと考えても不思議は

ありません．事実その後の貞享暦の成立に見られる動きが証明しています．

　幸いなことにヨーロッパでは太陽暦であるユリウス暦を改暦しグレゴリオ暦が施行されて50年余経過したばかりでした．グレゴリオ暦がイエズス会ローマ学院のクラヴィウスを中心にして改暦されたことは，ヨーロッパ事情に精通していた井上政重の知るところであったはずです．

　これらのことを総合的に判断すると，測量術の伝授と改暦の重要性について井上政重は，キアラ（達）に説いたと考えられます．

　それは当時気象異常に関連して大飢饉になっていましたから，井上政重の説得はキアラ達の心を動かすことになったでしょう．その際，井上政重はキアラ達に「宗門は内面の問題である．従って私がそれを変えさせることはできない．しかし，たとえ棄教したと偽ったとしても，民衆に役立つことによって，神はお解り戴けれるだろう」と静かに語ったかもしれません．具体的には農法の抜本的な改革により食糧増産によって大飢饉を克服するしかありません．上記引用文中の下線部分にあるように，農耕生活にはどうしても太陽暦が必要となってきます．外交面での優位性と内政において大飢饉の克服という，この二つのことが当面の井上政重の大きな課題（目標）であった推察できます．

　この証拠は，後に示すことになります．

第11節　キアラ達・ルビノ第2隊の動静——海外へ流出した情報

　ルビノ第2隊の動静は意外なところから発せられています．現在のヴェトナム北部ハノイ付近を中心としたトンキン（東京）にいたイエズス会の宣教師が本部へ送った書簡から消息を知ることができます．海老澤有道は，

　　「彼は天球論 la Sphera 教授のため，数学者として将軍廷に赴いた」[40)]
とありますが，尾原悟は，

　　「トンキンに居たマリノ神父 Felipe Marino は，1649年5月2日の書簡で，日本から入った報道によればカソラ神父 Francisco Cassola が穴吊しで転び，目下数学を教えていると書いている」[41)] と．

　実際にカソラは2年前に死んでいたので，キアラと混同したようです[42)]．さらに，これらの書簡から尾原悟は，

「キアラ，カソラ両神父はとも自然科学によく通じた人であったばかりでなく，日本の禁教令にも拘わらず中国の宣教師達と同じく天文学者として日本滞在を許可される希望をもっていたかもしれない」[43)]

と判断されています．

これを裏付ける1634年8月20日に，マニラで書かれた手紙には，日本についての報告はカンボジアに駐在している一人のイエズス会士から，間接に受けたものであると述べています．その手紙の中で，

「これらの多少ばかげた報告によると，日本の皇帝〔将軍を指している〕はライ病に悩まされいて，監禁されたキリスト教の宣教師たちに治療ができるのではないか，と御用占師から助言された」[44)]

と，彼等自身も"多少ばかげた報告"といいながらも，このような期待の噂が流れる状況にありました．

第12節　切支丹屋敷――秘密の科学技術研究所

キアラ達はもちろんのこと井上政重は，中国明朝で測量術や改暦など科学技術で活躍していたイエズス会宣教師を知っていたことでしょう．形は違っても日本でも同様なことが実現できる可能性を頭に描いたことでしょう．

井上政重はキアラ達にどの場所で測量術や改暦の研究や伝授をさせたのでしょうか．それは井上政重の下屋敷（山屋敷）を改装したいわゆる切支丹屋敷でした．この切支丹屋敷は，現在も切支丹屋敷跡として東京都文京区小日向にあります．記念碑も遺されています．江戸時代の地図に切支丹坂があります．志賀直哉（1883-1971）が『自転車』という作品の中で，「……恐ろしかったのは小石川の切支丹坂で，昔，切支丹屋敷が近くにあって，……道幅が一間半程しかなく，しかも両側の屋敷の大木が鬱蒼と繁り，昼でも薄暗い坂で，……」と書いたように，恐ろしい印象を後世に残しています．

近代になってからも志賀直哉のように，切支丹屋敷は恐ろしい所でありました．切支丹屋敷は強烈な印象を民衆に植え付けてきたのです．捕らえられたキリシタンが，酷い拷問をかけられ，彼等のうめき声が聞こえてくるような気がするのかもしれません．そのため切支丹坂は幽霊坂とも言われています．

これまでに分かってきたキアラ（達）の確かな学識，その学識の価値を十分に認識し活用できる政治執行者であった井上政重の存在，そしてキアラ達が「彼は天球論 la Sphera 教授のため，数学者として将軍廷に赴いた」というイエズス会情報．その上，天下大飢饉にたいして共に挑戦する者達．

　これだけのことを知った者にとって，切支丹屋敷はこれまでと全く異なった存在として立ち現れてきます．それは切支丹屋敷が秘密の科学技術研究所であったということです．

　"切支丹屋敷は恐ろしい所"という噂を意図的に流して，民衆から遠ざけたのです．その意図は，民衆が大名の下屋敷で，あろうことか潜入した外国人宣教師達を拷問するどころか優遇して科学技術の研究をさせている秘密を絶対に隠蔽することでした．この井上政重による隠蔽工作は，大成功し今までみんな欺かれてきました．

　井上政重が科学技術研究所を極秘にしなくてはならなかった理由は，いくつかあります．第1は，厳禁していたキリシタンそれも潜入した宣教師達を拷問も加えず優遇していたということを民衆に気づかれないようにすることです．切支丹屋敷を民衆から遠ざけておかないと切支丹禁制という幕藩支配体制の崩壊をもたらすからです．

　第2は，将軍家光が再三「臼砲の製造や扱いなどに日本人に秘密にするように」とオランダ人に厳命していたことです．幕府が軍事技術を含む科学技術の独占を図ったことです．

　このような秘密の科学技術研究所は，戦時下や軍事的な緊張状態の国家であり得ます．たとえば，規模は違いますが，第二次世界大戦中アメリカは原爆を製造するマンハッタン計画を推進しました．ロスアラモス研究所はニューメキシコのサンタフェという最寄りの町から30マイルも離れ，周囲から隔離された山地でした．機密保持のためにロスアラモス研究所の存在自体が極秘となりました[45]．

　1992年ソ連が崩壊したとき，それまでまったく存在自体秘密であった科学技術研究都市が明らかになりました．これらの都市は核技術研究所を中心とした民衆から隔離された秘密都市でした．学校や商店，病院などその都市内で生活できる閉鎖性をもっていました．また，研究者は，給料面，研究環境面，生

活面で非常に優遇されていました[46]．最初第二次世界大戦後スターリン体制下では，全国各地の収容所に集められた科学技術者を集めて収容所内特別研究センターを作りました[47]．

このように軍事緊張下にある国家や軍事国家は，他国だけでなく自国の民衆からも存在自体を秘密にする研究所をつくる場合が多いのです．

しかし，「民衆に役立つ科学技術を」とキアラ達を説得した井上政重が，結局のところ科学技術研究所の存在を民衆から遠ざけ極秘にしなければならなかったという皮肉に巡り会わされたということになりました．"知は力"の源泉と考えていた現実主義者井上政重にとって，キアラ達を「生かして活かした」だけで満足であったかもしれませんが．

第13節　切支丹屋敷日記──残存する内部情報

切支丹屋敷でのルビノ達の様子を伝えるわずかな記録『査祆余録(さようよろく)』[48]が残されています．この記録は，遠藤周作『沈黙』の最後に「切支丹屋敷役人日記」として書いてあるので衆知のことです[49]．『査祆余録』の冒頭部分は，

　「寛文十二年壬子

　　　此頃拾人扶持三右衛門，七人扶持づ、卜意，壽庵，

　　　南甫，二官，閏六月十七日遠江守へ出ス，

　　　　　覚

　一，三右衛門女房従弟　深川船大工　清兵衛 五十

　一，同人従弟　土井大炊頭小遣之者　源右衛門 五十五

　一，…………以下略」

です．まえがきなど一言もありません．もちろん，切支丹屋敷内で科学技術の研究がおこなわれていたなどの文言はひとつもありません．

まず，不審に思うことは，「寛文 12 年 (1672)」という年です．ルビノ第2隊が潜入したのは「寛永 20 年 (1643)」でした．この差 30 年近くが空白なのです．

井上政重が職を辞したのは万治元年 (1658) で，致仕したのは万治 3 年 (1660) でした．キアラ達がもっとも活動できたのは，井上政重が在職していた万治元

年までの10余年間だったでしょう．その記録も一切ないのです．切支丹屋敷日記の後半19年間しか残っていないのです．

次に，岡本三右衛門すなわちキアラは10人扶持，他の卜意(ぼくい)，壽庵(じゅあん)，南甫(なんぽ)，二官(にかん)も7人扶持でそれぞれ召使いまで付いていたのです．1人扶持とは，1人1日玄米5合と計算しましたから，10人扶持は1年間で約18石になります．

第2章の磯村文蔵（礒村吉徳）は，15石5人扶持で二本松藩へ召し抱えられていました．同じ算者であった中沢茂兵衛は7石2人扶持で，正木左伝次など鼻紙代1両1扶持でした．彼らと比較しても，キアラ達は優遇されていたと見るべきです（1石＝0.9両＝現在邦貨で36万円〜27万円．磯田道史著『武士の家計簿』(新潮新書) p.54．1両＝現在の邦貨で30万円〜40万円）．

『査祆余録』からルビノ達（岡本三右衛門，卜意，壽庵，二官，南甫）の動静のいくつかを抜き出してみます．卜意は延宝元年 (1673) 11月9日病死しています．南甫は延宝6年 (1678) 5月16日病死しています．

延宝3年 (1675) 5月23日「岡本三右衛門へ金3両，壽庵へ金2両，二官へ金1両を下され候」とあります．この前の文章から，彼らが何らかの貢献をした褒美のようですが，何であるか読みとれません．1両は現在の邦貨で40万円〜30万円にあたりますから，総額200万円以上のボーナスです．壽庵は同年2月22日に出牢したばかりです．3月5日切支丹吉兵衛をたびたび拷問しますが，彼らがかかわったとは記録されていません[50]．

延宝5年 (1677) 7月29日，「天地の図が所々破損していたので，岡本三右衛門と壽庵で繕った」とあります．その後，壽庵の願いにより孫方へ10両渡っています．そのとき壽庵の聟仁兵衛が10両を受け取り書き取っています．それにしても10両とは高額です[51]．

延宝9年 (1681) 2月3日，宗門改奉行青木遠江守が切支丹屋敷へ来て，壽庵へ「天地の絵図」について尋ねています．その際，岡本三右衛門，二官および女房たち召使いの男女まで会っています[52]．

貞享2年 (1685) 7月25日,岡本三右衛門が病死．所持金小粒で13両2分，小判で15両，合計28両3分ありました．現在の邦貨で1千万円以上の遺産を現金で遺したのです．その外諸道具は封印して土蔵へ入れました．その月初めより食べられず牢医師石尾道的が薬を用いています[53]．同年同月26日，三右

衛門死骸を小石川無量院へ葬っています．死骸は乗物に載せて運び火葬し，無量院から焼場まで4人の同心が付き添い，戒名は「入専浄眞信士」となっています[54]．同年同月27日，日本人の通り石塔を建てるようにと御頭（奉行）より申し付けられ，壽庵，二官，三右衛門後家で願って9月2日石塔を建てました[55]．同年8月2日，三右衛門墓所へ壽庵，二官，参詣し両人へ1分，三右衛門女房へ1分，召使いの長助はるへ鳥目300銅ずつ．相続も勝手次第[56]とした．同年同月8日，岡本三右衛門後家へ8人扶持し，長助はるも女房の召使いとした[57]．同年同月25日，岡本三右衛門所持の金子並びに諸道具草本等まで，三右衛門後家の物とした[58]，とあります．

元禄4年（1691）7月10日，壽庵がキリシタンに立ち返ったらしく，入牢させられ，つめ牢に入るとき財布を役人へ差し出すと，小粒で17両1分あり，その外壽庵の諸道具を帳面に書き封印し壽庵長屋へ入れた，とあります．壽庵の所持の内，ちりちよ一つ，りしひりな二つ，こんたんす二連，星の図一幅がありました．

「此下六年脱す，其余甚疎ニテ无事」[59]

が「査祅余録」（切支丹屋敷日記）最後の文言です．

その後の記録．元禄10年（1687）8月18日壽庵が80歳で死去しています．二官は元禄13年（1700）7月16日に78歳で死去しています[60]．

以上の特徴的なことをまとめておきます．

1. キアラ（達）はそれぞれ10人扶持から7人扶持と召使いがついていたことです．なまじの下級武士より上の処遇です[61]．
2. 「天地の図」「天地の絵図」は天文図および地図と思われますが，壽庵は特にくわしい．壽庵の所持品の中に「星の図」一幅があり，天文にくわしかったことが分かります．切支丹屋敷内で天文暦を研究した形跡ともいえます[62]．
3. 岡本三右衛門の遺産があり，しかも28両3分もあったことは驚きです．現在の邦貨で1千万円以上になります．下級武士や庶民では残せない金額です．むしろ切支丹屋敷の役人が借入金をしている記録があります．
4. 岡本三右衛門の後家が遺産相続をしています．しかも8人扶持と召使いがつきます．破格の扱いです．

5. 所持品の中にある「諸道具」「切支丹諸道具」[63]とあります．壽庵，南甫の所持品にも同様にあります．彼らは信仰を黙認され，そのための切支丹諸道具の所持も認められていたのです．
6. 「三右衛門宅」にある"宅"に注目したい[64]．牢獄ではなく役宅に住んでいたのです．
7. 「警固付きながら江戸市中を歩くことができた」[65]といいます．切支丹屋敷は牢屋敷というイメージが変わります．
8. とても重要なことに，岡本三右衛門の石塔を「日本人の通り石塔」建てるように切支丹屋敷の御頭（奉行）が申し付けています．

第14節　岡本三右衛門（キアラ）の墓石──史実とは何か？

　岡本三右衛門（キアラ）の墓石は二つ現存します．一つの墓石は小石川伝通院内にあり，別の一つの墓石は調布市のサレジオ神学院内にあります．貞享2年（1685）につくられた元々の墓石はサレジオ神学院内あるものです．

　小石川伝通院内にある墓石と供養碑は，1977年5月25日ジョウセフ岡本三衛門神父供養碑建立委員会・伝通院とあり，建立の経緯が墓石の横側にある供養碑の裏面に刻まれています．表は駐日イタリア大使ヴィンツニンゾ・トルネッタによるイタリア語の追悼文が刻まれています．

　元々の墓石がサレジオ神学院内ある理由は，クロドヴェオ・タッシナリ神父が雑司ヶ谷墓地に放置された他の墓石とともに山と積まれた中からキアラの墓石を管理人の許可を得て貰い受け，サレジオ神学院にリヤカーで運び込んだからです．第二次世界大戦中1943年6月3日のことです．タッシナリ神父の長い手紙が残っていて，そのときの苦労の様子がわかります[66]．この墓石はもともと伝通院に隣接した無量院ありましたが，明治19年（1886）以降になって墓地整理のため雑司ヶ谷墓地に移されたようです．1940年以前で大切に管理されていた頃の写真があります[67]．

　この第二次世界大戦中の困難な時期であっても，キアラの墓石を大切に思い，雑司ヶ谷墓地から助け出されなかったら，おそらく失われてしまったことでしょう．いつの頃までか，南甫，壽庵，二官の墓もあったという記録があります

第4章 謎の和算家 高原吉種 101

ジュセッペ・キアラ（岡本三右衛門）
の墓石（伝通院内）

ジュセッペ・キアラ（岡本三衛門）供養碑（伝通院内）．（注）供養碑では，岡本三衛門と間違っている．

ジュセッペ・キアラ（岡本三右衛門）
の墓石（調布　サレジオ神学院内）

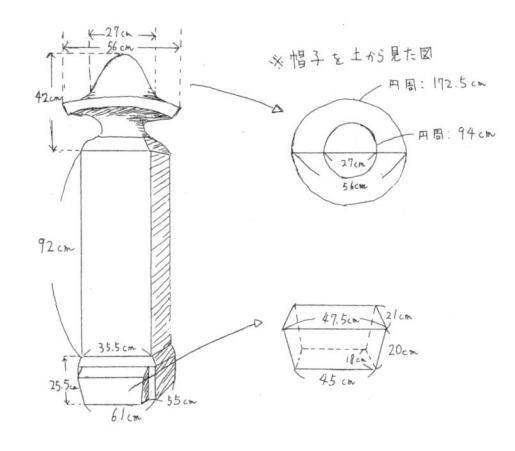

ジュセッペ・キアラ（岡本三右衛門）の墓石の計測（撮影および計測は八木貴之による）

が，戦前1901年頃すでに失われ存在していませんでした[68]．

この岡本三右衛門（キアラ）の墓石が現存することは，非常に貴重であり重要です．それは『査祅余録』という文献記録と墓石という現物を対応させて考察できることです．

まず，文献記録『査祅余録』にある戒名「入專淨眞信士」と同じ文字と同じ没年「貞享二年乙丑七月廿五日」が，墓石に刻まれていたことです．これにより『査祅余録』という文献記録が，まったくの偽文ではないことを証明していたことです．写本で伝わったものには偽作も多いのです．

岡本三右衛門（キアラ）の墓石について『査祅余録』は，切支丹屋敷役人頭〔奉行〕が命じた「日本人の通りの墓」[69]という文言で記録されています．ところが，サレジオ神学院内ある墓石の姿は，一見して日本人の墓石と見えません．頭部が丸く帽子のつばのようなものがあります．これはカトリックの司祭がかぶる司祭帽を模しているのです．つまりイエズス会士パーデレ・ジュセッペ・キアラの墓石です．文献記録と現物がまったく異なります．

岡本三右衛門（キアラ）の墓石は，明治19年頃まで，もとのままの小日向無量院にありました．おそらく徳川政権が機能した幕末明治維新の時期までは，幕府によってキアラの墓の供養料が無量院へ継続して納められていたのです．すでに岡本三右衛門の後家は死去し，子孫もいません．その墓石を大切に守ってきたのは，幕府でしかあり得ません．幕府は後家が相続した8人扶持を永代供養料にしたのかもしれません．後家が死亡したのは元禄8年（1695）4月15日74歳のときです[70]．その後200年近くキアラの墓守はいなかったはずです．しかし，墓石が厳然として大切にされ遺されてきた事実こそ《史実》にふさわしい言葉です．

第15節　謎解き——総論——仮説の検証1：《高原吉種はキアラである》

ジュセッペ・キアラ（岡本三右衛門）とルビノ第2隊の動静および学識，そして40余年間の日本での生活の様子の一端が判明してきました．

本章・第6節のキアラと高原吉種の比較年表にあるように，キアラと高原吉種が同時期に居たことは確かです．もちろん「同時期に存在したから同一人物

である」などといえません．しかし，キアラと高原吉種が同時期に存在したといえることは，前提になります．

再度申し上げますが，「キアラ（＝岡本三右衛門）は高原吉種である」という確かな証拠といえる記録資料は，いまだ発見していません．出現することを期待していますが，「国禁を犯して潜入した外国人宣教師が和算家高原吉種である」とは，決して公表できないでことです．

事実を知っていた幕閣・宗門改奉行や切支丹屋敷の役人にとっては，公務上の極秘事項です．「御公儀は，潜入宣教師たちに切支丹屋敷内で科学研究をやらせ武士並みに優遇し，さらに棄教したなどと世間には宣伝していたが，彼らの信仰の自由さえ認めていた」などということが，民衆に知られたならば，幕藩体制の根幹を揺るがすことになりかねません．切支丹御禁制は徳川政権の最も重要な国是でありました．宗門改や宗門改帳は民衆支配の重要な手段になっていたからです．

高原吉種の弟子であった礒村吉徳や関孝和が「わが師匠は国禁を犯して潜入した外国人宣教師で，棄教して岡本三右衛門となった者である」と公然と言えるでしょうか．礒村吉徳は二本松藩士でした．関孝和は将軍家綱の実弟徳川綱重とその子綱豊の家臣となり，綱豊が将軍綱吉の世継になると幕臣になりました．両者とも幕藩体制に繰り込まれ，一翼を担っていたのです．その彼らが幕藩体制を崩壊させかねない確かな証拠となる記録など残すでしょうか．

そこで考えられることは，彼らが発した微かな暗号を読み解いていくことです．その暗号は師弟でしか読み解けないかもしれません．師弟の周辺の者達だけに分かる暗号でよいのかもしれません．弟子とすれば，師匠への感謝の気持ちを込めて，何らかの信号を他には気づかれないように潜ませたいと思うことは自然な行為でしょう．

その手がかりは弟子である礒村吉徳と関孝和が発した微かな信号・暗号を認識し読み解くことです．その最有力者は礒村吉徳です．

第16節　謎解き——各論 I ——仮説の検証２：『算法勿憚改』の秘密

第2章に書いたように，礒村吉徳は自著『算法闕疑抄』および増補版である

『頭書算法闕疑抄』に《高原吉種》と刻み込んだ唯一の人物だからです．また，「荒木先生茶談」に《高原吉種の門人に礒村吉徳あり》と証言された人物です．

まず第一は，礒村吉徳の弟子村瀬義益著『算法勿憚改』にあります．第 1 章に細述したように，『算法勿憚改』の最も重要な数学上の業績は，和算史上はじめて 3 次方程式を逐次近似法で解いたことです．ただ解いただけでなく，1 つの問題を 3 通りの解法（アルゴリズム）を明解に書き表したことです．この 3 次方程式を逐次近似法で解くという画期的な方法の発見は，『同文算指』というヨーロッパ数学書の漢訳本をヒントにした可能性を論じました．この『同文算指』はイエズス会宣教師マテオ・リッチと李之藻によるものです．当時マテオ・リッチなど宣教師による書籍は禁止されていました[71]．禁書令が出されたということは，秘かに輸入されていたという証拠になります．輸入されない書籍を禁止する必要はありません．輸入されて困り禁止令を出さざるを得なかったということの方が，歴史の真相であったでしょう[72]．この禁書『同文算指』をもっとも入手しやすかったのが，宗門改奉行であったことは言うまでもありません．

まとめると，礒村吉徳の弟子である村瀬義益は禁書『同文算指』の開平計算が逐次近似法であることを解読し，それを 3 次方程式に拡張して解き自著『算法勿憚改』としたということです．

村瀬義益はつぎの 4 つのことを成し遂げたということです．

（1）禁書『同文算指』を入手できた．
（2）『同文算指』を読み解くことができた．
（3）3 次方程式に拡張するという独創的な研究をした．
（4）自著として，『算法勿憚改』を出版した．

素性のわからない人が，たった一人で成し遂げることができるでしょうか．成し遂げられる条件として考えられることは，村瀬義益が「禁書に容易に接近でき」，「一人ではなく，何人かの研究集団に所属していた」ということです．「禁書に容易に接近できる研究集団」は，切支丹屋敷〔秘密科学技術研究所〕しかあり得ません．

第 1 章で書きましたように，村瀬義益は『算法勿憚改』の序文で「生国は佐渡で，百川の流れを汲んでいて，礒村吉徳を師と頼んだ」などと書いています

が，存在をまったく感じさせない人物です．結論的に申し上げますと，

　　《礒村吉徳と村瀬義益は同一人物である》

ということです[73]．

　そうしますと，礒村吉徳は高原吉種を師として切支丹屋敷で測量術を中心にして和算を研究していたことになります．切支丹屋敷で測量術などを教えたのはキアラ達ということになります．すなわち，

　　《高原吉種はキアラ達（岡本三右衛門達）である》

となります．

　キアラ（達）ならば，『同文算指』(1614)の原書はイエズス会ローマ学院の有名なクラヴィウス著『Epitome Arithmeticae Practicae』(1583)であり，教科書としていた可能性があります．漢訳本『同文算指』も知っていたでしょう．キアラ（達）と礒村吉徳たちとの共同研究によって，4つの条件をクリアーできたでしょう．『算法勿憚改』は秘密出版でありました．二本松藩が出資したと考えられます．出版地と書肆名「日比谷横町亀屋」を削ったこと，そしてそこに二本松藩の江戸屋敷があったことからも分かります．

第17節　謎解き——各論II——仮説の検証3：『算法闕疑抄』の秘密

　もう少し直接的な証拠となるものを見付けてみましょう．そのためには原点に戻って見ます．それは礒村吉徳の『算法闕疑抄』を見直すことです．非常に有難いことに，松崎利雄が『算法闕疑抄』の初版（万治2年版）第1巻，第2巻，

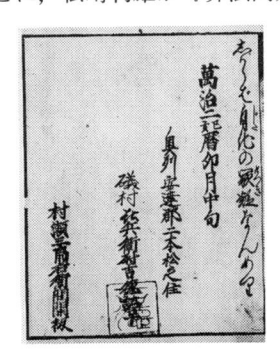

　　初版（万治2年版）『算法闕疑抄』末　　　万治3年版『算法闕疑抄』末

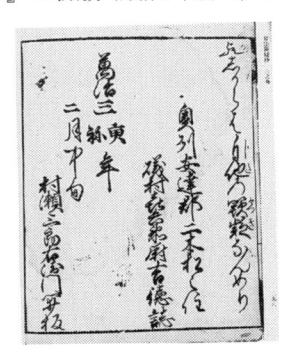

第 4 巻，第 5 巻と万治 3 年版第 3 巻を写真復刻して下さっていたからです[74]．さらに，松崎利雄は寛永版，延宝版，天和版それも書肆別にその存在を明らかにしました．また，増補版についても書誌的に明らかにしました．

そこで初版（万治 2 年版）本と万治 3 年版本の最終丁（最後の頁）の奥付を見比べましょう．万治 3 年版本は 3 巻だけの不完全本ですが，跋文と奥付があります．

初版（万治 2 年版）本は楷書体に近く，万治 3 年版本は少しくずし気味です．決定的におかしいことは，書肆名です．

　　　　　「村瀬三郎右衛問 開版」　　　　「村瀬三郎右衛門 開版」

「問」と「門」との違いというよりも，初版（万治 2 年版）本で本来「門」と書くべきところ「問」と間違って書いてしまったということです．事実これまで多くの方々は「問」は間違いであるから《ママ》という記号を文字の横などに書き入れて引用していました．ところが，その〈「問」は間違いである〉という考え方は，間違っていると考えました．間違いに見せかけた暗号であると推理しました．その理由は以下のようです．

(1) 『算法闕疑抄』は版木に 1 枚 1 枚ずつ彫って摺ったものです．彫り師が本来「門」と彫るべきところを間違えて「問」と彫り間違えるでしょうか．間違えたときは，小さな口という文字を彫り落とせばよいだけです．それでも気づかないということはあり得ません．

(2) 書肆自身が書肆名を間違えるでしょうか．校正段階で間違いを発見できれば訂正するでしょう．しかも，最も気づきやすい最終丁の最終行の自分の名前の「問」一文字です．

(3) 「村瀬三郎右衛問」と間違えたと思わせるために，次の年に同じ書肆が「村瀬三郎右衛門」名で出版しています．

(4) 第 2 章に書きましたが，初版（万治 2 年版）は秘密出版と考えられます．その理由は『頭書算法闕疑抄』の序文に「萬治三庚子年中春の比おひにや．於レ今は二十余年‥‥」と万治 3 年版を初版と思わせています．

(5) 万治 3 年版は，第 3 巻だけの不完全本で，第 3 巻の最後へ跋文と奥付をつけたものです．おそらく，初版（万治 2 年版）の奥付が怪しまれて，同じ版木で急いで増刷し 3 巻まで印刷し，そこへ跋文と奥付だけ新しく

版木に彫り直し印刷して，とりあえず不完全ながら本の体裁をとったと考えられます．

(6) これでも不安になったのか，手の込んだことをします．寛文元年版の書肆名は「西村又右衛問」で天和3年版の書肆名は「西村又右衛門」となっています．これらの版で「問」と「門」の違いを繰り返すことによって，初版（万治2年版）の「問」の不自然さを払拭しようとしています．松崎による外題に「両者は，本文は同版で序と跋文は異なる版である」と記しています．

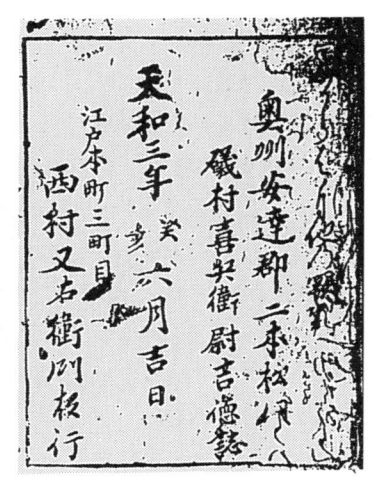

寛永元年版「西村又右衛問板行」（左）と天和3年版「西村又右衛門板行」（右）の『算法闕疑抄』（松崎利雄提供）

(7) 『頭書算法闕疑抄』は貞享元年（1684）に出版しました．キアラ（岡本三右衛門）の死去の前年です．この本の頭注に更に高原吉種を追加して書き込みます．キアラは晩年病気で医師に薬をもらっています．高原吉種はキアラの晩年に，もう一度『頭書算法闕疑抄』を献呈をしたのでしょう．初版の書肆名は「中村五兵衛」です．頭注に師の名を書いて書肆名に暗号を入れていません．礒村吉徳のねらいは何であったでしょうか．「村瀬三郎右衛問 開版」に暗号を潜ませて，あるメッセージを送ろうとしたのです．暗号としては，単純なものです．「問」を「門」と二重に

読みます．そうしますと，
村瀬　三郎右衛門　に問うた
となります．村瀬＝礒村と考えますと，
礒村　三郎右衛門　に問うた
つぎに，三郎右衛門とは誰かということになります．それはキアラ＝岡本三郎右衛門と壽庵（チュウアン）を絡めて「三郎右衛門」としたと考えられます．

壽庵（チュウアン）は，黒川三郎右衛門と称していました[75]．
岡本三右衛門　　黒川三郎右衛門
「村瀬（礒村吉徳）は，岡本三右衛門と黒川三郎右衛門の両人らに疑問を問いかけた」という暗号であると考えられます．「礒村吉徳は，キアラと壽庵らを師として測量術などを学び，疑問に答えていただいた」ということを暗号化して『算法闕疑抄』を献呈したのです．

『荒木先生茶談』で，礒村吉徳の師は高原吉種ですから，
「高原吉種はキアラ達のことである」
となります．高原吉種という名は，キアラや壽庵，二官，南甫，卜意，さらに早く死去したペドロ・マルケス，カッソラ，アルフォンソ・アロヨたちをも含んでいるとも考えられます．神父で一番長生きしたキアラと天文・暦で活躍しキアラと同じように長生きした壽庵（チュウアン）が「高原吉種」の代表とも考えられます．彼らは，どうして「高原吉種」としたかです．

一つは，キアラ＝キハラ＝貴原＝タカハラ＝高原　というように，キアラの読みの音に漢字を当てはめた，という考え方です．さらに，

高　　原　　礒　　村
タカハライソムラセ
　　　　　　村　瀬

高原，礒村，村瀬とならべて見ると，その隠された暗号は，「ハライソ」＝天国，セラヒム＝最高位の天使の名前となっています[76]．

もう一つは，高原関之丞という切支丹屋敷の役人頭の用人がいました．貞享2年7月25日に岡本三右衛門（キアラ）が死去したとき，「即刻御頭より用人高原関之丞，江曲十郎右衛門参ル．右三右衛門死骸，同心三人宛附置申候」[77]とあるように，切支丹屋敷の御頭の用人であった高原関之丞は，キアラたちに

とって重要人物でした．この人の「高原」という姓を借りたという考えもできます．

「吉種」とは，「キリシタンのタネ」と読めます．キリシタンのタネ（種＝シュ＝主）である宣教師ということです．キリシタンは，吉利支丹と書いていました[78]．また，礒村吉徳の「吉」は，高原吉種の「吉」からとって名付けたといわれています．従って，

　　　「謎の和算家 高原吉種とは，キアラ（達）のことである」
と仮説は説明できます．

第18節　謎解き──各論III──仮説の検証4：オルガナイザー井上政重

仮説を補強するために，井上政重がどのような役割を担ったのかを調べてみましょう．

第6節の年表をもう一度見直してみます．万治元年（1658）井上政重が大目付兼天主教考察の職を辞しています．この年，キアラ達が吉利支丹書3冊を書いています[79]．また，同年，礒村吉徳が二本松藩へ抱えられています．次の年，礒村吉徳は初版『算法闕疑抄』を秘密出版します．

これらのことは，偶然の出来事でしょうか．そうではなく，井上政重が職を辞するに当たって，キアラ達の今後の処遇について，文書にして万全を期したのです．キアラへの配慮は，生前10人扶持を与えるというだけでなく，キアラ死後後家へ8人扶持，召使いの長助へ3人扶持，はるへ2人扶持と及んでいます[80]．

井上政重が職を辞するに当たって礒村吉徳へ配慮したことは，二本松藩への就職でした．『算法闕疑抄』の出版は，切支丹屋敷での研究記念とキアラたちへの献呈としたものです．また，二本松藩への就職論文であったでしょう．

寛文元年（1661）井上政重の家臣であった竹村権兵衛が二本松藩へ仕官しています[81]．右筆となり，その後藩主のお世継ぎ側近，さらに御伽衆にもなっています．新参者であったが藩政の中枢にいられたのは，井上政重の家臣であったことにつきます．この竹村の二本松藩への仕官は，礒村吉徳の仕官の3年後でした．井上政重は奥羽外様大名への布石のために測量技術者として礒村吉徳

を二本松藩へ送り込み，さらに竹村権兵衛を藩政中枢に右筆・世継ぎの側近・御伽衆（政治顧問）として送り込んだわけです．この年，井上政重は死去しています．

井上政重とキアラとの関係を示す公式文書[82]は，万治元年（1658）に出されたものですが，先の吉利支丹書3冊と関連しています．文書の裏面を読みとる必要があります．これだけの史料を総合的に判断したとき，井上政重が科学技術研究のオルガナイザーであったと言えるでしょう．

第19節　岡本三右衛門（キアラ）を知る男――和算家本多利明(りめい)

切支丹屋敷内部で何がおこなわれていたか極秘事項でありました．『査祆余録』は写本であり，一般に流布したわけではありません．新井白石が『西洋紀聞』に岡本三右衛門[83]，黒川壽庵[84]の名を記しています．だが新井自身は『西洋紀聞』の存在を秘密にするほどでしたから，世に流布することはなかったのです[85]．従って，切支丹屋敷内部のこと，岡本三右衛門，黒川壽庵の名前など一般に知られることはなかったと考えられます．

ところが岡本三右衛門のことを知っていただけでなく，数理学への貢献などの大導師であったと書物にした人物がいました[86]．本多利明といいます．

本多利明（1743-1820）は，関孝和－建部賢弘－中根元圭－幸田親盈－今井兼庭－本多利明とつづく有力な和算家でした[87]．

寛政6年（1794）10月，本多利明が主導者となって8名の人達と，関孝和の記念碑を建立してます[88]．この記念碑は東京都新宿区淨輪寺にあります．

本多利明は和算家の範疇にはまらない人物です．特徴は，ヨーロッパの科学技術・文化を積極的に導入して産業を興し貿易を盛んにし国を豊かにするための方策を提言したことです[89]．そのために経済史研究家や文化史研究家など和算史研究家でない方々が注目しています[90]．

その本多利明が『西域物語』（1798）の中で，
「昔西域，羅馬の人三人渡来して虜となり，上の御扶助を蒙りて，生涯日本に終りたる．各年八十四，五歳迄存在也」[91]
「日本に四十余年住居せしかども，何もなく八十余歳にして病死，小石

川無量院に葬りたる也．死期に及び云し事有．我如レ此極老に及，今日明日の命に成たり．永々の内御恩を蒙りたるに，天下の一大事をば御大老様へでも伝授し度．如何となれば，日本にいまだ真の治道を得ざる故に，……」[92)]

「此大導師，日本に改名して，岡本三右衛門と云．口厳命に因て也．日本住居四十余年の内，仕様も有べき物をむざんに廃したるは，惜むべき且不便なり」[93)]

と岡本三右衛門の名を明示し，思考，死去の年齢，墓地なども明記しました．

また，本多利明が，

「語呂不分明之所有りといへ共，数字は異体にても，一より十に至るの数は日本と相等し．因て数を以て推て知事多し．

　数理の学は，元来欧羅巴（ヨーロッパ）に起こり，天竺，支那，日本と東移渡来せり」[94)]

と記していることは，和算の起源について重大な証言です．

本多利明が，岡本三右衛門について著作にしたのは，新井白石が『西洋紀聞』の存在や内容の公開を恐れたことを考えると驚くべきことです．

なにゆえ本多利明は，岡本三右衛門のことを知っていたのでしょうか．その理由はいくつか考えられますが，一番可能性があるのは和算家の系統からの情報伝達です．

「夫，算者西洋ヨリ来レルガ故ニ，敷算スルニ左行ニ陳スルナリ．其来ル事遠シト雖，尚藍ノ藍ヨリ青キガ如シ．我朝日日ニ達算ノ士出デ，奇術ヲ著シ，豈愉快ナラズヤ．我師南山安島先生，関夫人ヨリ四伝ニシテ算ノ蘊奥ヲヒラキ自問自答者稿ニ綴リテ蔵ス．‥‥

　　寛政十一年己未五月　関流　五瀬日下誠敬祖識」[95)]

この文章は関流宗統五伝で知られる日下誠（くさかまこと）が，師である関流宗統四伝安島直円（あじまなおのぶ）の遺稿を編集して『不朽算法』（ふきゅう）と題した和算書の序文です．安島直円（1732-1798）は関流宗統四伝として知られているだけでなく，独創的な研究をしたことで和算家の尊敬を集めていました．その弟子で関流宗統五伝となった日下誠（1764-1839）は多くの優秀な弟子を養成し，よく知られた和算家でした．この関流の正統を引き継いだ和算家が「算は西洋より来た」ことを証言していること

は重大です．寛政11年は1799年のことです．

本多利明が岡本三右衛門のことを知ったのは，関孝和 → 建部賢弘 → という関流和算家の主流に秘かに伝わった情報からでしょう．

大原利明著『算法点竄指南』(1810) の序文を山本北山 (1751-1812) が書いています．文章が日下誠の序文に似ています．

> 「点竄術は関流数学の秘蘊なり．そのもとを推せば，西洋の筆算に藍出し，一枝の筆を授けて，以て天地の間のことを計るべし」[96]

北山は頗る蔵書に富み博覧多識で知られた儒者でした．これらのことは，当時の知識人にとって周知のことであった，という確かな証拠になります．

本多利明著『西域物語』[97] (1798)，『不朽算法』日下誠の序文 (1798)，『算法点竄指南』(1810) 北山の序文，と並べてみると，18世紀末には，和算が西洋の影響を受けていたことを公表できる状況にあったことを示しています．

さらに安政4年 (1857) になると森正門著『割円表』の奥村吉當による序文に，測量術は中国へ渡来した西人利瑪竇（マテオ・リッチ）によるというような意味が含まれている書物を印刷出版しています．幕末になったとは言え，キリスト教につながる西人利瑪竇の名を堂々と印刻出版する度胸に恐れ入ります．

享保9年 (1724) ころ，切支丹屋敷は焼失して礎石のみ残っていましたが，寛政4年 (1792) 9月12日，松浦越前守・曲淵甲斐守が奉行になったころ，切支丹屋敷は廃棄し，御蔵内に収めてあった物は竹橋内の御蔵へ移されたようです[98]．

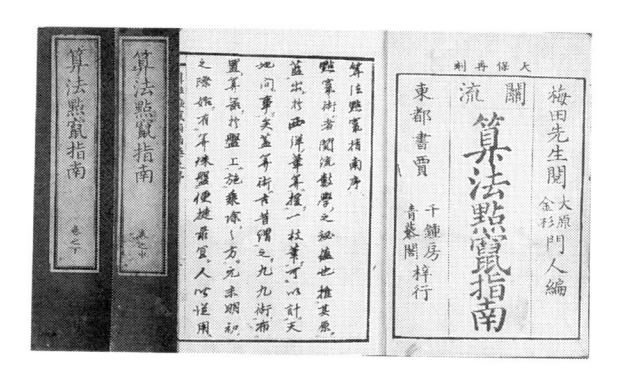

大原利明著『算法点竄指南』．山本北山の序文

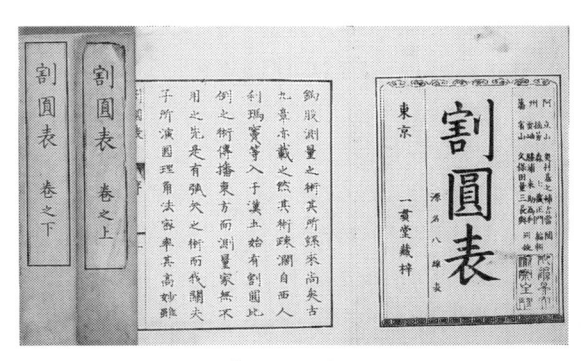

第4章 謎の和算家 高原吉種　113

森正門著『割円表』．奥村吉當の序文

　本多利明，日下誠が岡本三右衛門や算が西洋伝来であったことを公然と記録に残すことができるようになったのは，切支丹屋敷が廃止になった直後です．

第20節　まとめ——謎の和算家高原吉種

　これによって，平山第2仮説「謎の和算家高原吉種は潜入宣教師ジュセッペ・キアラである」が，完璧に検証されたわけではありません．むしろ，不十分かもしれません．本書全体が検証の総体です．
　しかし，何といってもキリシタン禁制という大きな壁は，大きく立ちはだかっています．切支丹屋敷の住人となったキアラたちは，背教者としてキリシタン詮議の手先として40数年間を牢舎でおくり朽ち果てていったと信じられてきました．キアラが書いたといわれる宗門書や切支丹屋敷日記〔『査祆余録』〕を検討する中で，彼らの活動が少しずつ判明してきました．また，高原吉種の門人である礒村吉徳著『算法闕疑抄』『頭書算法闕疑抄』を検討することによって，隠された暗号を掘り出すことができました．礒村吉徳の門人村瀬義益著『算法勿憚改』で3次方程式を逐次近似法によって解きました．このアイデアが『同文算指』の平方根を開く計算で逐次近似法を使っていることに気付きアナロジーとして3次方程式に逐次近似法を適用したと判断されました．
　『同文算指』は中国へ渡来したイエズス会宣教師マテオ・リッチと李之藻が

クラヴィウスの算術書を漢訳したものです．そのため『同文算指』は禁書になっていました．その禁書に接近でき，解読するためには，一般的に非常な困難をともないます．しかし，井上政重は宗門改奉行として禁書を自由に扱える立場にあり，下屋敷を切支丹屋敷として世間の目を欺き秘かに科学技術研究の一環として『同文算指』を研究させ，応用させることは容易なことです．

　高原吉種は切支丹屋敷の住人だったからこそ，謎の和算家として登場させざるを得なかったのです．高原吉種の門人であった礒村吉徳にすれば，師の名前を歴史の闇に葬り去ることは，できなかったのです．そうかといって，世間に切支丹屋敷での秘密研究をあからさまにできないジレンマがあり，わずかに師の名前を仮名と暗号でしか発信できなかったとも言えます．

　このように総括すると，高原吉種は，切支丹屋敷の宣教師達に限定されてしまいます．すなわち，仮説は検証されたことになります．

　万治2年から天主教考察〔宗門改奉行〕は，井上政重から北條氏重にかわり，キリシタン政策が大量検挙処刑になります．礒村吉徳を井上政重が支えてきたにしろ，職を辞しています．『算法闕疑抄』に高原吉種の名前と暗号を潜ませた礒村吉徳は勇気ある行動であったわけです．『算法闕疑抄』『頭書算法闕疑抄』『算法勿憚改』をつぶさに読むと，礒村吉徳という人物のしたたかさが甦ってきます．

　実のところ，ディテールを検証することよりも，当時キアラたちイエズス会士がおかれた状況「イエズス会士がある種のバロック的ヨーロッパの知と情熱／情念の巨大な塊であった」「少なくとも後半以降，十七世紀を通じて，イエズス会は世界を覆う最大かつもっとも効率的な情報ネットワークの一つしていたと思われる」[99]ということが，これらのことのすべての原点であったことを忘れてはなりません．特に，キアラたちルビノ隊は決死的な覚悟で潜入した者たちであったことも．

　結語として，仮説「謎の和算家高原吉種はキアラ（達）である」が検証されつつあることにより，和算の成立に，ヨーロッパ数学の影響が一つの重大な契機になったことを示すことになったと思います．

―― 参考文献・註 ――

1) 平山諦著『増補訂正―関孝和』(恒星社厚生閣，1981) pp.43-45 に『荒木先生茶談』の全文が活字化され解説もあります．ただし，高原が関の師であることは否定的です．
2) 平山諦著『和算の誕生』(恒星社厚生閣，1993) p.204
3) 櫻井進著『江戸のノイズ』(NHKブックス，2000) p.20．本書には，仮説について積極的な意見があります．「フランスの社会学者オーギュスト・コントの概念では，実証主義とは仮説を立てそれを検証していくもので，それに対して，日本での実証史学は仮説を立てないという重大な欠陥をもっている……以下略」と．さらにアナール学派の創始者リュシアン・フェーヴル著『歴史のための闘い』(平凡社，1995) p.18, pp.45-47，で繰り返し問題を提起し仮説を立てることの重要性を過激に熱弁し「歴史家は，…明確な意図，解明すべき問題，検証すべき作業仮説をいつも念頭において出発します．このような理由から，歴史はまさしく選択なのであります」「もし歴史家が問題を提起しなかったり，またそうしても仮説を立てないなら職業意識，技術，科学的努力の点で，歴史家は農民の一番遅れている者よりさらに少し遅れていると確信をもっていえます」と．
4) 『日本キリスト教歴史大事典』(教文館，1988) p.1509, p.354．
5) 清水有子著「寛永鎖国と宣教師の入国問題〜イエズス会巡察師 A・ルビノ一行の日本入国事件を中心に〜」(史学第 69 巻第 2 号，2001) pp.67-93．J. G. ルイズ・デ・メディナ著『遙かなる高麗』(近藤出版社，1988) pp.128-134．
6) ルビノ第 2 隊のメンバーについて『長崎オランダ商館の日記』(pp.220-221)．
ペドロ・マルクス(ポルトガル人耶蘇会士 70 歳)，アルホンソ・アロヨ・ファン・アンダルシア(耶蘇会士 51 歳)，フランシスコ・カッソラ・ロマイン(耶蘇会士 40 歳)，ジョセ・クララ・ファン・シシリア(耶蘇会士 41 歳)，ラウイレチョ・ピント(父は支那人，母は日本人との混血児，32 歳，両親はマカオ居住．長崎に友人が多数いる)，長崎郊外で生まれた日本人 42 歳，大阪の日本人 51 歳，京都の日本人 51 歳，以上の 3 人は海外在留 23 年に及んだ．広南の青年 17 歳，カントンの青年 20 歳とあり，伝聞ですから異なるところがあります．
7) 『続々群書類従：第 12 宗教部』(国書刊行会，1907) pp.598-625．
8) 同上同書 pp.626-668．
9) 『通航一覧：第 5』(国書刊行会，1913) pp.148-224．
10) 1548 年一般の生徒だけを対象として募集したイエズス会の最初の学校は，シシリー島のメッシナに設立された，といいますから，キアラもそこで学んだかもしれません．ローマ学院の設立は，1551 年でした(cf. J・カスタニエダ&高祖敏明編『イエズス会教育のこころ』(みくに書房，1993) p.14)．
11) Hubert Cieslik 著「クリストヴァン・フェレイラの研究」『キリシタン研究：第 26 輯』(吉川弘文館，1986) pp.81-163，ジャック・プルースト著／山本淳一訳『16 世紀−17 世紀ヨーロッパ像』(岩波書店，1999) pp.15-81，この頃のイベリア半島のイエズス会の学問・人文主義・思想(＊新キリスト教徒・マラーノの思想, cf.小岸昭著『マラーノの系譜』(みすず書房，1994))と日本への移入について貴重な記述があります．
12) 古賀十二郎著『西洋医術伝来史』(日新書院，1942) および「背教者沢野忠庵」史学第 16 巻第 3 号，『長崎洋学史』上巻(長崎文献社，1966) pp.236-242．
13) 新村出著「乾坤弁説の原述者澤野忠庵」『南蛮廣記』(岩波書店，1925) pp.389-405．
14) 姉崎正治著『切支丹伝道の興廃』(国書刊行会，再版 1976) pp.798-802．

15) 海老澤有道著「南蛮天文家澤野忠庵をめぐりて」（六浦論叢 5, 1956），『南蛮学統の研究』（創文社，1958）．
16) 尾原悟著「キリシタン時代の科学思想」『キリシタン研究：第10輯』（吉川弘文館，1965），『イエズス会日本コレジョの講義要綱Ⅰ』（教文館，1997）．
17) 伊東俊太郎著「転び伴天連の偉業（沢野忠庵の再評価）」（中央公論，1968年11月号），本論文はフェレイラによる日本近代化における西欧科学思想受容の意義を探ったものです．
18) 『乾坤弁説』『文明源流叢書第二巻』（国書刊行会，1914）pp.1-100. 中山茂著「『乾坤弁説』の原著とクラヴィウス」（蘭学資料研究会，第136号，1963）pp.1-6. 伊東俊太郎著「『乾坤弁説』の成立について」（蘭学資料研究会，第168号，1965）pp.1-9. Shigeru Nakayama『A History of Japanese Astronomy』（Harvard. univ.press, 1967）pp.88-105.
19) 『乾坤弁説』の序文によります．
20) E.ジルソン著／三嶋唯義訳『理性の思想史』（行路社，1976）p.153.
21) 同上同書 pp.153-154.
22) ジュヌヴィエーヴ・ロディス＝レヴィス著／飯塚勝久訳『デカルト伝』（未来社，1998）p.351.
23) E.ジルソン著『理性の思想史』p.152.
24) 新井白石著／宮崎道生校注『西洋紀聞』（平凡社，1968）pp.322-349.
25) ルビノ第1隊の書物についての証言「中国には多数の宣教師が居り，彼等は〔同地では〕印刷が禁止されていないので，キリスト教に関した内容の多数の書籍を日本へ発送する仕事で多忙を極めている，（彼等もまた，これらを数冊携えて来て，他の道具とともに地中に埋めておいた由）というのも，日本語と中国語の文字は同じであり，両者は互に文字を読むことが出来，単に発音を異にするのみであるから，と．知事〔長崎奉行馬場利重〕はこれに大層懸念を懐き，そして次のようなことを通告する為に，総ての中国人を彼の許に招集した．即ち，彼等に対して，斯様な書籍を日本へ持ち込んだ者は，恰も一人の宣教師を連れて来たの同様の刑罰を以て取締り，容疑者には最も悲惨にして過酷なる死刑が課せられる」と．（『日本関係海外史料－オランダ商館長日記－訳文之六』東京大学出版会，p.168）．1643年段階でも禁書は徹底していなかったことを示しています．このころでも，マテオ・リッチ等によるヨーロッパ数学書の漢訳本『幾何原本』『同文算指』等が日本へ渡来していたことを示しています．
26) ルビノ第1隊の上陸は寛永19年7月（西暦1642年8月）で，処刑は寛永20年1月（西暦1643年3月）です．
27) ルビノ第2隊の上陸は寛永20年5月（西暦1643年6月）で，江戸送りは寛永20年6月（西暦1643年7月）．江戸到着は少なくとも寛永20年7月22日です．この日将軍家光自らルビノ第2隊と南部藩で捕まったオランダ人に会っています．「（将軍）御みづからこれを聞せ給ふ」と（『徳川実記』第3編 p.323）．
28) 北構保男著『1643年アイヌ社会探訪記－フリース船隊航海記録－』（雄山閣，1983）pp.36-37.
29) 「伴天連寿庵，マルチニョー左衛門，キベ・ヘイトロ（＊ペドロ・岐部）召捕った．評定所へ四度出し穿鑿できなかった．その後（酒井）沖讃岐守下屋敷で沢庵（和尚）柳生但馬守その外寄合，宗門の教えを尋ね二三日過ぎ，中根壱岐守上使と為し（井上）筑後守仰せ付けられた．右三人評定所へ出さず，筑後守一人にて穿鑿した」と．「その後三人を井上筑後守のところで10日法穿し拷問したところ，寿庵，マルチニョ市左衛門転ばせ念仏を言わせたが，その後病死した．キベは転ばずつるし殺された」（cf.『契利斯督記』『続々群書類従 第12宗教部』p.647）．
30) 《宗門鑿穿心持之事》の最後に「耶蘇の法は，もと邪法なりといへとも，人々信すへき理あれはこそ，此教を崇敬するものあり，その心得あるへしと，大猷院殿〔家光〕の仰ありしかば，親しき

子共なとにも，此事の沙汰は聞せすとそ，入道〔井上政重〕の申されしは，獣廟の仰に，耶蘇の法は西洋の教なり，それゆえに我国の損といふへし，なるへきたけは，人のそこないなからむやうに，其宗を改めさすへしと宣ひしと云々，新井君美〔新井白石〕か説に，獄門にかけよと仰ありしは，其後天草一揆なとの事に，こりさせ給ひしによりてなるへし」（cf.『通航一覧』第5：p.210）．
31）クラウス・リーゼンフーバー著『中世思想史』（平凡社，2003）pp.404-431，ユマニスト（人文主義者）について彼等の思想と行動が理解できます．
32）第3章・第4節．
33）第3章・第3節と第5節．
34）『長崎オランダ商館の日記』第1輯：pp.220-221，p.222「通詞たちの話によれば……」，pp.312-313「通詞吉兵衛と伝兵衛……．江戸で棄教したパーデレは依然夫人に接することを承知せぬので，毎日水責その他の拷問にかけられており，今年も多くのパーデレが来ることを白状したので，全国に厳重な監視が発令されたことを聞いた」など．
35）『通航一覧』第5 pp.204-210．
36）『長崎オランダ商館の日記』第1輯（岩波書店，1994）p.189．
37）渡邊敏夫著『暦（こよみ）入門』（雄山閣，1994）pp.20-21
38）広瀬秀夫著『暦』（東京堂出版，1998）pp.78-79．
39）渡辺敏夫著『近世日本天文学史（上）』（恒星社厚生閣，1986）pp.65-70．
40）海老澤有道著『南蛮学統の研究』（創文社，1958）p.93．
41）尾原悟著「キリシタン時代の科学思想」『キリシタン研究 第10輯』p.177，何故この情報がヴェトナムのトンキンから発せられたかを追究しました．結果として環シナ海交流史論なりました．cf. 鈴木武雄著『和算の道－環シナ海交流史－』（大阪教育大学数学教育研究第31号，2001）pp.103-117．
42）同書同頁．「2年前の書簡で，キアラが死に，カソラが井上筑後守の屋敷に監禁されているので，おそらく両神父を混同していたと思われる」と．
43）同書：pp.177-178．
44）Hubert Cieslik 著「クリストヴァン・フェレイラの研究」『キリシタン研究』p.102．
45）中沢志保著『オッペンハイマー』（中公新書，1995）pp.78-80．
46）Z・メドヴェジェフ著／熊井譲治訳『ソ連における科学と政治』（みすず書房，1980）p.146．
47）同書：p.40．
48）『続々群書類従 第12宗教部』（国書刊行会，1907）pp.598-625 本書の例言に「査祆余録一巻．寛文12年（1672）より，元禄4年（1691）に至る，吉利支丹組屋敷役所日記なり．右七書は，黒川氏所蔵本を採り，同所蔵別本を以て校訂せり」とあります．
49）『沈黙』では，キアラをロドリゴとし，岡本三右衛門を岡田三右衛門としています．
50）「査祆余録」『続々群書類従 第12 宗教部』（国書刊行会，1907）p.599．
51）同上同書：p.607．
52）同上同書：p.618．
53）同上同書：pp.619-620．
54）同上同書：p.619．
55）同上同書：同頁．
56）同上同書：p.620．
57）同上同書：同頁．
58）同上同書：同頁．

59) 同上同書：p.625.
60) 同上同書：p.624.
61) 同上同書：p.598.
62) 同上同書：p.607, p.610, p.625.
63) 同上同書：p.625,『通航一覧』第5 p.112.
64) 「査祀余録」p.599.
65) 五野井隆史著『日本キリスト教史』(吉川弘文館, 1990) p.230.
66) 鈴木武雄著『和算の成立 上』(私家版, 1997) pp.56-61. 東京都文京区小石川伝通院内の供養碑の碑文の全文とタッシナリ神父の手紙の全文を載せています。
67) GUSTV VOSS S.J. und HUBERT CIESLIK S.J.『kirisyito-ki und sayo-yoroku』(上智大学, 1940), キアラの墓石写真 (pp.110-111).
68) 藤田明 (紫岳) 著「岡本三右衛門の墓」『歴史地理 3-3』(1901) pp.216-217. 「名人忌辰録」という記録に,「南甫, 壽庵, 二官の墓もあった」といいます。
69) 『通航一覧』第5p.109には,「奉行よりの申渡にて, 日本の俗の如く, 石碑営むへきよしなりしかは, ここに在合し, 壽庵等か願ひによって, 同しき 9月2日, 石碑を営みけり, 今に至て其碑存せり, 形状は尋常にして, 蓋石の形笠のことし」とあります. キアラの墓石を実見した人が, 形状は尋常と感じるでしょうか. この形状の墓石にしたのは, 壽庵であったことも分かります. 壽庵は非常に気骨のあった人物であり, 役人に認めさせたのでしょう. 困った役人達は, 記録するに当たって「日本人の俗の如く」「形状は尋常」「蓋石の形は笠ごとし」と必死で誤魔化しています。
70) 新井白石著／宮崎道生校注『新訂西洋紀聞』(平凡社, 1968) p.326,『通航一覧』第5：p.109.
71) 清水紘一著『キリシタン禁制史』(教育社, 1981) pp.199-202. キリシタン書の禁書令は寛永7年 (1630) といわれています。
72) 貞享2年 (1685) 7月長崎で向井元升が南京船の輸入品からキリシタン関係書籍を発見し, 大騒ぎなりました. そのお陰か向井元升は書物改役に抜擢されます. この同年同月にキアラは死去しました. 従って, キアラが活動していた時期では, キリシタン関係書と気づかれずに輸入していたということになります. 宗門改奉行ならば, キリシタン関係書であっても役目上必要であるといっても十分説明ができます. ヨーロッパの数学および科学技術書の漢訳本だけでなく, 原書も取り寄せることも可能であったでしょう. オランダ商館の記録によると井上政重はラテン語の原書を購入しています。
73) 『頭書算法闕疑抄』の序文と『算法勿憚改』の村瀬自身による跋文と文体や考え方が非常に似ています.『算法勿憚改』の中沢氏亦助照による跋文を意訳すると「この『算法勿憚改』5 巻を村瀬義益が編集した. 師の礒村吉徳の一読を望んでいたが, 数日の病で悩み書けないので, 私〔中沢〕に書けと投げだした. 師の命令だから辞退できず, めくら蛇に恐れず……中略……撰者〔村瀬〕の跋にかなはないので, 口を閉じて……」とあります. 中沢氏亦助照は二本松藩士で藩士名録にある人物です.『頭書算法闕疑抄』第4巻の序文に「……前略……其上村瀬義益の (算法) 勿憚改に有増 (あらまし) 書出せり. 是も余りしげきとて云残しさふらいつると也. 然故世間誤の部には此度は増補不レ仕也. ……後略」とあります. 礒村吉徳自身が百川治兵衛に学んだということを暗示しているようです. 次節で議論する初版 (万治 2 年版) 本と万治3年版本の『算法闕疑抄』の肆肆名が「村瀬」であることは, 決定的に重要です。
74) 『算法闕疑抄－近世文学資料類従－参考文献編12』(勉誠社, 1978) 原本所蔵者山崎与右衛門・松崎利雄 解説松崎利雄. 山崎与右衛門氏所蔵の初版本は, 唯一本しか知られていません. また, 第3巻が欠けていたとのことです. 松崎利雄氏によりますと現在行方不明とのことです. 松崎氏は

本書へ『算法闕疑抄』を載せることを快くお許しいただきました．あらためて感謝申し上げます．昭和53年5月，松崎氏の外題に「万治版は近年になって見出されたのであり，その前は，実見できる最も古い寛文元年初版説と，まだ見ぬ万治三年版初版説と二つに分かれていた．というのは，算法闕疑抄の出版について，著者自身が増補版の序文（貞享元年暮春）で，「板行に及び侍りき，時は万治三庚子年中春の頃おひにや……」と述べているのに，その版を見ることができなかったためである」さらに増補版の序文に「すでに老いたことを嘆いているが，……その著者を初めて世に送り出した年月をまちがうほどではなかったと考えて良かろう」と松崎氏は記しています．筆者も同意見です．

75）新井白石著／宮崎道生校注『新訂西洋紀聞』p.114．
76）中村正弘著『CREDO/AD CHIARA』（大阪教育大学数学教育研究第32号，2002）pp.111-114．
77）「査祆余録」『続々群書類従 第12宗教部』（国書刊行会）p.618．
78）キリシタンは吉利支丹と書いていたが，四代将軍綱吉（在位 1680-1709）の名前の一字「吉」を憚って，切支丹と書くようになったといわれています．
79）新井白石著／宮崎道生校注『新訂西洋紀聞』p.324．
80）『通航一覧』第5：pp.108-109．
81）『二本松市史』5：pp.908-909．
82）『通航一覧』第5：p.103　万治元年（1658）井上政重が岡本三右衛門（キアラ）に吉利支丹書を書かせています．キリスト教の概要をつぎの天主教考察になる北条安房守氏長に引き継ぐために書かせたのです．最後に，岡本三右衛門が井上筑後守・北條安房守へ提出したという形をとっています．
　　　　「戌（1658）五月十七日　　　　　伴天連三右衛門」
　　　　「明暦四戌年（1658）五月十二日
　　　　　　　　　　　　ヂョセイフコウロ事
　　　　　　　　　　　　岡本三右衛門 判
　　　　井上筑後守 様
　　　　北條安房守 様」　　（（　）内は筆者）
公式文書での両者の関係です．この文書は，井上政重が北條氏重にキリスト教の概要と同時に岡本三右衛門たちの処遇を引き継がせることにあったと読めます．
83）新井白石著／宮崎道生校注『新訂西洋紀聞』pp.33-34，p.72，p.199，また，新井白石著『采覧異言』に岡本三右衛門の名と簡単な消息が記してあります．延宝中に七十余歳で死，と誤っています．（『新井白石全集』第4巻：p.822）
84）同上同書：p.17．
85）同上同書：p.416．村岡典嗣の解説「久しく秘せられて，世に流布しなかったらしく」と．新井白石の書簡にも，本書の貸出に慎重な様子が窺われる．p.419 に宮崎道生は「厳秘に附され」と記しています．
86）『本多利明・海保清陵－日本思想史大系44』（岩波書店，1970）pp.122，本多利明に自筆本『交易論』があります．この中（p.210）に「耶蘇宗の導師三人を送り遣し」という文言の頭注に，「伴天連（岡本三右衛門，本名ジョセフ）」と生涯が細かく記されて，その前段に「日本へ渡来て二十年の内決て色道の交りをせず，感銘せんも余あり」とあり，岡本三右衛門の終わりに「日本に住居四十余年，修真を保，行状約にして実に聖人ともいふべき人物なりといへり．」ともあります．この自筆本『交易論』の頭注は，後年書き加えた文言であることが，実見して判明しました．おそらく本多利明は，晩年になって岡本三右衛門たちの真実を記す決意をしたのです．何度か書

き直し訂正の後まで残っています．これにより，本多利明に伝わった岡本三右衛門たちの情報は，表層だけではないということが判明しました（cf.刈谷市中央図書館村上文庫）．
87）本多利明の著した和算書は『北夷算法』『四約術』など稿本や写本で知られています．数学的に独創的な研究をしたとは言えませんが，天文航海や暦および経済政策や蝦夷地開発に関する著作が多数あります．『明治前日本数学史』第4巻（岩波書店）pp.340-344.
88）本多利明の弟子の坂部広胖は『海路安心録』を著し天文航海の研究を引き継ぎ，蝦夷地探検は最上徳内が実行しました．島谷良吉著『最上徳内』（吉川弘文館，1989）．
89）平山諦著『関孝和』（恒星社厚生閣）pp.182-184.
90）本庄栄治郎編『本多利明集－近世社会経済学説体系－』（誠文堂新光社，1935），山本七平著『日本資本主義の精神』（文芸春秋，1997）本書は日本の近代化に和算が寄与したことを記していますが，従来の和算史観に立っています．ドナルド・キーン著／芳賀徹訳『日本人の西洋発見』（中央公論社，1968），訳者あとがき「なぜこの異国の青年学徒（キーン）が，このように一挙に蘭学者たち（本多利明を含む）の思想の本質に迫り，そこにあらわれた「新精神」を捕捉することができたのか．それはまさにかれが外国人学者であり，またたまたま研究手段も乏しかったため，日本人専門家の考証主義的弊害－対象たる思想家の主著よりも断簡零墨を，総体よりもディテールを偏重する弊害に陥ることなく，もっとも主要な作品に正攻法で迫るという道をとったからにほかなりまい」は和算史研究に対してもまったく同様に心すべきことです．ただし，山本，キーン両氏とも本多利明を高く評価していますが，岡本三右衛門の存在に全く言及していません．
91）『本多利明・海保青陵－日本思想史大系44』（岩波書店）p.89.
92）同書：p.121.
93）同書：p.122.
94）同書：p.90.
95）平山諦・松岡元久編『安島直円全集』（富士短期大学出版部，1966）p.3.
96）平山諦著『関孝和』（恒星社厚生閣）p.10.
97）『割円表』は平面および球面三角法の方法と1分ごと7桁表からなっています．奥村は山路の門人で測量術を教授し，森ともに阿波徳島藩士でした．
98）川村恒喜著『史跡切支丹屋敷研究』（郷土研究社，1930）pp.9-10.
99）弥永信美著「〈近代〉世界史の中のイエズス会」『文学：2001.9，10号－十字架とアジア－』（岩波書店，2001）p.26, p.29.
100）歴史において真実とは非常にむずかしいものです．たとえ高原吉種についての記録が発見されたときも，それが偽書である場合もあります．頑迷な実証史学の立場に立てば，高原吉種など不明な和算家であって，それ以上何ら追究もせず言及もしないでしょう．

第5章 "算聖"関孝和——謎の生涯

　"算聖"と称せられた関孝和（せきたかかず）の生涯は，意外なほど謎に包まれています．本章では，公式記録にある関孝和および関係する諸家譜を分析することによって，その謎を追究します．また，関孝和と高原吉種（＝ジュセッペ・キアラ＝岡本三右衛門）との関係を探ります．その過程で，算聖関孝和の謎の生涯に接近することになります．

　関孝和は数々の和算上画期的な業績が知られています．その一つは，傍書法（ほうしょほう）演段術（えんだんじゅつ）という記号代数の創始であり，和算を学として飛躍的に発展させました．傍書法演段術は，後に点竄術（てんざんじゅつ）と呼ばれる方法になります．この方法により，多元高次連立方程式を記述し解くことが可能になりました．

　村瀬義益（＝礒村吉徳）が3次方程式を逐次近似法で解いたことにより和算を学として離陸させ，関孝和による傍書法演段術の創始は和算を学として飛躍させました．

　さらに関孝和は，円周率の近似計算において，内接正 2^{17} 角形（正131,072角形）を使っただけでなく，数値計算処理において加速法〔増約術（ぞうやくじゅつ）／エイトケン加速法〕を導入して，精度を飛躍的に高めました．平方根や円周率の近似分数を求める"零約術（れいやくじゅつ）"の導入もしました．

　これら数々の和算史上画期的な関孝和の業績と謎の生涯[1]とは，ひとりの人間として不可分の関係にあります．すなわち，関孝和の謎の生涯を解き明かすことによって，その業績の独創性の源に迫ることができます．その結果，後世関孝和が，"算聖"と称された理由にもつながります．また，関孝和は，何のためにこれら和算の研究をしたのかをも解明することになります．

第1節　関孝和，その謎の生涯

　関孝和は寛永17年（1640）ころ誕生したといわれていますが，正確には不明

です．孝和の生地は，上野国藤岡あるいは江戸といわれていますが，確定されていません．『断家譜』[2] に関孝和は"生江戸"となっています．孝和の歿年は，宝永5年 (1708) 10月24日で，享年は不明です．

孝和は，幕臣内山永明の第2子で，関家の養子になったといわれています．孝和がいつ頃関家へ養子に入ったのか不明です．『断家譜』に2人の童女の戒名〔貞享3年正月16日殀 法名妙想童女，元禄11年5月21日殀 法名夏月妙光童女〕が記してありますが，妻の存在すら記録されていません．孝和は，内山永行の子である新七郎を養子としていますが，後に追放され断絶しています．

関家の『断家譜』にある「関某 櫻田御殿御勘定 寛文5年 (1665) 8月9日没．葬牛込淨倫寺．法名雲岩宗白．」と称する人物は，孝和の養父であるかもしれませんが不明です．

孝和の公職の履歴を記します．まず，甲府宰相徳川綱重・綱豊父子の家臣となっていますが，いつの頃か不明です．宝永元年 (1704) 綱豊が将軍綱吉の世継ぎとなり江戸城西之丸に入るとそれに従い幕臣になります．幕府旗本で御納戸役，御蔵米250俵および10扶持，後に300俵を給せられたといわれています．宝永3年 (1706) 11月致仕して小普請に入ります．関孝和が幕臣でいたのは，3年間だけです．関孝和が甲府宰相家の家臣であったとき，和算を研究していたと公式記録にありません．幕臣となってからも和算の業績は公式記録に見ることができません．

『明治前日本数学史』[3] で藤原松三郎は，関孝和の経歴が"不明な点がすこぶる多い"と記さざるを得ませんでした．これらの公式記録は，『寛政重修諸家譜』『断家譜』にもとづいています．

第2節　氏名の確定しない算聖

『寛政重修諸家譜』における内山家の家譜で，関孝和は，
　　「考和　新助　関五郎左衛門某が養子」[4]
とあります．「孝」ではなく「考」です．

何かの間違いとも考えられますが，関孝和の重要な著作『関訂書』[5] の署名は，

「関考和識之」

とあります．「孝和」ではなく「考和」と署名していたのです．この『関訂書』は『天文大成管窺輯要（てんもんたいせいかんきしゅうよう）』80巻（1645 黄鼎纂定（おうてい））の重要部分を抜き出し訂正を加えたものです．天理図書館が所蔵し，戦後になって発見され『関孝和全集』[6]に集録されています．関孝和の自筆あるいは忠実な写本と思われる『関訂書』へ本人が署名をするとき，自己の氏名を間違うでしょうか．

また，『寛政重修諸家譜』にある関家の家譜に奇妙な記述があります．

「関秀和　実は内山七兵衛永明が二男にして，関氏の養子となる
　　秀和（ヒデトモ）　新助」[7]

この関家の家譜では，「孝和」でも「考和」でもなく，「秀和」でふりがなで，"ヒデトモ"とあります．

ただ，甲州に残存する綱豊時代の検地帳に，「関新助」と署名し，その下に，"秀和"と読める捺印があるのです[8]．この検地帳 14 通は残っています．

さらに，『明治前日本数学史』第 2 巻（p.138）に上野東照宮にある内山家呈譜があり，それには関孝和の氏名について，

「"孝"でなく，"老"に似た "老" の形の字」

と奇妙な記述があります．異体字でしょうか．

これらの関孝和の氏名すら確定することができないのです．算聖と称せられた人物の氏名が奇妙というか不可解であるということは，関孝和自身何らかの隠された謎に包まれていることを示しているのです．

第 3 節　不可解な関孝和の父母の死と末弟永章（ながあき）の生年の矛盾

関孝和の父内山七兵衛永明（ながあき），祖父内山吉明（よしあき）は，もともと信州の村上義清の家臣芦田衆の一党でしたが，後に徳川家康に仕えるようになりました．その後，将軍家光の弟駿河大納言忠長に仕えましたが，忠長が蟄居・切腹することになり，家臣団は一時浪々の身となります．内山吉明・永明は上州藤岡に引きこもりますが，後に再び幕臣に登用されました．関孝和の母親は，内山家の他兄弟と同じで安藤対馬守家臣湯浅與左衛門の女と家譜にあります．

「寛永九年 駿河忠長卿附属諸士姓名」[9]に，

「百五十石　　　大番　　　内山 七兵衛永明
　　　　寛永十年酉六月より月俸を賜り，同十六卯年召出され御天守番
　　　　となり，同十八巳年十一付き十五日，本知を賜ハる」
とあり，この間の動静が判明します．

　内山永明は，正保3年（1646）5月2日死去しています．川北朝隣著『本朝数学史料草稿』で，同年母親も死去しています．

　ところが，関孝和の弟内山永章を調べてみますと，奇妙なことに気づきます．内山永章は，内山永明の四男で，母親が安藤対馬守家臣湯浅與左衛門の女です．永章は甲府宰相綱豊に仕えて，綱豊が将軍世継ぎとなると幕臣になっています．関孝和と同じ経歴をたどります．関孝和と異なるところは，内山永章が別家を起こしているところです．従って，別家の家譜でも永章の経歴がわかります．

　それによりますと，内山永章は，享保10年（1725）12月3日死去し，享年65歳であったと『寛政重修諸家譜』に記されています．従って，内山永章は，万治3年（1660）に誕生しています．両親は，1646年に死去しているにも関わらず，その14年後に内山永章は誕生しているのです．まったく不可解なことです．それゆえか，藤原松三郎は『明治前日本数学史』第2巻[10]で，

　　　「永章に関する記録は不正確であって，孝和の生年を確かめるに役立たぬ」
としています．

　しかし，内山永章家の家譜を調べてみますと，永章の長子清信は享保10年12月23日遺跡を継いでいますから，永章の歿年が間違いないことを示しています．内山清信は，安永9年（1780）12月12日79歳で死去しています．清信の生年は，元禄14年（1701）となり，内山永章11歳のとき子供となり，少し無理があります．内山永章の孫勝五郎（清隣）が提出した家譜には，

　　　「七兵衛永明四男永章，正保4年武州江戸出生．享保10年12月3日七十
　　　一歳ニテ病死」[11]
とあり，永章の歿年は同じですが享年が71歳となっています．永章は1654年誕生となり，正保4年（1647）出生と矛盾します．いずれにしましても，内山永明夫妻の死去年より後で，四男永章は誕生しています．まったく不可解なことです．まとめますと，内山家譜には明らかな矛盾があり，それは結局のとこ

ろ関孝和の生涯に謎を深める結果となります．

第4節　関孝和の兄弟たち

　関孝和は，内山永明の二男と記録されています．永明の長男は，内山永貞(ながさだ)で幕臣となっています．永明の三男内山永行は松軒と号し医業と記録されていて，関孝和は永行の子新七郎を養子にしています．四男永章は前節に記しました．他に女子が二人いましたが，姉なのか妹なのか不明です．

　関孝和の兄である内山永貞は，林奉行，勘定頭を勤めた後，地方の代官になっています．勘定方の役人としては，通常のコースです．

　内山永貞は遠州中泉代官（静岡県磐田市中泉）に就任していたことが判明しています．永貞が遠州中泉代官として発給した文書が多数残っているからです．内山永貞は中泉代官として1年余しか在任しませんでしたが，重要な仕事をします．それは，五代将軍綱吉が上野寛永寺根本中堂を建立するに際して，大井川上流の駿州井川の御林の材木を伐り出し使ったことに深く関与しているからです．中泉代官はもともと井川を支配地とし，内山永貞は材木の伐り出しに関する文書を10通余残しています[12]．

　なにゆえ，内山永貞伝の記載を遠州中泉代官と明記しなかったのでしょうか．元禄11年（1698）将軍綱吉が上野寛永寺根本中堂を建立した事業は，非常に有名で，材木は紀伊国屋文左衛門が請け負ったものです．文左衛門は50万両を得たと伝わっています．地元駿州で文左衛門と共同請負をしたのは，駿府の豪商松木新左衛門と松木郷蔵兄弟でした．このとき松木新左衛門は10万両を儲けた伝えられています．また，松木新左衛門と関孝和は親友であり算法の弟子であったという記録が残っています[13]．これらの人間関係と巨費を投じた公共事業に絡んだ賄賂の存在を考えますと，内山永貞の経歴を明記し得ない事情があった考えられます．

第5節　孝和の養家である関家の不思議

　孝和が養子に入った関五郎左衛門某の家譜を調べてみると，跡取りの吉直

（伝兵衛，五郎左衛門）と吉里（甚兵衛）がいて，養子をとった形跡がないのです．

「寛政九年 駿河忠長卿附属諸士姓名」を再び見ると，内山七兵衛永明の同僚に，

　　「百五十石　　　大番　　　関 辰之助吉直
　　　　寛永十年酉六月より月俸を賜り，同十六卯年召出され富士見番となり，下総の内知行百石・廩米五十俵を賜ハる」
　　「百二十石　　　大番　　　関 孫太郎
　　　　寛永十年酉六月より月俸を賜ふ，そのゝちの事未考」
　　「六十石 内三十俵　小十人　　　関 孫兵衛
　　　　　　外五人扶持
　　　　寛永十年酉六月より月俸を賜ふ，そのゝち御宝蔵番となりて本知を賜ハる」

と3つの関家が記載されています．

孝和が養子となったと思われる関家は，見当たりません．不思議なことです．

第6節　その後の関家と内山家

関孝和は，宝永5年（1708）10月12日に死去しています．『断家譜』に2人の女子が夭折した記録があります．内山永行の子新七郎が養子となり，宝永5年（1708）12月29日跡目200俵，小普請大久保淡路守組になっています．宝永3年（1706）10月朔日御目見．享保9年（1724）8月13日甲府勤番．享保20年（1735）8月6日重追放となって，関孝和の家は断絶しています．この関新七（新七郎）に関する興味ある情報を本多利明が残しています．

その後の内山家は幕末まで代々千石取りの鷹匠頭として知られています．将軍の鷹狩りは軍事演習，旗本御家人の統率，民情偵察として盛んにおこなわれ鷹匠の活躍場がありました．鷹匠頭は鷹匠の元締めです[14]．

ところが四代将軍家綱・五代将軍綱吉のころになると，鷹狩りはおこなわれなくなります．元禄6年（1693）幕府は鷹部屋の鷹をすべて伊豆新島へ放っています．甲府宰相綱豊，御三家より鷹場が幕府へ返上されます．特に，綱吉は，

「生類憐れみ令」に見られるように鷹狩りをしません．

八代将軍吉宗は鷹狩りを復活させます．その結果か，明和7年 (1770) 内山永清が鷹匠頭に抜擢されます．どんな理由か不明です．この後期鷹匠頭は千駄木組戸田家 (1,500石) と雑司ヶ谷組内山家 (1,000石) の2組に分かれて鷹匠を支配しました．鷹匠頭には，それぞれ50人の鷹匠支配同心が付属していました．鷹匠と深い関係のある鳥見役は江戸近郊や遊猟地を巡検しました．両者とも実質は情報機関でありました．

第7節　関孝和の著作『勿憚改答術(ふつだんかいとうじゅつ)』『括要算法(かつようさんぽう)』——"自由"

関孝和の著作した和算書で生前に板行したものは『発微算法』だけです．『括要算法』は関孝和の没後，弟子の荒木村英らによって，遺稿を出版したものです．『闕疑抄答術』『勿憚改答術』『三部抄』『七部書』あるいは弟子の建部兄弟と書いた『大成算経』も写本で伝わったものです．天文暦学関係の，『授時発明』『関訂書』『天文数学雑書』『四余算法』『二十四気昼夜刻数』も写本で伝わったものです．

『括要算法』関自由先生

『勿憚改答術』に「関自由亭先生著述，山路主住訂」とあり，『括要算法』には「関自由先生遺録」とあります．共通する言葉は"自由"です．"自由"とは，ずいぶんハイカラな号を関孝和が使ったと思いませんか．

平山諦は生前筆者に「関孝和の号"自由亭"は品がない」「荒木村英あたりが勝手に付けた号に違いない」と言い，以前から気にかかっていた言葉でした．

"自由"を辞書で調べてみますと「古くは勝手気ままの意に用いた」とあり，明らかにマイナスの意味です．そのような意味で"自由"を使っていたとすれば，自らの号としてふさわしいとは言えません．

『勿憚改答術』は村瀬義益著『算法勿憚改』の遺題に解答を与えたもので，傍書法演段術の記法によって丹念に計算のプロセスが記述されたものです．さて『算法勿憚改』の一番重要な3次方程式を逐次近似法で解くところに次のように"自由"があります[15]．『算法勿憚改』第2巻の末です[16]．

　　「只算術を学ひ給ふ方々ハ自由をほんとして考勘をはげまし給へ　かりそめにもおよバざる算術を成身体もてなし給ふなよ　さあれは考勘邪魔と成事おほきもの也」

この"自由"のつかい方は，「勝手気ままに振る舞う」という意味ではありません．むしろ，この"自由"は，liberty, freedom のようなプラスの意味でつかっています．文章全体の意味は，有名なゲオルグ・カントルの言葉，

　　「数学の本質は自由性にある」

を思わせます．

明治初期中村正直が『自由之理』(1871) を出版して，近代的な意味での"自由"は有名になり，それ以前江戸時代に同じような"自由"のつかい方はあまり知られていませんでした．

大航海時代日本へ渡来したイエズス会宣教師達がキリシタン版といわれている各種の活字印刷本を残したことは衆知のことです．『平家物語』『伊勢物語』『伊曾保物語』など残部数が少なく稀覯本としても有名です．もちろん『どちりなきりしたん』など宗教書があります．その一つに『こんてむつすむん地』があります．『こんてむつすむん地』の第3巻第25節「心のじゅうをえぜんどうに入るべきためたつして身をいとふべき事」に，

　　「なんぢが身をすてばんじをしやうひういたすにをひては，心のじゅう

をえ，ならびなきぶじにたのしむべし．……」[17]

ここでつかわれている"自由"は，liberty, freedom のようなプラスの意味です．さらに『契利斯督記』の明暦4年の項に，「筑後守伴天連江不審ヲ掛申詰コロバセ申候論議」とあり井上（筑後守）政重によるキリシタン詮議についての書です．この本文に，"自由""自由自在""不自由"などの言葉が何ヶ所も出てきます．

「万事自由ナル所ニテ，世界極楽ニ由，……」[18]

この"自由"も，マイナスの意味のつかわれ方ではありません[19]．

このいくつかの例から判明することは，"自由"が liberty, freedom のようなプラスの意味でつかわれるようになったのが，16世紀から17世紀伝来したキリスト教の影響によると言えます．

『算法勿憚改』は『同文算指』の影響があり，"自由"がつかわれたのもその関連でしょう．

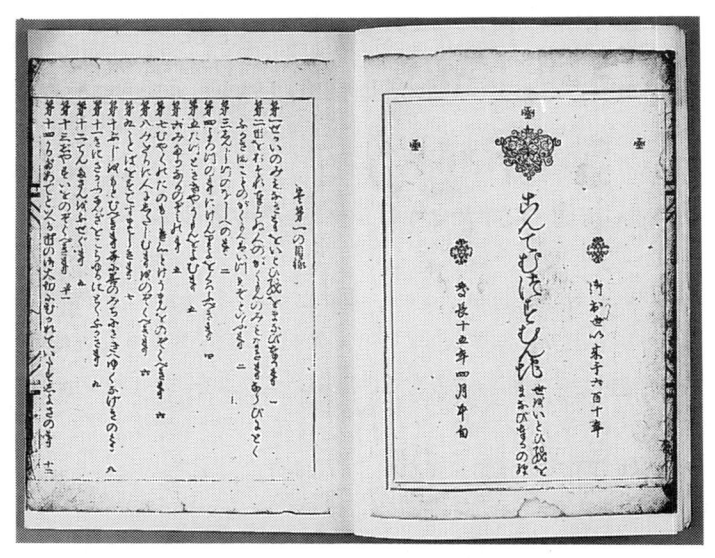

慶長15年（1610）『こんてむつすむん地』（稀書復刻会，1921）

そうしますと，関孝和の号"自由""自由亭"もこれらの関連で考察することが肝要です．関孝和が，自ら意図して"自由"と号していたならば，マイナ

スの意味でつかうでしょうか．荒木村英にしても師である関孝和に対してわざわざマイナスを意味する号"自由"をつかうでしょうか．

　むしろ，号"自由"をプラスの意味であることを関孝和も荒木村英も，それ以前の礒村吉徳（村瀬義益）も十分承知していたのです．『勿憚改答術』の校訂者であり関流宗統三伝山路主住も関孝和の号"自由亭"をプラスの意味でとらえていたのです．

　これらのことを総合して判断すると，井上政重，礒村吉徳（村瀬義益），関孝和，荒木村英は，"自由"をキーワードにして結びつきがあると考えられます．

　"自由"をキーワードにしなければならない彼らに共通の場は，切支丹屋敷です．切支丹屋敷での秘密の科学技術研究は，内部での自由な発想・討論を保証されたにしろ，外部への漏洩は守らなくてはなりません．おそらく，内部での自由は，江戸時代には他にはあり得ないほど自由であったのです．自由な発想と討論によって，3次方程式へ逐次近似法を適用する強力な方法が確立され，傍書法演段術による記号代数の発明などがなされ，和算は学として成立したのです．オルガナイザーとして井上政重は科学技術研究における自由性こそ要であることを熟知し，礒村吉徳，関孝和はその自由性を十分享受することによって，独創を発揮し得たのです．

第8節　礒村吉徳・関孝和とキリシタン版モノグラム

　キリシタン版は，活字印刷のためか，重要な言葉，"でうす""ぜずきりしと""ぜず""きりしと"を造字・合字（モノグラム）にしてあり，当時の一般の書物に見ない特色です．西洋の書物では，モノグラムをよくつかいます．ニューヨーク・ヤンキースのロゴマーク「𝒩」もモノグラムです．

　モノグラムは，国字本『こんてむつすむん地』[20]『どちりなきりしたん』をはじめ宗教書にあります．

　　　"でうす"＝"　　"，　"ぜずきりしと"＝"　　"

　　　"ぜずす"＝"　　"，　"きりしと"　＝"　　"

モノグラムを見て気付くことは，万治2年版『算法闕疑抄』の書肆「村瀬三郎右衛問」の「問」が，「問」と「門」の二重の意味を持たせる暗号であったということを思い出します．すなわち，礒村吉徳は「問」をモノグラムと見なし暗号化したのです．まさに，万治2年版『算法闕疑抄』が切支丹屋敷版であることを図らずも示してしまいました．切支丹屋敷で科学技術研究にかかわった人には，モノグラムとして容易に見抜ける暗号です．外部の人間には気付かないが，内部の人間だけに理解できるモノグラムは暗号として最適です．

関孝和の"孝"は"考"でありましたが，写し間違いではないかと考えられてきました．"考"のくずし字と"ぜずす"のモノグラムとを比較すると非常に似ていることに気付きます．"ぜずす"のモノグラムの上に十字を戴くだけで，"考"のくずし字ができます．

"孝"のくずし字は，モノグラムに十字を戴いても，まったく似ていません．上野東照宮所蔵内山家呈譜の"老"，異体字"老"のくずし字は，モノグラムに十字を戴いたものにそっくりになります．

このことから，関孝和の"孝"は，"考""老""老"として記録されている秘密がうまく説明できます．すなわち，関孝和の"考""老""老"は，"ぜずす"のモノグラムを暗号化したと考えられます．

すなわち，関孝和は，自身の名前を"ぜずす"のモノグラムの暗号にしたのです．切支丹屋敷外部の人間には関孝和の"考""老""老"が間違いと思わせて，内部の人間には見慣れたモノグラムを暗号化したと気付きます．

こうして関孝和の謎の一端が少しずつ明らかになってきました．

さらに，キリシタン版モノグラムの"でうす"＝"村"を見ますと漢字の"村"に非常に似ています．初期の有力和算家，礒村吉徳，村瀬義益，荒木村英，今村知商，村松茂清と"村"の文字をはめ込んだ氏名が異常に多いことに気付きます．はたして，これは偶然でしょうか．むしろ，キリシタン版モノグラムを意図的にはめ込んだと見なしますと自然な解釈ができます．

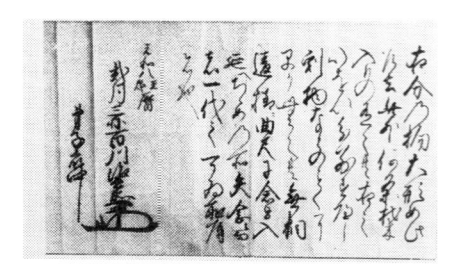

百川治兵衛著／金子勉編『諸勘分物：第二巻』巻末（金子勉編，私家版，1990）．

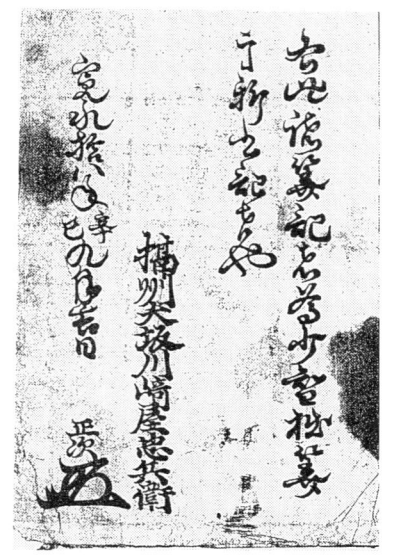

百川忠兵衛著『新編諸算記』寛永18年版下巻末（名古屋市立栄小学校蔵）

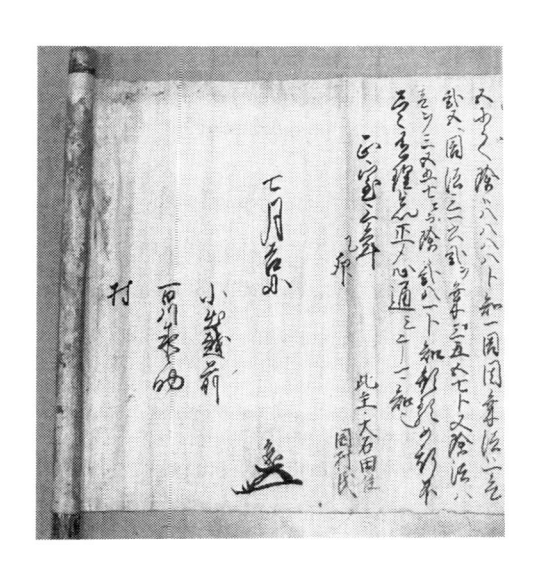

『せみのぬけから』（山形県大石田町歴史民族博物館蔵）．最後の署名は，左に行くほど身分が高い．

第5章 "算聖"関孝和——謎の生涯　133

　こんなことはまったく滑稽な説と思えるかもしれませんが，つぎの山形に埋もれていた秘伝算書の謎はモノグラムによって自然に解釈できます．
　千喜良英二著「村山諸藩の和算」[21]は興味ある算書『一，せみのぬけから』(山形県大石田町立歴史民族館所蔵)と『算法方物積□書』(村山市所蔵)を紹介し解説しています．両書とも江戸初期の和算書の筆写本で鳥の子紙の巻物に書かれています．両書とも年紀は延宝3年(1675)7月で署名は〔吉成 花押〕とあります．この後両書が秘伝書として伝えられた系譜が続き，小出越前と百川求之助の名があります．『せみのぬけから』ではこのあとに"村"の一字が書き込まれています．『算法方物積□書』では田村甚兵衛，村岡喜八郎，岡村半右衛門と姓に"村"を含む3人が続いています．尚，この書の巻頭には「方物の積りは様々有といへとも百地川次兵衛より出ルなり」とあります．百地川次兵衛と佐渡の『諸勘分物：第二巻』(鳥の子紙の巻物)の著者百川治兵衛はダブって見えます．このことはすべて千喜良英二が気づいたことです．
　さらに驚いたことは両書の〔花押〕が，『新編諸算記』(寛永18年版[22])の奥書にある「播州大坂川崎屋忠兵衛　寛永拾八年辛巳九月吉日　正次 花押」の花押と非常に似ていることです[23]．明暦元年版『新編諸算記』の序文の署名は「百川忠兵衛尉」とあります．百川忠兵衛と百川治兵衛と同一人物です．従って，『諸勘分物』(1622)，『新編諸算記』(1641)，『せみのぬけから』『算法方物積□書』(1675)は非常に深い関係があり，3つの算書の著者は同一人物でないにしろ固い絆で結ばれた関係であったと考えて間違いありません．
　この算書の存在には非常に驚きましたが，前記の"でうす"のキリシタン・モノグラムによって"村"は解釈できます．さらに，姓"百川"が偶然一致したのではなく，佐渡の百川治兵衛と同様に彼等がキリシタンであったつながりを暗示させるものです．『せみのぬけから』書名の意味は「本書はぬけがらすぎない．重要部分は別にある」ことを暗示しています．

第9節　『闕疑抄一百答術』の暗号——立天元一

　関孝和著『闕疑抄一百答術』は，書名のとおり礒村吉徳著『算法闕疑抄』の遺題100に解答を与えたものです．本書は宮内省図書寮(宮内庁書陵部)に

唯一本所蔵されています．『関孝和全集』の底本である日本学士院本は，宮内庁書陵部本の写本です．宮内庁書陵部本は，徳川幕府紅葉山文庫本を引き継いだものと考えられます．徳川幕府の秘庫に収蔵されていた『闕疑抄一百答術』は，貴重[24]であるだけでなく関孝和に関する隠された情報を発見できる期待ができます．

　本書本文は，問題，答曰，術曰，と和算書の定型で書かれています．所々に伏字（脱字）があり，『関孝和全集』では□で示されていますが，日本学士院本の写本では，空白になっています．一般的に写本で脱字があっても不思議はありません．

　実際に，第30で「術曰，立天□□為……」，第31で「術曰，立□□□……」，第32で「術曰，立□□□……」，第33で「術曰，立□□□……」，第34で「術曰，立□□□……」，第35も第36も第38も同じです．第39は「術□，立□□一……」，第41も第42も第43も「術□，立□□一……」，第45，第46は「術曰，□□□一……」，第47から第58まで同じ「術□，□□□□……」，第59（原本闕之），第61は「術曰，立□□一……」，第62～第66（原本闕之），第67，第69は「術□，立□□一……」，……とつづきます[25]．

　これに関して『関孝和全集』[26]では，

　　「術文の書き初めに，術□□□□□となっている．この伏字は，立天元
　　　一……なることは言うまでもないが，孝和は何を意図していたか」

と疑問を投げかけています．これだけ何ヶ所もほとんど同じ文字が伏字となっていると，そこに何らかの意図があるはずです．立天元一と分かり切っているにもかかわらず伏字に何故したのでしょうか．まさに，関孝和は何を意図したのでしょうか．

　立天元一とは，天元術を使うことで，方程式の未知数 x を立てることと同じです．立天元一の語は『算学啓蒙』にあり，天元術を使うとき，立天元一は定型ですから，怪しまれません．伏字にする意図が理解できないのです．

　第4章で，高原吉種は，「後に"一元"とよばれた」とありました．"元一"の文字の順序を入れ換えると"一元"となります．"天"は，パーデレ（宣教師）としますと，立天元一は，「パーデレ一元（高原吉種）を立てる」となります．関孝和の意図は，一元（高原吉種）を立てることであったのです．関孝

和は，天元術を会得したことの喜びを師一元（高原吉種）に捧げたのです．

『闕疑抄一百答術』は，切支丹屋敷に唯一本存在したものを切支丹屋敷廃絶のとき幕府秘庫に収蔵されたのです．もし本書が見られたにしろ，立天元一の分かり切った所を伏字にした変わった算書と思うだけでしょう．

万治元年（1658）紀州藩士久田玄哲が『算学啓蒙』（1658）に訓点を付けて復刻しました．また，久田玄哲は天文学に通じ，渾天儀（こんてんぎ）を江府へ献上したとあります[27]．江府へ献上したとは，徳川幕府（将軍）へ献上したという意味です．久田は『算学啓蒙』の天元術を解明し天文学の課題を解くために研究したのです．

久田玄哲が『算学啓蒙』を板行した部数は相当数あったでしょう．現在もかなりの部数残存します．しかも徳川幕府（将軍）へ，単なる儀礼として献上したのではなく，研究集団（切支丹屋敷）に使用するためであったでしょう．切支丹屋敷における共同研究用テキストとして使用されたのでしょう．

その成果が，『闕疑抄一百答術』でしょう．そこで関孝和の『闕疑抄一百答術』の時期は，1660年代の早い頃と推定できます[28]．

第10節　関孝和と礒村吉徳——切支丹屋敷の研究

関孝和が礒村吉徳著『算法闕疑抄』および（村瀬義益著）『算法勿憚改』を研究し遺題を解き，それぞれ『闕疑抄一百答術』『勿憚改答術』を残したことは，関孝和と礒村吉徳が密接な関係にあったことを暗示しています．

『闕疑抄一百答術』『勿憚改答術』が何時書かれたのか確定できれば，関孝和と礒村吉徳の関係がより明瞭になります．

関孝和と礒村吉徳の関係を暗示する和算（数学）について検討してみます．円周率を求めるとき，円に正多角形を内接させ計算します．そのとき，円周率の近似値の精度を上げるために，正多角形の角数をいくつにしたのか調べてみましょう．吉田光由著『塵劫記』（1627），今村知商著『竪亥録』（1639），礒村吉徳著『算法闕疑抄』（1659）で，円周率＝3.16 です．和算が発達したと言われながら円周率＝3.16 という数値は，あまりにも不可解です．

ところが，村松茂清（むらまつしげきよ）著『算俎（さんそ）』[29]（1663）が，円周率の計算を飛躍的に向上さ

せます.『算爼』は,円周率を求めるとき,正多角形を円に内接させ,計算するプロセスを丁寧に図解入りで書き板行したものです.村松茂清著『算爼』は,円周率＝3.1415926まで正確に求めました.その際,正 2^{15} 角形(正32,768角形)を円に内接させ,円周率を求めています.

『算爼』に刺激されたのか,村瀬義益(礒村吉徳)著『算法勿憚改』(1673)で,正 2^{17} 角形(正131,072角形)を円に内接することによって,円周率＝3.1416としています.さらに,礒村吉徳著『頭書算法闕疑抄』(1684)の頭注で,『算法勿憚改』とまったく同じ内接多角形をつかって,円周率も同じ数値です.

礒村吉徳は万治2年版『算法闕疑抄』を出版する時点で,円周率＝3.162ではなく＝3.14以上の良い近似値を得ていましたが,『塵劫記』『竪亥録』の円周率が3.16であり,突出し懐疑の目を注がれることを避けたのでしょうか.『算法闕疑抄』は秘密出版であり,目立ちすぎることによって,切支丹屋敷での秘密が漏れては困るからです.ところが,村松茂清が『算爼』を出版し,円周率の近似値を飛躍的に向上させてしまい,礒村吉徳にすれば焦ると同時に,自身の結果を公表しても大丈夫であると認識したのでしょう.それでも慎重な礒村吉徳は村瀬義益という架空の弟子による著書として『算法勿憚改』を板行したのです.最終的に,礒村吉徳は自身の名前で『算法闕疑抄』に頭注をほどこし増補して『頭書算法闕疑抄』を出版したというのが真相でしょう.

さて,関孝和遺著『括要算法』で,正 2^{17} 角形を円に内接させ,円周率＝3.141592653288992779弱を求めています.

関孝和と礒村吉徳が円周率を求めるために円に内接させた正多角形は,同じです.これは偶然でしょうか.両者の関連を窺わせることです.同じ正多角形を円に内接させましたが,両者の円周率の近似値は大きく違ってしまいました.礒村吉徳は内接正 2^{17} 角形の周囲に長さを直径で割って,そのまま円周率を求めています.ところが,関孝和は,その数値を深く観察しある処理を施します.すなわち,関孝和は数値の収束を早める加速法を導入するという画期的な方法を確立します.この段階になり,両者の差は,円周率の近似値の違い以上に大きな差となってしまいました.

いずれにしろ,関孝和と礒村吉徳の関係を切支丹屋敷での研究成果という視

点で考察すると，明瞭になります．

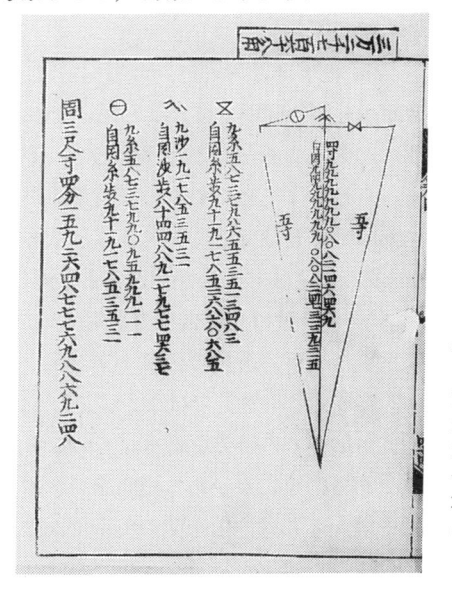

村松茂清著『算俎』巻4, 44丁裏（平山諦蔵書）．図の上部横に「三万二千七百六十八角」（正32,768角形）とあり，図の左端に「周三尺一寸四分一五九二六四八七七七六九八八六九二四八」（円周率3.1415926487776988692 48）とあります．

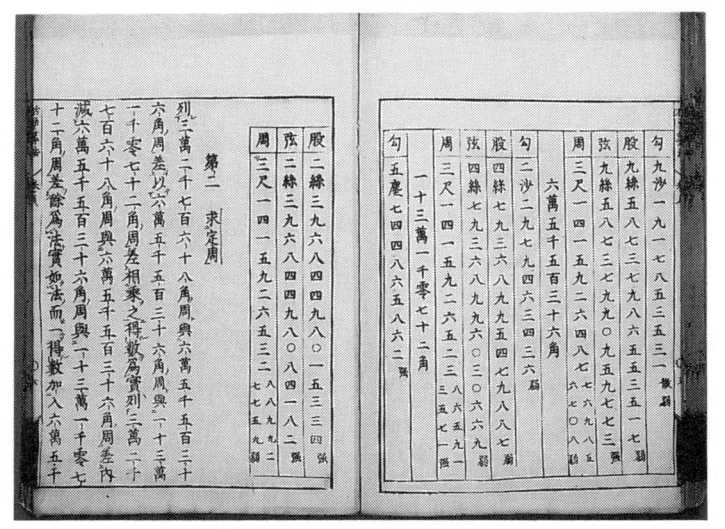

関孝和遺著『括要算法』巻頁5丁裏，6丁表．5丁裏10行目に「一十三萬一千零七十二角」（正131,072角形），6丁表3行目に「周　三尺一四一五九二六五三二八八九九二七七五九弱」（円周率3.14159265328899277 59弱）とあります．

第11節　まとめ——"算聖"関孝和の誕生

　算聖と称された関孝和の謎の生涯が少しずつ判明してきました．それは関孝和が高原吉種（ジュセッペ・キアラ）の弟子であったことは確実で，そのために経歴と周辺に不可解が生じてしまったということです．公に関孝和が高原吉種（ジュセッペ・キアラ）の弟子であったことは秘密にすべきことです．礒村吉徳が高原吉種の弟子であったことをあからさまにしなかったことと同じです．

　関孝和は礒村吉徳より慎重であり，その著書に高原吉種を記していません．現在判明していることは，第9節『闕疑抄一百答術』の伏字「立天元一」のみです．また，関孝和の号"自由"，名前の文字"孝"ではなく"考"あるいは"老" "耂"に隠された意味は，切支丹屋敷での研究を暗示しています．

　関孝和の実家である内山家と養家である関家にかかわる疑問をできるだけ合理的に説明しなくてはなりません．まず，孝和は内山永明の実子でなかったと見なすことです．また，孝和が養子に入った関家が特定できないのは，孝和自身が新たに関家を創設したからです．

　なぜ，内山永明の次男で，関家に養子に入るといった面倒な手続きをとったのか考察する必要があります．それは，孝和が内山永明の実子でないだけでなく，特別に秘すべき必要のある人物であったからです．孝和をしかるべき大名家に仕官させるには，それにふさわしい経歴が必要です．

　そこで，孝和を一度内山永明の次男に登録した後，関家の養子となったと経歴を作ったのです．長男に登録すると，内山家を継ぐことになり，それはまずかったのです．養子に入った家を関某としたのは，内山永明の同僚に3つの関家があったことです．内山家と3つの関家は，ともに駿河大納言忠長の家臣としてリストラされ辛酸をなめた間柄です．特に，関五郎左衛門と内山永明は，同じ石高で大番組で石高役も同じで親しかったのでしょう．関五郎左衛門は孝和があたかも養子に入ったような経歴になっても承知をしたのです．

　孝和の経歴づくりをプロデュースしたのは，井上政重であったと考えられます．井上政重は，駿河大納言忠長が蟄居させられるとき，上使として幕府から派遣されています．このときから，井上政重と内山永明，関五郎左衛門との関

係が生じ，幕臣への再登用が実現し，孝和の経歴づくりを依頼させられることになります．1658年井上政重が職を辞するにあたって，礒村吉徳を二本松藩へ仕官させ，孝和の経歴づくりを完成させたことになりました．

井上政重は内山家に格別の配慮をします．内山永明の四男永章を仕官させることでした．通常，下級旗本・御家人クラスで別家を創設できることは，非常にむずかしいことです．井上政重の孫政清が相続するとき，本人が11,500石を弟政則1,000千石，政明500石，を分知しています．

内山永貞が永明から相続するとき，150石で分割できるほどの石高ではありません．四男永章は，他家に養子に入ることもなく，甲府宰相綱豊の家臣となり，その後幕臣となります．内山永章に特別な才能があったと記録されていません．異例のことでありました．すなわち，幕府は内山家への配慮として，四男永章を特別に取り立て，別家を創設させ，甲府宰相綱豊へ仕官させたのです．

内山永明が正保3年（1646）5月2日に死去したと記録されていますが，実はこの年内山吉明が死去し，永明は寛文2年（1662）5月3日に死去したのです．吉明が寛文2年107歳で死去したという記録〔川北朝隣『本朝数学史料草稿』〕があり，このことはこれまでも疑われてきました[30]．吉明と永明の歿年を入れ替えると矛盾がなくなります．さらに，永明の歿年と四男永章の誕生のズレの疑問が解けます．「七兵衛永明四男永章，正保4年武州江戸出生」という記録が正しいでしょう．

内山永貞が正保3年に相続しますが，永明はその年死去したのではなく隠居したのです．正保4年（1647）永章が生まれ，その後永明が死去する1662年以前で井上政重が職を辞する1658年までに孝和の処遇と永章の別家創設が決まったのです．

このように説明しますと，内山家と関家にかかわる不可解は氷解します．

孝和が幼少のころより格別の才能を発揮した子供であったので，井上政重は特別な教育環境のなかで育てる方針を立てます．ちょうどその頃，切支丹屋敷が設けられジュセッペ・キアラを中心にして秘密の科学技術研究がスタートします．孝和はこうした切支丹屋敷での生活をスタートさせたのです．

切支丹屋敷では，キアラ，壽庵などの他に，"能モノ"[31]である和算家たちを集めた井上政重によって，南蛮式測量術，東西天文学，東西暦法，西洋式数

学および和算が研究されました．その中で頭角を現したのは礒村吉徳であり，若い孝和がその才能を大きく開花させます．

　井上政重によって礒村吉徳は二本松藩へ仕官し，孝和は内山永明の次男として一旦関家の養子とする経歴を作り甲府宰相綱重へ仕官することにします．幸いなことに，甲府宰相綱重は母親が早く亡くなったので，家光の姉である天樹院（千姫）[32]の養子になり育てられています．井上政重にすれば，孝和を最初から幕臣として登用するより，将軍家の一門で天樹院の影響がある甲府宰相綱重の家臣として仕官させることは，秘密保持の上から安全です．

　ところで，関孝和の業績はどれをとっても和算史上画期的です．日本数学史上だけでなく，世界の数学史を見渡したところでも，関孝和の業績は驚嘆に値します．傍書法演術という記号代数の発明，円周率の計算における画期的な数値処理として加速法を導入したこと．『三部抄［解見題・解隠題・解伏題］』は，傍書法演段術の導入からはじまり，方程式を組織的に研究した成果です．連立方程式を扱うとき，行列式を導入します．これも画期的なことです．零約術は，分数を組織的に研究し，平方根，立方根や円周率を分数近似する方法を確立します．零約術の"零約"という用語が『同文算指』によることは，すでに平山諦著『和算の誕生』で明らかにされています．このことだけでも，関孝和が禁書に接近し研究できる極めて特殊な立場にあったことを示しています．それは切支丹屋敷で研究するという立場です．

　さらに，この説を補強できます．関孝和が記号代数である傍書法演段術を創始します．ヨーロッパにおける文字記号と文字式の発明を想起すれば，この関孝和による傍書法演段術の創始は驚くべきことです．関孝和は，ジュセッペ・キアラたちからの重要なヒントによって文字記号と代数表示が画期的なことであることを認識し傍書法演段術を創始したのです．これは第 4 章のジュセッペ・キアラたちの学術によって，裏付けられます．このとき切支丹屋敷での研究へ関孝和だけでなく，他の何人かの和算家も参加したでしょう．橋本正数とその門流に同じような記号代数を生む機会になりました．

　関孝和が文字式や方程式を組織的に研究し整理するという発想も，それまでの和算（書）よりかけ離れています．それまでの和算（書）は，問題を解くこと，応用することに重点があり，数学的に大系づけるという発想はなかったの

です.この数学的に大系づけるという発想は,関孝和と弟子の建部兄弟による『大成算経』によって結実します.

このように数学的に大系づけるという発想は日本人離れしています.むしろ,西洋数学の影響によるものと解釈することが自然です.すなわち,ここでも,ジュセッペ・キアラたちによる影響を見て取れます."大成"は,西洋中世の"Summa＝大全"の伝統を引く企画であったとも考えられます[33]．

その結果,関孝和の業績がその後の和算研究の方向を決定してしまいます.それだけ,関孝和の業績は頭抜けていて,弟子達は孝和の業績の改良や拡張に精力を注ぎ込むことになります.その結果,関流が確立したと言うこともできます.関孝和の切支丹屋敷における研究は極秘プロジェクトでした.それゆえにこそ関孝和は"算聖"と称せられたのでしょう.

―― 参考文献・註 ――

1) 平山諦著『増補改訂－関孝和』(恒星社厚生閣, 1981).関孝和の和算の業績,伝記および関連する事項が,非常にくわしく書かれています.巻末に,野口泰助氏による関孝和の研究資料が網羅されています.尚,筆者は関孝和とその周辺について『和算の成立 下』(私家版, 1998)で追究しました.その後,佐藤賢一著「関孝和を巡る人々」『科学史研究』第 42 巻 No.225 (岩波書店, 2003) pp.49-54 は,甲府藩の新史料を踏まえて,いくつかの新事実について追究しています.「不可解な親子関係(?)の生じた原因は,内山本家の記録の誤りにあったと考えられる.」とあります.
2) 『断家譜 第三』(続群書類従完成会, 1969) p.205.
3) 日本学士院編『明治前日本数学史』第 2 巻 (岩波書店, 1994) p.133.
4) 『寛政重修諸家譜』第 4 巻 (続群書類従完成会, 1964) p.184.
5) 平山諦・下平和夫・広瀬秀雄編著『関孝和全集』(大阪教育図書, 1974) pp.422-464.
6) 『関訂書』(平山諦による孔版印刷本, 1963) 最終頁,原本は天理図書館に収蔵されています.原写本は昭和 30 年代になって発見されました.
7) 『寛政重修諸家譜』第 22 巻 (続群書類従完成会) p.404.
8) 神崎彰利著『検地』(教育社, 1983) 序文,尚,関孝和が署名した検地帳は,中山政三氏,相川源治氏によって14通確認されています.検地帳の年月日は,貞享元年 7月18日～貞享 2 年 2 月29日.
9) 『静岡県史 資料編 9 近世一』(静岡県, 1996) p.82,駿河大納言忠長の家臣団 295 名の姓氏名録です.
10) 日本学士院編『明治前日本数学史』第 2 巻 p.138.
11) 同上同書同頁.
12) 宮本勉編『編年井川村史』(名著出版, 1975) pp.485-500,尚,筆者の居住で前勤務校区にも内山七兵衛の文書があります (cf. 菊川町加茂山本家文書).菊川町郷土史料目録第12集, pp.202-203).

13) 『松木新左衛門聞書』(静岡県郷土研究会, 1932), 本書には松木新左衛門と関孝和との算法書の出版を含む親密な交友関係が各所に記述されています. 尚, その後松木家は断絶したので, 分家である矢入家が現在も原写本を所蔵しています. 大正の頃までは『松木新左衛門聞書』は一般に知られることなく秘書的な扱いであったようです (cf. 『静岡の数学1』(私家版, 1982) pp.10-14).
14) 村上直・根崎光男著『鷹場史料の読み方・調べ方』(雄山閣, 1985) pp.66-97.
15) 中村正弘・鈴木武雄著『自由と和算家』(大阪教育大学数学教育研究第31号, 2001) pp.119-124.
16) 村瀬義益原著/西田知巳校注『算法勿憚改』(研成社, 1993) p.70.
17) 新村出・柊源一校註『吉利支丹文学集』(平凡社, 1993) pp.343-344.
18) 『続々群書類従 第12宗教部』(国書刊行会, 1907) pp.650-655.
19) ヴォスとチースリク師は『査祅余録』のドイツ語訳で Freiheit としています. 『kirisyito-ki und sayo-yoroku』(上智大学刊, 1940).
20) 村岡典嗣編『吉利支丹文学抄』(改造社, 1926) p.67. 国字本『こんてむつすむん地』は, 1610年 (慶長15) 京都原田アントニヨ印刷所刊で, 旧福井藩医の家－或はもと吉利支丹か－から大正5年に発見されたものです (新村出・柊源一校註『吉利支丹文学集1』(平凡社,) p.166). 羅馬字綴本『こんてむつすむんぢ』は, 1596年天草学林で印刷されたと考えられています (cf. 村岡典嗣編『吉利支丹文学抄』pp.110-126, 天理図書館編輯『きりしたん版の研究』(天理図書館, 1973) pp.71-78). 松岡洸司著『コンテムツス・ムンヂ研究』(ゆまに書房, 1993) は国語学的な研究成果です.
21) 千喜良英二著「村山諸藩の和算」『山形県村山地方生活文化調査研究報告書』(山形県立米沢女子短期大学付属生活文化研究所, 2001), 本論文には写真があります. この論文にある「村」の重要性に気づかれたのは土倉保先生です. 千喜良氏より本論文と私信をいただきました. 「花押のあと小出, 百川の名前の後に"村"と一字のみがあり, 分からずいたのですが, ‥‥」と驚かれた様子でした. その少し後, 千喜良氏の訃報に接しました. また, 山形県和算研究会会長・板垣貞英, 鈴木重雄, 佐藤好次郎の各氏には両算書についての論文や両算書の複写等の御尽力を頂きました. 佐藤好次郎氏は平成6年山形県和算史研究会会誌 (第5号 pp.1-10)「江戸時代前期百川系算法巻物『勢ミの怒希から』と『算法方物積蔵書』について」を初めて公表しています.
22) 寛永18年版『新編諸算記』下巻は名古屋市立栄小学校所蔵であり, 各務文治校長には複写など, たいへんお世話になりました.
23) この両者の花押は, 家康型という近世花押の典型です. 花押は, 「個人が自分を他人から区別する独自性の主張をこめた作品である」(cf. 佐藤進著『花押を読む』(平凡社, 1988) pp.62-71).
24) 『関孝和全集』p.12,「何故宮内省図書寮に伝わったかその来歴を明らかにしないが, 本書の伝本が民間に一本も無きこと, 及びその書名さえ伝わらなかった」と記しています.
25) 『関孝和全集』pp.13-42.
26) 『関孝和全集』p.89.
27) 『明治前日本数学史』第1巻 pp.22-23.
28) 和算史上で天元術が, どのように受容され習得されていったのか不明な点はたくさんあります. 天元術は最初に沢口一之著『古今算法記』(1671) でつかわれました. この『古今算法記』の遺題を関孝和が解き明かし, 『発微算法』として唯一版行したという意味でも重要です. 沢口一之は不明な点が多い和算家で, 信憑性は低いですが関孝和の弟子という和算家系図もあります. 京都や大阪で活動が確認されていた橋本正数がいます. 橋本正数が和算史上はじめて『算学啓蒙』を解読し, 天元術を会得したと言われています. 沢口一之は, この橋本正数の弟子という記録があります. 橋本正数の伝書 (横型小型本) は8冊存在が確認されています. 尚, 竹之内脩 (大阪大

学名誉教授）注解『古今算法記自問一十五好之答術』（近畿和算ゼミナール報告集 6）．本書は，沢口一之著『古今算法記』（1670）の遺題 15 問の解答を詳細に検討してあります．解答は，関孝和著『発微算法』（1674），田中由真著『算法明解』（1678），建部賢弘著『発微算法演段諺解』（1687），宮城清行著『和漢算法』において与えられ，それに現代記号解にしてあります．竹之内脩著『発微算法と算法明解』（2001），『発微算法と算法明解（2）』（2001）（大阪国際大学紀要，国際研究論叢，第 14 巻第 3 号，pp.29-43 および特別号，pp.1-16）．著書・論文別刷りをお送り下さった竹之内先生に感謝申し上げます．

29) 村松茂清著／佐藤健一校注『算俎』（研成社，1987) pp.153-160．
30) 内山家提出『寛政呈譜』の内山吉明伝に「年号不詳，5月3日病死仕候」とあります．cf. 三上義夫著『関孝和伝記の新研究（前号続き）』（東京物理学校雑誌 489号，1932) p.6，村本喜代作著『関孝和と内山家譜考』（内山商事株式会社，1963) p.17，猿渡盛厚著『武蔵府中物語上』（大国魂神社社務所，1963) に関孝和と関五郎左衛門吉直との関係等が考証されています．
31) 『契利斯督記』の中の「宗門穿鑿式」に"能モノ"を訴人せよとあります (cf.『続々群書類従：第12 宗教部』（国書刊行会) pp.631-633)．
32) 天樹院（千姫）は豊臣秀頼の正室であり，大阪城落城のとき秀頼の息女を助け出し養女とし北鎌倉の東慶寺に預けます．この息女は 20世天秀尼となり，現在も立派な墓石が境内の最上段に遺っています．墓石の側面には「正二位右大臣豊臣秀頼公息女」と刻まれています．この東慶寺は駆け込み寺として有名になりますが，国の重要文化財指定となっているイエズス会の IHS が描かれた葡萄蒔絵螺鈿細工の聖櫃（オスチ）を所蔵しています（口絵参照）．東慶寺ではこの聖櫃の伝来を明らかにしていませんが，時代背景から千姫・秀頼息女による伝来としか説明が付きません．当時大阪城内には多数のキリシタンがいたといわれています．悲運を背負った千姫がキリシタンに理解を持っていたとしても不思議はありません．また千姫は形見として秀頼息女に聖櫃を与えたと推測できます．天秀尼は，寛永16 年（1639）会津藩主加藤明成と争い出奔した家老堀主水の妻女を断固として助けています．天秀尼には，堀主水が頼った井上政重の助力もあったでしょう．第 2 章と関連します (cf. 井上禅定著『東慶寺と駆込女』（有隣新書，1995)，高木編『縁起寺東慶寺史料』（平凡社，1997)，井上安代編著『豊臣秀頼』（私家版，1992))．
33) クラウス・リーゼンフーバー著／村井則夫訳『中世思想史』（平凡社，2003)，西洋中世思想史における数学の重要性と位置づけが分かります．さらに原典は『中世思想原典集成』（全 20 巻）に翻訳されています．"大全"の典型は，ヨーロッパ中世神学・スコラ哲学の最高峰である『神学大全（Summa Theologia)』（トマス・アクィナス，1225-1274) です．

第6章　改暦——武家未曾有の盛典

　本章は中村正弘著「明暦／失われた革命」[1)]，「和算－革命のプロシオン」[2)]で明らかにした道筋に沿っています．江戸時代まで暦は政治の要諦でした．中国を中心とした東アジア諸国では，「正朔を奉ずる」として中国暦を受け入れることによって冊封体制が成り立っていました．
　澁川春海は貞享暦の上表文で，

　　「暦也者用＝天道＿，頒＝諸天下＿，為＝民教＿者，」[3)]

と暦は天下に頒布し人民を教化するためであるとしています．
　これにたいして，後年幕府の書物奉行にして蝦夷地探検家としても知られた近藤守重（重蔵・正斎）は，

　　「貞享暦ト云フ武家未曾有ノ盛典ニシテ算哲ガ斯道ニ功アル偉トスベシ」[4)]

と幕臣として最大級の賛辞を贈っています．算哲とは澁川春海のことで，幕府お抱えの囲碁師のとき保井算哲と称していたからです．「貞享暦」とは，貞享元年 (1684) にそれまで使われていた宣明暦を改暦したので，年号をとって称し

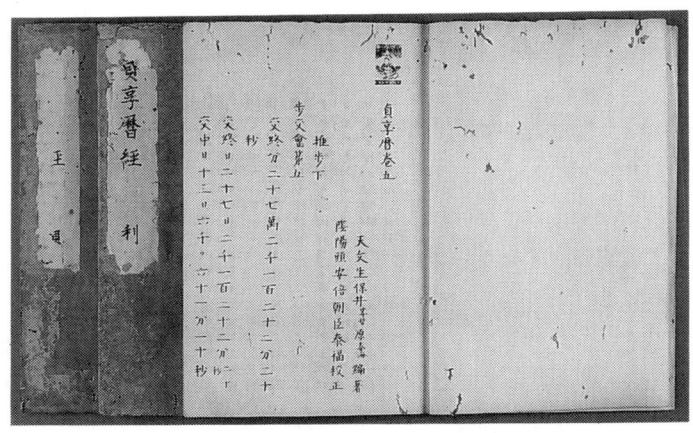

「天文生保井算哲源春海　編著　陰陽頭安倍朝臣泰福　校正」とある．澁川春海（保井算哲）著『貞享暦』（全 7 冊）．

た新しい暦です．

貞観3年(861)宣明暦を導入して以来823年間も改暦が行われず，武家の棟梁たる徳川家の世に改暦できたことを"武家未曾有の盛典"と称賛しているのです．これは中国の歴史で"暦法は国家の大典"[5]と考えられていたことに通じています．徳川幕府政権が中国を中心とする東アジアの政治支配の伝統を踏まえようとしていたとも言えましょう．

第1節　中国の天文・暦——国家的・公的な大事業

古代から明末まで中国の天文・暦は，国家・皇帝と深く結びついていました．中国の政治思想の中心に天文・暦があり，政治統治のイデオロギーとして重要な役割を果たしていました．このことは，中国の政治・思想・文化の影響圏内にあった朝鮮・ヴェトナム・日本を考察するうえで非常に重要です．もちろん，朝鮮やヴェトナムのように中国と陸続きの地域と，日本のように東シナ海によって隔てられた地域とは微妙な差異をつくりだしていったことも歴史的な事実です．

古来中国では，天文は天変を記録し天下国家の変に備えるもので占星術と言ってよいものでしたが，暦は精密科学として永遠の真理・法則を目指していました．従って，天変を記録する天文は，歴史叙述の原型であり，それゆえ前漢の司馬遷の役職は太史令すなわち天文官であり同時に史官であったので，歴史書『史記』（太史公書）を著述したのです．

中国の暦の歴史は，自然暦のレベルで非常に古くからありました．中国で最初の国家暦は，前漢の武帝時代の太初暦(BC.104-BC.84)でした．すなわち，

> 「王朝の交替にあたって新たに天命を受けたことを明示するため諸種の制度を改めることが行われるが，この受命改制というイデオロギーにおいて改正朔，すなわち改暦が重要なテーマとなった」[6]

とまとめられます．

"受命改制"とは，"国家や皇帝の正統性を意義づけるために，天の命によって政権を担い人民を統治するために制度を改める"という中国の古来からの思想のことです．まさに，"革命"のイデオロギーです．

中国大陸の全域を初めて支配した秦の始皇帝は，国家暦をつくることを志向

第6章 改暦——武家未曾有の盛典　147

したと想像されますが，短命政権で終わってしまい実現できませんでした．

前漢の武帝が最初の国家暦である『太初暦』(BC.104) を実現できたのは，武帝時代の権力の巨大さ，安定感と武帝の強烈な個性によりました．司馬遷による『史記』の編纂にもつながっています．

中国では王朝が替われば独自の暦と年号になり，皇帝が替われば暦や年号が替わることが多々ありました．中国大陸にいくつもの王朝が分立すれば，それぞれの王朝が独自の暦や年号を使いました．それゆえ，たくさんの暦が知られていますが，清朝まで暦と政治思想の密接な関係は連綿とつづきます．

第2節　日本における改暦の動機

中国の暦と日本と関係する暦は，宣明暦，大明暦(だいみんれき)，授時暦(じゅじれき)，です．宣明暦は，貞観元年 (859) 渤海国の使節によってもたらされ，江戸時代まで 823 年間も使われた暦です．大明暦は日本で使われませんでしたが，中国の南朝宋の祖沖之は有名で円周率の近似分数 355/113 は，江戸時代の和算の発展に大きな影響を与えました．授時暦は江戸時代和算家によって最もよく研究された暦です．

江戸時代以前，その時々の政権がまったく改暦に無関心であったでしょうか．平安時代の藤原政権，鎌倉時代の北條政権，室町時代の足利政権，安土桃山時代の織田信長，豊臣秀吉は，改暦をしたくても知識も技術力も余裕もなかったと言えましょう．しかし，徳川政権になる以前に暦にとって 2 つの大きな出来事がありました．

その一つは，明帝国（明朝）を中心とする東アジアの国際関係，すなわち冊封体制に関連したことです．明朝は成立当初から和寇に苦しめられて，太祖（洪武帝・朱元璋）は使者を日本へ送りましたが，その相手は当時博多・太宰府をおさえていた南朝の征西将軍懐良親王(かねなが) (?-1383) でありました．ところが懐良親王は使者のもたらした詔諭の文言に怒り使者を斬ってしまいます．それでも太祖は懐良親王を日本国王と誤認し再び詔書と『大統暦』(だいとうれき)を頒示しました．日本国を明朝を中心とした冊封体制に組み込むためです．懐良親王は明との交渉によって南朝の正統性を確保したかったとも言えましょう．このことに北朝の足利義満は大いに驚きます．この『大統暦』は『授時暦』から消長法を省い

て，明の暦としたものです．1401年足利義満は明朝へ正使祖阿を派遣し国書を送ります．翌年祖阿は明使を伴って日本へ来ます．明の国書を義満は三拝して拝覧します．その国書には，日本国王源道義とともに"大統暦を班示し，正朔を奉じせしめ"とあります．これによって日本（足利義満政権）は明朝の冊封体制に入ったことになります．まさに暦は外交における必修の道具であったことを示しています．このとき以来日本にとっても暦は外交上の重要な位置を占めることになります[7]．これは徳川政権下においても同様に国書作成および交換において暦は年号と連動して重要性を持ちます．

　もう一つは，キリスト教宣教師によってもたらされた西洋暦の影響です．1549年フランシスコ・ザヴィエルが鹿児島へ上陸し，キリスト教の種が蒔かれます．キリスト教徒にとって祝祭日を決める暦は非常に重要なものです．当時キリスト教宣教師たちに親しく接した日本人にとって，中国暦とはまったく異なるユリウス暦が存在すること自体非常な驚きであったでしょう．しかも，1583年グレゴリオ暦が公布されています．日本へ渡来した宣教師たちにとっても意義深い年であったでしょう．越前松平家の典医奥田家に伝来した『こんてむつすむ地』とともに『吉利支丹暦』もありましたから，キリシタンと暦と深い結び付きが分かります[8]．

　この2つのことがらは，日本人とりわけ知識層と為政者に暦にたいする認識を改めさせる大きな原動力になったでしょう．

第3節　宣明暦と改暦

　中国の唐代末期822年，『宣明暦』が施行され，71年間頒行されました．この暦は持統天皇の時代859年に日本へもたらされました．当時としては中国でも使われている最新の暦でした．その後日本では800年以上も改暦されることなくつかわれました．この『宣明暦』の大きな欠点は，

　　　　1年＝365.2446

とし，太陽年が約3.5分長すぎることでした．

　　　　　3.5分÷（60×24）＝0.0024日

　　　　　800年×0.0024＝1.92日

この計算から，江戸時代の初期には約2日のズレがでていたことになります．暦における日食・月食のはずれは，その暦の信頼性を決定的に落としてしまうものです．定説ではこのことが改暦の動機となっています[9]．天文暦法からの動機としては理解できますが，歴史的背景と政治統治的な背景がまったく考慮されていません．

農耕に必要な自然暦にもとづく民間暦はともかくとして，年号に連動する『宣明暦』を改暦することは，国家の大権を左右することです．すなわち，支配者の許可や支援なくして，天文暦法の研究がまったくの個人でなされるとは思えません．実際にも次のような記載があります．

> 「暦本は国が定める暦法に従って編纂されるもので，一私人の造ることは許されないものである．春海の『貞享暦』は国暦であり，秘書として官庫に納められたもので誰も容易に見られるものではなかった」[10]

このことが強調されず，渋川春海一人が私人のように振る舞って，しかも一人で『貞享暦』を造ったかのように歴史は書かれています．

第4節　近世初頭より貞享暦までの天文暦書

そこで江戸時代初期の天文暦書などの歩みを書き下してみます．

- 1611年『素問入式運気論』刊行
- 1612年『蘆薈内傳金烏玉兎集』初刊（『日本古典偽書叢刊・第3巻』，（現代思潮新社，2004）pp.99-162）．
- 同　年　カルロ・スピノラが長崎とマカオ間の経緯度差を観測す．
- 1615年　※大阪夏の陣・大阪城落城し豊臣家滅亡す．
- 1616年　※徳川家康没す．
- 1618年『元和航海記』（池田好運著，西洋暦を含む西洋航海書）
- 1621年　頃までペドロ・ゴメスは『日本コレジョ講義要綱』を講義し著している．この中に西洋天文学が含まれている．
- 1622年『割算書』刊行（毛利重能）．長崎でカルロ・スピノラ達殉教す．
- 1632年　※二代将軍 徳川秀忠没す．徳川家光が三代将軍となる．

- 1634年『真説長暦』刊行
- 1635年『運気論口義』刊行（回生菴玄璞）
- 1637～38年 ※島原天草の乱
- 1642年『日月会合算法』（今村知商）
- 1643年 岡野井玄貞，朝鮮通信使中読祝官螺山に天文暦法を学ぶ．
- 同　年　ジュセッペ・キアラ達日本へ潜入し西洋天文書をもたらす．
- 1644年『宣明暦』刊行
- 1645年『和漢編年合運図』刊行（吉田光由）
- 1646年 長崎で西洋天文学の林吉左衛門刑死．門人小林義信禁固．
- 1647年 井上筑後守政重の家臣が蘭人に天文学を学ぶ．
- 1648年『古暦便覧』刊行（吉田光由）
- 1651年 ※三代将軍 徳川家光没す．家綱が四代将軍となる．
- 1657年 幕府暦版の濫行を禁ずる．『善隣国宝記』刊行．明暦の大火．
- 1658年『暦学正蒙』刊行（榎並和澄）．井上筑後守政重職を辞す．
- 1659年『乾坤弁説』（向井玄松序）キアラがもたらした天文書の翻訳．
- 1663年『長慶宣明暦算法』刊行（安藤有益）
- 1672年『授時暦経暦議』刊行，『運気六十年図』刊行（星野実宣）
- 1673年『新刊授時暦経及び立成』刊行（小川正意）
- 同　年　第1回改暦上表（保井算哲）
- 1676年『日本書紀暦考』（保井算哲）
- 1680年『授時発明』（関孝和）
- 同　年　※四代将軍 徳川家綱没す．綱吉が五代将軍となる．
- 1683年 第2回改暦上表（保井算哲）
- 同　年　小林義信が頒暦にある日食の誤りを予言す．小林著す『二儀略説』はゴメス著『天球論』と構成と内容が同じ．
- 同　年　小林義信（樋口謙貞）没す．
- 1684年（貞享元年）第3回改暦上表．貞享暦成る（保井算哲→澁川春海）
- 1685年 ジュセッペ・キアラ没す．『船乗ぴらうと』（崎陽嶋谷見立翁傳授之）
- 1699年『蠻暦』（cf. 平山諦編『船乗ぴらうと・蠻暦』（孔版, 1963））
- 1727年『測量秘言』（細井知慎（広沢）著）（cf. 平山諦編, 孔版, 1963））

第6章　改暦――武家未曾有の盛典　151

　江戸時代初期74年間の年表だけからも，改暦の機運が単純でないことが分かります．気づくことは，豊臣家の滅亡による徳川家の時代，すなわち戦争・戦乱のない時代になるに従って，天文暦書の刊行が増加していることです．

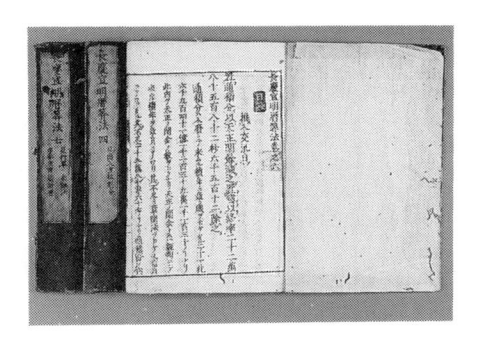

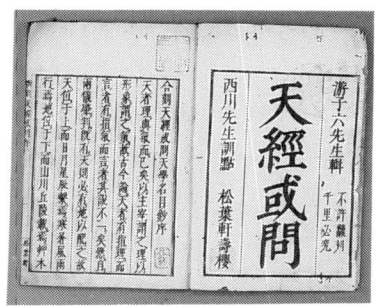

安藤有益著『長慶宣明暦算法』　　　　　　游子六著『天経或問』

キリスト教を禁制していましたから刊行されているものは中国暦書の研究ですが，西洋天文学の受容も並行して行われていたことも注目すべきことです．保井算哲（澁川春海）も西洋天文書の漢訳書である『天経或問』を研究し言及していることです．特に注目すべきことは，島原天草の乱以降，天文暦法の研究が加速していることです．

第5節　徳川政権における年号と暦

　豊臣秀吉の時代，朝鮮王の国書の年号は明朝の暦である「萬暦」を用いていますが，返書は家臣である石田三成等の名で日本年号の「天正」「文禄」などを用いています．1600年徳川家康が明の将軍へ送った書簡には，年号がなく干支で，
　　　「庚子孟正二十有七日」
とあります．1610年の本多正純の名による明への書簡も干支のみです．
　1607年朝鮮国礼曹参判呉億齢が国王の命で日本執政の閣下（徳川家康）へ送った書簡[11)]には，
　　　「萬暦三十五年正月　日」

1607年徳川秀忠による朝鮮国王への書簡には，
　　　「龍集丁未五月　日」
とあり，「龍集干支」は当年という意味で年号を曖昧にし誤魔化しているとも言えます．

ところが1612年ノビスパンヤ（メキシコ）総督に送った徳川秀忠の朱印状には，
　　　「慶長十七年孟秋中浣」
とあり，日本年号を使用しています．この朱印状は対馬藩が介在していないので改竄されていないでしょう．そこで年号は日本年号「慶長」をつかっています．それに対して朝鮮との外交の場合，年号使用に気をつかっていることが分かります．

1631年対馬藩主宗義成と重臣柳川調興との対立が激化し，双方が幕府へ訴え出て事件となります．その中で柳川調興が国書改竄を暴露してしまいます．

1635年江戸城本丸大広間で宗義成と柳川調興が対決し家光の質問に答え裁きを受けました．結果は宗義成は本領を安堵されましたが，柳川調興が津軽へ追放され国書改竄の実行者などが死罪になります．幕府はことの正邪よりも朝鮮政策の今後を考えた外交政策上より優位性を考えて判断したのです．

この時期までの外交上の問題は，国書へ記載する日本国王と日本年号の取り扱いでした．柳川一件のほとぼりが冷めないうち1636年朝鮮通信使が訪れます．このときの通信使の使命は泰平之賀であり，家光の回答国書は，
　　　「寛永十三年十二月廿七日
　　　　　　日本国源家光」
となっています．日本年号をつかい，家光は日本国王を称していません．このことについて，朝鮮通信使の研究家仲尾宏は，
　　　「近世国家の主権者としての徳川家光の外交姿勢の大胆な表明とみるべきであろう」[12]
と述べています．中国の冊封体制からフリーハンドである表明でもあります．日光東照宮に今もある大鐘は唯一残る朝鮮国王の贈品であり，年号は明朝の「崇禎」を用いています．

1637年島原天草の乱になり外交問題より戦時体制へと重点が移り意識が遠の

いてしまいます.

　島原天草の乱の終結後, 1641年家光の嗣子家綱が誕生しその祝賀使節として朝鮮通信使が来朝することになります. 結果として1643年朝鮮通信使は来朝することになりましたが, そのころ地球規模で気温が低下 (マウンダー小氷期) し大飢饉が発生し双方にとって大変なときでした. それでも通信使派遣が実現したのは, 朝鮮側にも理由がありました.

　それは中国東北部 (満州) で力を蓄えたヌルハチを中心とした女真族が後金を建て, 次第に大勢力となり朝鮮に侵入しました. 1627年攻められた朝鮮王朝はやむなく後金と和議を結びます. 丁卯約条と言います. 1636年ホンタイジは国号を後金から「大清」と定め年号を「崇徳」とし「皇帝」の位につき, 12万の大軍で朝鮮に侵入します. 朝鮮王朝はたまらず降伏し清朝の要求を受け入れ, 屈辱的な条約を結ぶ大事件〔丙子胡乱〕が起こっていました[13].

　自国の北側を侵略された朝鮮王朝にとって, 南隣にある日本と友好関係を維持するのは外交上でも軍事上でも必然的なことです. そうして実現したのが寛永20年 (1643) 朝鮮通信使の派遣でした.

　徳川幕府にとっても朝鮮との善隣通商外交は, ヨーロッパ諸国との交易や交流を断絶したとしても, 東アジアの安全保障上重要なことでした. 特に大国明帝国との公式の友好関係が築かれない以上, 対外情報ルートとして朝鮮国ルートの確保は非常に重要でした.

　前述したように明帝国は外圧とともに内部崩壊をはじめます. 1644年3月農民反乱軍の首領李自成が40万の大軍で北京の紫禁城を攻めたところ, 崇禎帝は自殺してしまいます. ところが明の将軍呉三桂は清軍と講和し李自成を攻めます. 三藩の乱への伏線となります. 結局のところ, 清朝が中国を支配することになります.

　このような大帝国明朝の崩壊は東アジア諸国に大きな衝撃を与えることになります. 特に中華の明帝国が亡び, 蛮夷と蔑んでいた女真族の清朝が中国を支配する状況に朝鮮も日本も仰天します. そのことを日本では「華夷変態」[14]と称しました. 明帝国との和解をも期待していた徳川政権は, 東アジアの外交および軍事的な危機を感じざるを得ません. 朝鮮王朝も同様な立場にあり, 陸続きあるだけ危機は現実的でした. このような微妙な立場にあった朝鮮王朝と徳

川幕府は，双方の利害関係でも一致したのです．

第6節　朝鮮通信使と国書への年号と天文暦法

　前節のように，国書の交換において年号と国王名が記載されているかが大きな外交問題となりました．朝鮮王朝は明朝の冊封体制に入っていて「明朝の暦を奉じていた」からです．従って，朝鮮王朝の国書には，明の暦による年号と朝鮮王の名と印が必ずありました．日本近世対外関係史の研究家ロナルド・トビは，次のようにまとめています[15]．

（1）東アジアでは暦の布告が天子，すなわち中国皇帝の大権の一つであった．
（2）暦と年号の布告は，王朝の正統性が所在する指標となった．
（3）中国暦を受け入れることは，中国との外交関係（冊封体制）を受け入れることを意味した．
（4）日本でも暦と年号は朝廷の大権のもとに布告した．
（5）日本は独自の年号を使用したり，いずれの年号の使用をも避け，問題をかわしてきた．このことが日本の主権や政権の正統性に対して有する含意に気づいていた．
（6）1636年正使任絖と老中土井利勝との議論で，明の年号をつかわせようとした．利勝は「日本は明の属国ではないから，明の年号を用いない」と回答する．
（7）1645年北京陥落数ヶ月後から朝鮮朝も中国年号を外した．清朝の年号をつかいたくなかった．
（8）朝鮮王朝の国書には，干支年だけで，月数は明記したが，日数は書かなかった．

　この視点で朝鮮と日本の国書を整理し見直してみましょう．『朝鮮通交大紀』『善隣国宝記(ぜんりん)』『通航一覧』『朝鮮王朝実録』等を参考にしました．

西暦	朝鮮王朝の国書　署名者	徳川幕府の国書　署名者
1607 慶長12	萬暦三十五年正月　日 第十四代 朝鮮国王李昖（宣祖）	龍集丁未五月　日 日本国源　秀忠
1609	萬暦三十七年五月　日〈送使約条の締結〉	

1617 元和3	第十五代朝鮮国王李 琿（光海君） 萬暦四十五年五月 日	龍集丁巳秋九月 日 日本国源 秀忠
1624 寛永元年	第十五代朝鮮国王李 琿（光海君） 天啓四年八月 日	龍集甲子冬十二月 日 日本国源 家光
1636 寛永13	第十六代朝鮮国王李 倧（仁祖） 崇禎九年八月十一日	寛永十三年十二月廿七日 日本国源 家光
1643 寛永20	第十六代朝鮮国王李 倧（仁祖） 崇禎十六年二月 日	寛永二十年八月三日 日本国源 家光
1655 明暦元年	第十六代朝鮮国王李 倧（仁祖） 乙未年四月 日	明暦元年十月十日 日本国源 家綱
1682 天和2	第十七代朝鮮国王李 淏（孝宗） 壬戌年五月 日	天和二年九月六日 日本国源 綱吉
	第十九代朝鮮国王李 焞（粛宗）	

　この年表から前記の（1）～（8）のことは理解できますが，1636年より徳川幕府の国書には日本年号と日数まで書かれます．1643年の朝鮮王朝の国書の年号は明の「崇禎」です．日数は1636年の国書に記入されますが，1643年から日数を落とします．とても気になることは，1655年朝鮮王朝の国書から明の年号が削除されますが，徳川幕府の国書の年号が「明暦」であったことです．通常は「メイレキ」と読みますが，「ミンレキ」と読めてしまうことです．すなわち，朝鮮王朝の国書の年号から明の年号が削除されたものの，逆に徳川幕府の国書の年号が明の暦と読めてしまうことです．朝鮮通信使はこの「明暦」をどのように推理したでしょうか．明朝が滅亡して朝鮮王朝の方が国書から明の年号を削除しているにも関わらず驚いたに違いありません．筆者は徳川幕府の朝鮮王朝への友好のメッセージと推理します．

　もう一つ重要なことが読み取れます．1624年まで徳川幕府の国書はあいまいな「龍集」をつかいますが，1636年よりの国書から日本年号と日数まで書き込みます．同年だけ朝鮮王朝の国書にも日数を書き込んでいます．しかし，1655年より朝鮮王朝の国書から年号だけでなく日数を削除します．

　1636年両国の国書に日数が書き込まれたことから，年号の問題より使用している暦の優劣に気づいたのです．朝鮮王朝は明帝国の冊封体制に入っていて，毎年明帝国の暦を奉じています．1624年通信使派遣のときの朝鮮国王は仁祖です．1623年仁祖はクーデターで光海君を廃位させ王位に就きました．光海君は

自らを国王として認めない明でしたから当然反明的でしたが，仁祖は親明事大主義者でした．仁祖が明朝の暦を使うだけでなく，徳川幕府へも明朝の暦を使わせようとしたことが理解できます．

　明帝国最後の皇帝崇禎帝のとき，イエズス会宣教師アダム・シャール達によって西洋暦法による『崇禎暦書』ができていました．

　朝鮮王朝の暦の受容は簡単ではありません．1444年『七政算』が出版されていたことは注目すべきことです．第四代国王世宗（在位：1418-1450）はハングルを創始するなど朝鮮史上もっともすぐれた文化を開花させた聖君として知られています．この時代に鄭招・鄭麟趾などが中心となって編纂した天文暦書『七政算』内編・外編は重要です．『七政算』内編は授時暦を再検討し，朝鮮での天文現象を参酌して合理的な暦書編纂方法と理論を体系化したものであり，『七政算』外編はイスラム暦を参考に補充的な天文理論を明らかにしたものです．授時暦，大統暦，イスラム暦など当時先進的な暦法を比較研究して，どのような欠点もないようにしたと自信をもって述べたように科学的な理論を体系化して暦法計算を洗練させた書籍です．さらに『交食通軌』『太陽通軌』『太陰通軌』は日食，月食を予報し，太陽と月の位置を正確に求めるための理論と計算公式を明らかにした書籍で，その後長く利用されました．それを受けて蒋英実は科学革命を技術面で主導し，種々の天文観測器を作製しました[16]．

　このような朝鮮天文暦法史から見ると当時日本の天文暦法研究は無きに等しい状態と言うべきです．朝鮮は日本に比べて200年前に『授時暦』および『イスラム暦』まで自らのものとし，更に『西洋暦法』への改暦と，2周以上先を走っているランナーでした．

　日本は，第4節の年表を見直すと1636年より島原天草の乱が終息して落ち着いてきたことから，徳川幕府中枢において改暦が外交上最も重要な課題となってきます．

　国書の交換を通じて，朝鮮国の文化的優位が天文暦法という具体によって徳川幕府中枢に衝撃をもたらしたのです．くしくも時代は三代将軍家光末期であり，嗣子家綱は幼少であり，1651年家光の死去は非常事態でした．1655年朝鮮通信使の来朝はこうした状況下にあったのです．武力で幕藩体制を維持する時代ではなくなっていました．官僚政治，儀式儀礼の政治，文治政治へと必然

的な移行がなされて,その中心的な課題に徳川幕府による改暦があったのです.

改暦の大権を朝廷より奪って徳川幕府のものにすることは,政権の権威を高め政権を安定化させる象徴的なことです.

第7節　通信使の使命と朴安期（螺山）と岡野井玄貞,保井算哲（澁川春海）

寛永20年(1643)の朝鮮通信使は総勢462名からなり,正使,副使,従事官,製述官（読祝官）,書記,訳官,写字官,画員,医員,などの大行列となりました.天文暦学史上で重要なことは,この中の第4位の地位にあった読祝官朴安期（号螺山）です.日本学士院編『明治前日本天文学史』に次のような文があります.

　　「寛永二十年癸未朝鮮の人容螺山江戸へ入朝し,（岡野井）玄貞はこれを訪ねて七政四余（或いは十一曜）の運行を討問して,玄貞志気を励ましてこの術に専念すること,久しきに及んでいたのである.（澁川）春海これを知って玄貞に見え,請うて師として学んだのである.即ち明暦二年丙申,春海十八歳のことである」[17]

この文にある「容螺山」は間違い[18]で,朴安期といい,その号を螺山と称しました.読祝官は文書の起草や漢詩文を唱酬し,正使,副使,従事官の次に位置していますが,文人学者として最高の地位にありました.このとき朴安期36歳でした.朴安期と林羅山（61歳）は親しく交わり書簡5回,詩は14首を贈り,筆語し,その一部が残っています.

この保井算哲（澁川春海）の師である岡野井玄貞ともう一人の師である松田順承はともに,ほとんど不明の人物です.『春海先生実記』に岡野井玄貞について,「医業で貴人にも聞こえ,天文暦術にくわしく,

螺山筆額（静岡市清水興津　清見寺の楼）

我が国に七政四余を考える人がなかった．寛永20年朝鮮の客，螺山という者が来た．玄貞は螺山に会って，七政四余の運行を問い秘奥を得た．螺山江戸にいること一旬で国に帰ることを恨む．よって玄貞志を起こして気を励まし自らこの術を努め学ぶ．……西土行う所の授時暦の法を知る者あり，岡野井玄貞という者この学に精し」[19)] とあります．また「松平若狭守の親族でその子玄碩は春海の弟子となった」ともあります．

ここで朴安期（螺山）から岡野井玄貞への暦術の伝授に疑問があります．まず，朴安期は文人であり読祝官であり暦術に精通していたでしょうか．江戸滞在中も林羅山のように面会を求める人々が多く，岡野井玄貞なる人物が容易に面会できたでしょうか[20)]．「七政四余」の運行とありますが，七星は太陽・月・五惑星のことで，四余とは想像上の星のことで，それらの運行は天文には直接関係ないようです[21)]．岡野井の質問は授時暦とまったく関係ないところです．

その岡野井玄貞より保井算哲（澁川春海）へと伝授された暦術が授時暦であったでしょうか．授時暦であったとしても，日月食の予報ができる水準の天文計算を含んでいたとは考えられません．保井算哲が会得した天文暦術の水準は，もう一人の師松田順承を考慮し，さらに自学自考したとしても授時暦を自家籠中のものとすることは非常に困難であったでしょう．

第8節　西洋天文暦法の移入

もともと朝鮮通信使の使命は，豊臣秀吉が朝鮮を侵略したとき，俘虜として拉致した多くの人々を連れ戻すことと日本が三度朝鮮を侵略する意思があるのか内情を偵察することでした．年代が下がるとともに通信使の役割が変化していきます．すなわち，拉致された人々が日本に定着化し帰還を希望する人がなくなっていったこと，徳川家康の姿勢と東アジアの国際情勢を勘案して日本に朝鮮を侵略する意図がないことも分かってきたことによります[22)]．

従って，善隣友好や文化交流へと通信使の役割が変わっていったことも成り行きであったでしょう．朝鮮王朝としても，文化交流にそなえた詩文に長じた文人儒学者を選んで派遣しました．彼らは朝鮮文化の優越感を抱いて来日し，詩文の応酬に力を傾け，文化先進国としての自負を一層強めてゆきます．こう

して詩文の贈答や揮毫の要請はますます盛んになり使節一行の苦役となります．天和2年(1682)の通信使からは揮毫を求めることに規制を加えざるを得なくなったほどでした[23]．

日本の儒者，文人，知識人たちは，朝鮮文化を異国趣味として，彼らの好奇心を満たしました．また，漢字文化圏としての共通の趣味として揮毫なども共有できました．

天文12年(1543)ポルトガル人が種子島に渡来し鉄砲を伝えました．以来，多数の南蛮紅毛人が渡来し，彼らや彼らの持ち込んだ文物に人々は異常な好奇心はあっても，キリシタン禁制とともに南蛮・キリシタン文化は危険なものとなり，表立って接近できないものになってしまいました．

しかし，これまで100年近く接触してきた西洋文化が日本人へ及ぼした影響は，同じ漢字文化圏である朝鮮国との文化交流に比べれば，はるかに大きく深いものでした．南蛮・キリシタン文化を厳禁すればするほど，地下へ浸透していったと見るべきです[24]．

また，徳川幕府中枢が改暦を指向する際，西洋暦による改暦をまったく考慮しなかったでしょうか．特に井上政重のように西洋の科学技術にも明るい者にとって，朝鮮国の天文暦法の優位性に目を奪われることは，外交上の自立から言って考えられないことです[25]．中国情勢については，風説書『華夷変態』としてまとめられているように，明末清初のイエズス会宣教師達による西洋暦法による改暦の動きを彼らは十分察知していたでしょう．朝鮮国は西洋暦法の導入で遅れていました[26]．

その面では，日本は朝鮮よりずっと早くから西洋の文化や科学技術の波に洗われていました．キリシタンの中には天文暦法に精通した者もいました．イエズス会の学林では，ペドロ・ゴメスなど天文学者が教授していました．そこから林吉衛門やその弟子小林義信（樋口謙貞）などが育成されたのです[27]．

彼らを巧みに利用しようと考えるのは，合理主義者井上政重として当然の成り行きです．また，西洋の科学技術に精通した潜入宣教師達を利用しようと画策することも当然のことです[28]．このようにして第4節の年表を読み取ることができます．

第9節　中国における天文暦法の闘い

　東アジアの政治および文化の中心は中国王朝でした．天文暦法は中国政治において中心的な課題であり続けます．そのときの中国王朝の暦を「正朔を奉じる」という最重要な政治的行為として近隣諸国へ封じました．中華思想・中華主義を押し広げる暦は外交上の必修の道具でした．

　古代から歴代の王朝がそれぞれ造暦・改暦をしてきたので，王朝の数だけ暦が造られたといってよいでしょう．長い中国歴史の中で，宋時代までは中国固有の暦と言えるでしょう．元王朝はモンゴル族のチンギスハンが建てた世界帝国の嫡流です．その元で造暦された『授時暦』は科学的な根拠と確かな観測によってつくられたものです．郭守敬が有名ですが，すぐれた数学者王恂など多数の人達により国家的な大事業として造られた暦です．従ってその優秀さ故，明末まで『大統暦』として用いられてきました．

　ところが1600年，イエズス会宣教師マテオ・リッチが中国北京に入り布教のために，多数のヨーロッパの科学技術の書籍を漢訳しました．『幾何原本』『同文算指』などは『天学初函』に含まれています．この影響下で，明末になるとヨーロッパの天文暦法による造暦・改暦がなされます．それが徐光啓，李之藻に支持されたロンゴバルディ，テレンツ，アダム・シャール，ローたち多数のヨーロッパ人による『崇禎暦書』です．この暦書は江戸時代には日本へ輸入され，多くの暦算家が研究しました[29]．

　このヨーロッパの天文暦法による改暦は，中華思想・中華主義に深く浸った中国人にとって，暦のもつ政治性から考えて許しがたいことでありました．

　明末における『崇禎暦書』が完成した背景に，明王朝の衰退がありました．『崇禎暦書』が明朝で造られたのは，アダム・シャールたちによって造られた大砲が黄昏時の明王朝を支えていたという現実によります．

　清朝になってもアダム・シャールたち宣教師は重用され，『西洋新法暦』となり，『時憲暦』として頒布されました．この背景には，清朝第三代皇帝順治帝の叔父であり義父ともなる摂政王ドルゴンの存在がありました．清朝の実力者ドルゴンによってアダム・シャールたちは庇護され，欽天監の監正（天文台

第6章　改暦——武家未曾有の盛典　161

長）に任じます．ドルゴンは中国暦やイスラム暦を廃して西洋暦にするよう命令します．更に，暦の巻頭に『西洋新法』の四文字を記すよう命じます．こうしてできた『時憲暦』は毎年印刷され全国へ配布されました．

　順治帝もアダム・シャールに対して父に対するような愛情をもち，しばしば会って話を聞き，1651年15歳になり親政をはじめると，

　　「アダム・シャールたちが，暦の改革を行い，シナ人の天文学の誤謬を発見したことで全帝国に果たした重要な奉仕を賞揚した．この賞辞は金文字で刻まれ，皇帝の紋章である龍で取り巻いてあった．その題名はトゥン・ビ・キャオ・シ「通微教師」という四漢字から成っていた．意味は絶妙な教えの師に対する皇帝の賞辞ということである」30)

という状況でした．

　これに対して1657年イスラム暦科の呉明烜や1660年保守派の楊光先が攻撃します．その根拠は，

　　「中国の正暦である『時憲暦』の表紙に『依西洋新法』の五字を印刷してあるけれども，これは大清が西洋の正朔を奉ずることを明記したもので，大義名分を害する」31)

ということです．

　1662年わずか8歳の康熙帝が即位し，その4人の輔弼大臣は保守的で，1664年アダム・シャールら西洋暦官と宣教師達が告発されます．1665年西洋暦法は邪悪なものであると判決され，アダム・シャールたちをなぶり殺しの刑に処することになります．順治帝の生母（太皇太后）によってアダム・シャールは助けられ辛うじて釈放されます．結局アダム・シャールは1666年死去します．1668年康熙帝は，呉明烜や楊光先が作製した暦が間違いだらけなので，フェルビーストに誤りを指摘させたところ，彼らは答えられませんでした．そのとき満人欽天監監正が，西洋暦法採択を動議したところ，通ってしまいます．

　康熙帝はフェルビーストに向かって，いい暦と誤った暦を見分ける方法を問います．

　　「一定の長さをもった柱が何日か後の正午に地上に投じた影の長さを予言して，その誤差のもっとも少ないものがいい暦であり，誤差の多いものが誤った暦である」32)

と述べます．こうして，3回にわたって競争実験が行われました．いずれの場合にもフェルビーストの予測は実際とピッタリ一致しましたが，楊光先・呉明烜の予測は合いませんでした．その結果，呉と楊は追放されてしまいます．フェルビーストは「治暦暦法」という名で事実上監正（天文台長）になり，アダム・シャールは冤罪であり無罪となり康熙帝より銀と絹が下賜され盛大な葬儀が営まれました．

　この清朝初期における中国暦・イスラム暦対西洋暦の闘いは，最大の政治闘争でありました．このような中国の情報は，その都度日本へかなり正確に伝わっていました．日本にとって大国中国がそれも女真族に支配されつつあるという状況は，かっての蒙古来襲の再来を思わせ，徳川幕府を恐れさせていました．唐風説書『華夷変態』が纏められたのは，その必要性からでした．

マテオ・リッチ

アダム・シャール

フェルディナンド・フェルビースト

第6章　改暦——武家未曾有の盛典　163

第10節　まとめ——改暦と徳川政権の安定化

　中国や朝鮮の歴史を顧みると近世までの東アジアにおいては，時の政権が安定を目論むとき，改暦や新暦の頒布は重要な政治統治装置として機能していました．それは東アジアの一国として近世日本も例外であり得ません．
　従来ともすれば天文暦法史の研究は特殊であり古代からの天文学的・占星術的な側面や数学的テクニカルな側面からの追究が主であり，政治統治的側面や外交的・対外関係史的側面からの追究が少なかったのです．また，天文暦法史と社会史との連動した視点はほとんどありませんでした．
　現代においてこそ暦は単なるカレンダーであり，それが政治や外交問題にならないので，天文暦法史が注目されないのでしょう．暦注などは，現在でも多少呪術的な側面として生きています．
　しかし，近代以前の歴史を感じとるためには，天文暦法という視点から切り込んで，そこに新たな切り口を見出すことになります．
　例えば，何故，明暦3年(1657)になって『善隣国宝記(ぜんりんこくほうき)』が印刷されて出版されたのでしょうか．それまで京都五山の学僧によって写本されて来た本が，何故この時期に印刷されなければならなかったのでしょうか．板刻されたにしろ数百部単位の本が必要とされた理由は何でしょうか．
　それは徳川幕府のおかれた当時の状況にあったのでしょう．その一つは，徳川幕府の外交が五山の学僧から林羅山とその子孫達によって取って代わられたからです．二つには，明暦元年(1655)朝鮮通信使の来朝によって，徳川幕府は，古来からの日本の外交史における国書，国王名，年号，暦が重要な課題になると自覚させられたのです．三つには，四代将軍徳川家綱政権の脆弱さです．由比正雪による慶安事件が象徴する浪人問題もありました．政権基盤を補強するために，朝鮮通信使・琉球謝恩使による大行列と儀式や馬上才などは，政治的に重要なイベントになってきました．更に四つには，明暦3年1月に起きた江戸大火災（明暦の大火）に，家綱政権は大きな危機感をもちます．徳川家の莫大な財を持ち出し，死者を回向院へ葬ることによって，幕府の威信を回復し当面の危機を回避します．明暦の大火という危機でありましたが，中長期的な

視点で内政および外交を政権中枢が考えたとき，過去の歴史に学ぶためにも『善隣国宝記』の印刷は必要なことであったと考えられます．板刻されたということは，『善隣国宝記』を数百部単位で必要とするような公的な組織の存在が考えられます．徳川幕府の公的な組織があったということです．

このように改暦と内政および外交を関連づけて考察してみると，従来保井算哲（澁川春海）の改暦によって『貞享暦』が出来たと言われている歴史的出来事が，彼一人による個人的な行為であったとは考えられません．保井算哲が囲碁師でありながら，『時憲暦』や『天経或問』を入手でき研究できたのも，一個人の成せる業ではありません．元帝国における『授時暦』による改暦は専門家を多数集め，国家的な巨大事業として行なわれました．同じように徳川幕府の公的な機関の大事業として改暦が行われ，幕府公認の暦『貞享暦』となったわけです．

近藤正斎が，『貞享暦』を「武家未曾有の盛典」と賛辞したように，結果的に徳川幕府の安定化装置としての役割を果たしたことを示しています．

さて，澁川春海は77歳で病没し品川東海寺に葬られていますが，

　　　「法名　大虚院透雲紹徹居士」

この法名「大虚」をどのように読み解くでしょうか．通常は「おおぞら」の意でありますが．

―― 参考文献・註 ――

1) 大阪教育大学数学教育研究第27号（大阪教育大学，1998）pp.247-256.
2) 同上同誌第22号（大阪教育大学，1993）pp.75-100.
3) 日本学士院編『明治前日本天文学史』（臨川書店，1979）p.259.
4) 『近藤正斎全集』第3巻（国書刊行会，1906）p.142.
5) 藪内清著『改訂増補 中国の天文暦法』（平凡社，1990）p.9.
6) 同上同書 p.8. 川原秀城著『中国の科学思想』（創文社，1996）pp.80-147.
7) 鄭樑生著『明・日関係史の研究』（雄山閣出版，1994）pp.126-155，田中健夫編『善隣国宝記・新訂―続善隣国宝記』（集英社，1995），足利義満の行為は屈辱外交として当初から非難されました．このため嗣子足利義持は，義満の外交方針を断絶します．このような外交問題は江戸時代の外交にも影響します．それは足利政権の外交を実質的に担ったのが京都五山の学僧であったことです．『善隣国宝記』は相国寺の瑞渓周鳳（1391-1473）の著述で，日本で最初のまとまった外交史の書物と知られています．同じ相国寺の西笑承兌（1548-1607）は豊臣秀吉の外交顧問でした．閑室三要元佶（1548-1612）は足利学校庫主でありましたが豊臣秀次の外交顧問，没後徳川家康

の外交顧問になりました．元佶の跡を襲ったのは南禅寺の以心崇伝（1569-1633　金地院崇伝『異國日記』）であったことからも分かります．これは五山の学僧が中国を中心とする東アジアの国際語であった漢字・漢文に堪能で外交文書・国書の作成ができなかったからとも言えます．ポルトガル語も交易を中心とした国際語でした．田中健夫著『前近代の国際交流と外交文書』（吉川弘文館，1996），同著『中世対外関係史』（東京大学出版会，1975），村井章介著『アジアのなかの中世日本』（校倉書房，1988）．

8) 海老澤有道著『キリシタン暦―林家旧蔵本を中心として』（聖心女子大学論叢），尾原悟編『コンテムツスムンヂ』（教文館，2002）pp.303-304．

9) この根拠として，保井算哲（澁川春海）による貞享暦の上表文の中に「宣明暦天ニ後ルコト二日ナルコトヲ知ル」とあります（cf. 日本学士院編『明治前日本天文学史』p.259）．

10) 『国史大事典』第7巻（吉川弘文館）p.489．

11) 『朝鮮通交大紀』（名著出版，1978）pp.176-177，『善隣国宝記・新訂-続善隣国宝記』pp.416-419，には対馬で改竄された文書があり「朝鮮国王宣祖より日本国王（徳川家康）へ修好回復を伝えた書」となっています．その後この国書の改竄は徳川家光のころになって発覚し，対馬藩主宗家とその重臣柳川家との対立事件（柳川一件）となります．

12) 仲尾宏著『朝鮮通信使と徳川幕府』（明石書店，1997）p.120．

13) 朴永圭等訳『朝鮮王朝実録』（新潮社，1997）pp.239-245，『朝鮮王朝実録』は，仁祖など各王ごと分けて学習院大学東洋文化研究所で復刻されています．

14) 林鷲峯・林鳳岡編『華夷変態』全3巻（東洋文庫，1959）．

15) ロナルド・トビ著『近世日本の国家形成と外交』（創文社，1991）pp.79-85．

16) 任正赫編『朝鮮科学技術史』（皓星社，2001）pp.134-136．

17) 日本学士院編『明治前日本天文学史』p.255．

18) 渡辺敏夫著『近世天文学史　上』（恒星社厚生閣，1986）p.49，佐藤正次著『日本暦学史』（駿河台出版，1968）p.202，西内雅著『澁川春海の研究』（至文堂，1940，再版：錦正社，1987）p.39，でも「容螺山」と同じ間違いをしています．この間違いは『春海先生実記』（澁川敬也著）の文中「寛永癸未ノ年朝鮮の客，螺山ト云者来ル」にある「客」を「容」と読み間違え，しかも容を苗字，螺山を名としてしまったことによると思われます．この間違いの根元は，対外関係史・交渉史などへの関心の薄さにあると思われます．その証拠に螺山が朝鮮通信使の一員であったことが認識されていません．

19) 内田正男著『時と暦の事典』（雄山閣，1986）pp.328-329．この書では朴安期で号を螺山としています．

20) 著者未詳／若松実訳『癸未東槎日記』（日朝協会愛知県連合会，1988）［寛永20年朝鮮通信使の記録］p.85，寛永20年7月10日江戸に到着し7月22日まで逗留し日光へ向かい7月30日に江戸に戻っています．江戸には8月6日まで滞在しています．この間国書の捧持・接見・儀式さらに諸大名との付き合いと多忙を極めています．7月10日林道春（羅山）が来て，読祝官朴安期に面会したと記録されていますが，岡野井玄貞の面会記録はありません．

21) 内田正男著『時と暦の事典』p.122．

22) 李元植著『朝鮮通信使の研究』（思文閣出版，1997）pp.44-51．

23) 同上同書 pp.76-78．

24) 南蛮・キリシタン系の科学技術は，オランダ系として出自を誤魔化していく場合が多くありました．

25) 井上政重が家臣にオランダ人に天文学や数学を学ばせようとしていることは，その一つの現れで

す．
26）朴永圭編著『朝鮮王朝実録』pp.180-277，朝鮮への西洋暦法が知られたのは，1645年清朝の人質になっていた仁祖（在位1623-1649）の長男昭顕世子（1612-1645）によります．昭顕世子は北京でアダム・シャールと親しく交わり西洋暦法に心酔し，東洋と西洋の暦法に大きな差異があることを知り朝鮮の天文学が初歩の段階にあることに気づきます．1645年朝鮮へ帰国しましたが，仁祖によって毒殺されてしまいます．仁祖が大明事大主義であったことによります．仁祖の後を継いだ国王は，昭顕世子と一緒に人質になっていた弟鳳林大君（孝宗：在位1649-1659）で，反清感情が強く仁祖のメガネにかなっていたのです．仁祖は1623年クーデターによって光海君（李琿 在位：1607-1623）を捕え，大北派を粛清した人物です．その意味で1624年～1655年の朝鮮通信使の政治的な立場は，当時の朝鮮国王仁祖と孝宗が反清感情・大明事大主義であったことを考慮しなくてはなりません．それでも仁祖より現実主義者の孝宗は『時憲暦』の導入を図っています．姜在彦著／鈴木信昭訳『朝鮮の西学史』（明石書店，1996），pp.67-140，岸本美緒／宮嶋博史著『明清と李朝の時代』（中央公論社，1998）pp.244-291．
27）尾原悟編著『イエズス会日本コレジョの講義要綱I』（教文館，1997）．この講義要綱はペドロ・ゴメス神父（1535-1600）が起草したもので1593年に完成していました．スウェーデンの女王クリスティーナが蒐集してヴァチカンに収めたもので，452葉の和紙に墨で書かれたものです．その第一部がDe Sphaera（天球論）です．この天球論はヨハネス・デ・サスコボスコの『天球論』にもとづいて，更にグレゴリオ暦が詳細に組み込まれています（pp.453-459）．すなわち，暦法の原理と算定の方法が詳細に記されています（pp.261-263）．ルネサンス的な近代科学への新しい課題を含め，日本に必要な科学思想を実証的考察とともに論じています．このゴメスの天球論が小林義信（謙貞）の『二儀略説』と構成と内容がほぼ同じであることも分かっています（cf. 伊東俊太郎著「キリシタン時代の科学思想」『キリシタン研究：第10輯』）．このゴメスの講義要綱は，1621年までコレジョで講義されていたようです（p.461）．この間天正少年使節の一員となった伊東マンショこの講義要綱を学んでいます（p.454）．
28）ジュセッペ・キアラたちルビノ第2隊．
29）天理図書館に『崇禎暦書』125冊が所蔵されています．橋本敬造著「『崇禎暦書』にみる科学革命の一過程」，『東洋の科学と技術』（同朋舎出版，1982）pp.370-390，吉田忠編『東アジアの科学』（勁草書房，1982），pp.262-315．
30）アドリアン・グレロン著／矢沢利彦訳『東西暦法の対立－清朝初期中国史－』（平河出版，1986）p.40，アダム・シャールの伝記：Alfons Vath S.J.『Johann Adam Schall von Bell S.J.』VERLAG J.P.BACHEM G.M.B.H.KOELN. 1933．
31）榎一雄編著『西洋文明と東アジア』（平凡社，1980）p.199．
32）同上同書 p.203，フェルビーストの伝記：NOEL GOLVERS『THE ASTRONOMIA EUROPAEA OF FERDINAND VERBIEST,S.J.』（Dillingen,1687）STEYLER VERRLAG. 1993, R.A.BLONDEAU『Mandarijn en astronoom』（DDB, 1970）．

第7章　暦算家関孝和——小日向科学技術研究所

　前章において，17世紀の東アジアと日本の天文暦法と政治との関連等を考察してきました．本章では，これらのことを踏まえて，関孝和の和算上の業績はいかなる動機により，どのような状況でなされたのかを概観します．

第1節　暦算家関孝和

　関孝和が日本数学史上傑出した存在であることは多くの研究者によって明らかにされつつあります[1]．
　しかし，関孝和の出自や前半生および公的にも私的にも若干の逸話が残っている程度で，同時期のヨーロッパの数学者デカルト，ニュートンのように解明されていません．あまりにも史料が少なく，むしろほとんど分からないと言った方が適切です．
　たとえば，関孝和直筆の和算書あるいは稿本，ノート，メモ類，書簡などがあることを知りません．日本学士院所蔵の免許状は唯一関孝和直筆と言われているだけで何の根拠もありません．後に"算聖"と称される関孝和の自筆原稿や一片のメモ類だけでも珍重され弟子達に伝来されるはずです．
　『関孝和全集』で関孝和の著作を見ると生前出版された書籍は『発微算法（はつびさんぽう）』だけで『括要算法（かつようさんぽう）』は没後弟子達によって出版されました．残りの著作は写本で伝来したものです．『規矩要明算法（きくようめいさんぽう）』には関孝和の署名もなく，1811年まで気づかなかったとのことです．
　『三部抄』のうち『解見題之法（かいけんだいのほう）』の写本には年紀がありません．『解隠題之法（かいいんだいのほう）』の写本には「貞享乙丑八月戊申日龏書（きょうしょ）」とあります．「龏書」とは「謹書」と同じ意味です．この本も関孝和が貞享2年に書いたものか，あるいは弟子が写した年紀であるかもしれません．『解伏題之法（かいふくだいのほう）』の写本には「天和癸亥重陽日重訂書」とあります．「重訂」とはかさねて訂正した意味でしょうから，それ

以前の著作でしょう．このように関孝和が書いた日さえ確定できないのです．

さて，平山諦・下平和夫・広瀬秀雄編著『関孝和全集』²⁾で述べているように，関孝和の和算の成立は天文暦学研究を動機としています．『授時発明』『授時暦経立成』『関訂書』『四余算法』『宿曜算法』『天文数学雑著』が関孝和の知られている天文暦学研究の跡です．関孝和の天文暦学研究はいかなる動機で，どのような所で，どのような人達としたのでしょうか．関孝和の個人的で趣味的な研究と思われないからです．

前章で述べたように，東アジアにおける天文暦学研究はまさに最高権力者としての帝王の権威を象徴し，暦の頒布によって具現化するものでした．また，正確性の当否は帝王の権威に直結していました．それゆえ天文暦学研究は国家により独占するところとなり，民間にたいする禁止処置をともないました．一つは，器機装置・天文暦学関係図書の非公開および天文暦学関係者と外部との私的な交流を禁じることでした．もう一つは，民間における天文暦学書の私蔵と私習を禁じることでした³⁾．

17世紀における日本の天文暦学のおかれた状況が中国や朝鮮とまったく同じであったとは思いませんが，東アジア文化圏に属し中国系天文学と暦の大きな影響下にあった日本がそのことだけまったく例外であったとは考えられません．日本においても天文暦学は朝廷の権威の象徴であり，加茂（幸徳井）・安部の両家が天文道と暦道を独占してきました．

中国や朝鮮と天文暦法で異なる歴史状況は日本への西洋暦の受容が約50年以上早かったことです．しかも日本におけるキリスト教禁止がしだいに厳しくなっていった1620年ころから西洋暦は地下へ潜ることになりました．西洋暦法はたとえ地下へ潜ったにしろ，キリシタンや西洋の科学技術や知識文物に強い関心をもった人々によって地下水脈のように流れていました．その例が小林謙貞（義信）『二儀略説』です．この書の末に「正徳乙未秋九月下浣」と記されています．正徳5年すなわち1715年のことです．1720年幕府はキリスト教以外の漢訳書の輸入を正式に解禁します．『二儀略説』の翻訳原本であったペドロ・ゴメス著ラテン語『講義要綱』は1600年以前に書かれていましたから，その間100年以上も秘かに伝えられていたことは歴史的事実です⁴⁾．

これに対して中国（明朝・清朝）へのキリスト教および西洋科学技術の流れ

は，士大夫階層（徐光啓，李之藻たち）へ徐々に浸透し多くの漢訳書をもたらしました．このような歴史的な状況下で関孝和の天文暦学研究はどのようにおこなわれてきたのでしょうか．

第2節　関孝和と小日向科学技術研究所

　仮説「ジュセッペ・キアラは高原吉種である」は，自ずと高原吉種と関孝和の師弟関係と深く結び付きます．「関孝和の師が高原吉種である」という記録は荒木村英茶談にあります．すなわち，
　　「高原庄左衛門吉種，後に一元と言へり．…先生も初めは，此一元を師
　　とせりとかや」
たったこれしか記録が知られていません．ただし，江戸時代中期以降の和算家系図には，高原吉種の弟子として礒村吉徳，関孝和，内藤治兵衛の3名が記されています [5]．荒木村英も最初は高原吉種を師とし，後には関孝和に師事したといわれています．

　前記の仮説に従うと，礒村吉徳に関することも，関孝和に関する不可解なことも解明できることを前章までに論じてきました．たとえば関孝和の出自に不可解な点があったり，その師についても明確にしていない点などです．礒村にしろ関にしろ師がジュセッペ・キアラで，その学習の場が切支丹屋敷であったなどとても記録に残せないからです．

　筆者は関孝和が高原吉種すなわちジュセッペ・キアラを師としたと考えていますから，その場所は切支丹屋敷＝小日向科学技術研究所でありました．

　井上筑後守政重が構想した小日向科学技術研究所は，中国へ渡来した宣教師達の活動内容に近かったでしょう．改暦を目的とした天文暦算研究および観測，暦頒布のための印刷所，地図作製および新田の開拓，用水路の開削に必要な測量技術，大砲の製作および関連する軍事科学，それを支える普遍学としての数学研究であったでしょう．

　改暦にあたって小日向科学技術研究所のモデルのひとつは，元朝の天文台（司天台）であったでしょう．井上政重自身は最も進んだ西洋事情通でしたから西洋暦による改暦を目論んだのでしょうが，キリシタン禁制下において西洋

暦の研究はさせても現実的に，それを採用させることは無理です．結局のところ，元朝の『授時暦』で妥協が図られたのです．『授時暦』をモデルに改暦を試みたとき，実際の改暦作業において元朝の天文台がモデルになります．

　元朝における天文台の制度・構成・活動などについて，山田慶児著『授時暦の道』に非常にくわしく研究され書かれています．元朝はモンゴル人を支配者とする帝国であり，歴代中国王朝の範疇に収まりません．それゆえ，漢人による天文台（漢児司天台）[6]とイスラム天文台（回回司天台）[7]の2つが帝国公認の天文台として存在し活動しました．1320年北京漢児司天台の人員は120名に及んでいました[8]．回回司天台は37名とあり，天文学生数の違いのようでした[9]．いずれにしろ，改暦にともなう天文観測，暦計算だけでも個人の力でできるものではないことが，はっきりしています．

　ジュセッペ・キアラと天文学さらに井上筑後守政重を結びつける史料は『乾坤弁説』[10]にあります．この本に向井元升（玄松）による序文があり，「1643年筑前大島に潜入し，捕縛された蛮僧破天連鬼理至端之徒の長老に天文に精通した者あり，この者が井上筑後守政重に天文書を献じ，井上筑後守が忠庵（フェレイラ）に命じてこれを訳させた」[11]とあります．

第3節　徳川幕府の情報機構と小日向科学技術研究所

　徳川幕府の外交および情報担当・宗教統制担当の最高執行者であった井上筑後守政重は，明朝末および清朝におけるイエズス会宣教師達のめざましい活躍を知っていたでしょう．周辺国である日本ほど大国中国情報の収集に熱心でした．その情報の正確さは注目すべきものでありました[12]．「唐風説書」『華夷変態』『和蘭風説書』として残っている部分もあります．情報が外交においても軍事上でも決定的な意義を持つことは，現代と変わりありません．

　このことについて，近世日本外交史の研究者ロナルド・トビ教授は，
　　「幕府により考案された情報機構は，その方法，組織，行動がともに，近代の領事館，軍事情報機構と著しく似ている．時代の相違による技術と伝達の避けがたい相違を酌量すれば，ここで議論されている情報網は，春秋時代の軍事理論の教祖孫武，二十世紀のアメリカの「情報の技術」

の指導的な主唱者アレン・ダレス，或いは領事館，情報機関で働いている人々のいずれにも同じ程度に身近なものである.」[13]

さらに，

「日本では，外交の衝に当たる機関は，十七世紀にのみ存在したのではない．十八世紀に入っても弱体化せず，衰微もしなかった．既に述べたごとく，たとえば情報機関は十九世紀中葉までひき続きその機能を果たしており，……」[14]

と徳川幕府の対外情報機構の優秀性と組織の近代性とその持続力について賞賛しています．実にこの対外情報機構を創設し取り仕切ってきた人物こそ大目付井上筑後守政重でした．これだけの人物が切支丹屋敷として世間の目から隠蔽し科学技術研究所とすることなど朝飯前でしょう．しかも，うまい時期に潜入してきたイエズス会宣教師団を利用しない手はないでしょう．同時期に中国で彼らイエズス会の宣教師達が科学技術で貢献しているではありませんか．島原・天草の乱の苦い体験から明朝・清朝において宣教師達の大砲製造情報は井上政重の耳に達していたでしょう．

井上政重による小日向科学技術研究所の構想と運営は，東アジア情勢の緊迫化とヨーロッパ諸国の動静が大きく作用していました．対朝鮮国との外交のためには優秀な暦を必要とし，対ヨーロッパ諸国と清朝との軍事上の防衛として沿岸警備態勢や大砲の製造や測量技術の向上は非常に重要な政策でした．

井上政重による「正保国絵図」[15]づくりは，まさに沿岸警備態勢づくりと国内大名把握・統制策など軍事上の目的で作製されていました．

第 4 節　西洋測量術の伝来と小日向科学技術研究所

遠藤利貞著『増修日本数学史』の明暦 3 年の項に，

「この年暦版の濫行を禁ず．金沢清左衛門尉，始めて江戸地図を製作せり」[16]

明暦の大火，俗にいう振り袖火事は，明暦 3 年（1657）正月 18 日昼すぎ江戸本郷本妙寺で出火．小石川伝通院下新鷹匠町，麹町 5 丁目からも出火．20 日未明までには江戸の大半が壊滅しました．オランダ人使節が描いた江戸市街図を

見てもまさに焼け野が原でした．江戸城本丸，二の丸，天守閣，大名屋敷，旗本屋敷，寺社，もちろんほとんどの民家が焼け落ちました．江戸開府以来の壊滅的大打撃でした[17]．

この上記の文言にある，金沢清左衛門（1624-1684）による江戸地図作製こそ，明暦の大火後の測量と地図作製を記録したものです．

この金沢清左衛門は，西洋天文暦法を伝えた小林謙貞（義信）の弟子であった金沢刑部左衛門の長子です[18]．ここで重要なことは，金沢清左衛門は西洋式測量と地図製作をしたことです．しかも，縮尺1/3000で非常に正確でした．

> 「本年，江戸に大火ありて，延焼二昼夜に及べり．市中悉く焦土となる．死者十万八千人，将軍家綱大いに憂いて曰く，死者の多きは，地図無きの罪なり．すなわち，北條安房守に命じて，地図を作らしむ．ここにおいて，大いに規矩術を善くする者を，四方に需めて，金沢清左衛門尉を得たり．懇に上意を伝えて，急に江戸地図を作らしむ．清左衛門尉，専一に事に従う．福島伝兵衛これを督す．数十日にして，地図成れり．その迅速なる驚嘆すべし．」[19]

江戸全体を測量し地図まで作製するのに数十日でできるでしょうか．幕府がこれを機会に都市大改造したことは事実であり，そのための測量と地図が必要であったことも間違いないことです．市街地の道路を大幅に拡張し，日本橋通りは18メートル，通町筋も14メートル，広小路，火徐地，避難広場も設置されました．大名屋敷・武家屋敷の移転と避難所としての下屋敷の下賜，海岸の埋め立てで広大な造成地による築地，もちろん江戸城本丸御殿などです．

明暦の大火の5年後1662年に江戸大改造は完成しました．やはり，驚くほど迅速な行動でした．このために動員された測量技術者や地図製作者は，どう考えても常時数百名規模が必要です．こうした技術者をそれも西洋式測量術を会得した者を調達することこそ，小日向科学技術研究所の存在を抜きにしては不可能です．西洋式測量術を知ってるだけでもキリシタンの嫌疑を受けてもしかたがないときです．徳川幕府公認の科学技術研究所であり切支丹屋敷だからこそ彼らを集められ活躍の場となったのです．

第5節 『貞享暦』と関孝和

　これまで『貞享暦』に至る改暦は保井算哲（澁川春海）一人が成し遂げた快挙とされてきました．『貞享暦』改暦について関孝和の関与は知られていませんでしたが，下浦康邦によって，つぎの記録が発見されました．
　　「称新助天和元禄ノ際将軍徳川綱吉撰抜シテ天文頭トナス」
なる文言です．アメリカ合衆国議会図書館所蔵『本朝数学宗統略記』にあります[20]．さらに，下浦康邦はつぎの指摘もしています．すでに三上義夫が「和漢数学史科学史回顧録」で，会津日新館誌にあり，
　　「孝和は貞享改暦のときから委員か顧問様のものにもなったらしいが」
　　「関孝和が貞享暦改暦に際して，顧問役をしたのは記録に新しいが」
と指摘しています．
　すなわち，この本は『貞享暦』改暦が関孝和を天文頭として成し遂げられたことを記録した稀有なものです．
　本来『貞享暦』改暦への関孝和の寄与こそは，正史『徳川実記』などにいくつも残るはずです．『徳川実記』に『貞享暦』改暦は澁川春海によることがしるされています．関孝和のことなどどこを探してもありません．これは非常に不思議なことです．
　関孝和の伝記で最初に書かれたのは『武林隠見録』（1738年序文）で，そこに「……暦の法，天文等に至る迄，……」[21]とあるだけで天文暦学研究が主たる業績に位置づけられていませんし，『貞享暦』改暦などまったく言及していません．ここでも隠蔽がされています．
　関孝和の『貞享暦』改暦への寄与を隠蔽せざるを得ない事情があったのです．それは関孝和が小日向科学技術研究所で改暦のために秘かに研究していたことを証拠立てることです．しかも天文頭（顧問）は研究集団の存在とそれを主導していたのが関孝和であったことを意味しています．
　この関孝和の寄与と小日向科学技術研究所の存在を隠蔽しようとした決定的な理由は，関孝和や礒村吉徳の師としてのジュセッペ・キアラ達の指導的な役割でありました．むしろ，関孝和の寄与を公式に認めると，ジュセッペ・キア

ラの寄与のみを完全に封殺することは困難になります．

『関孝和全集』でも『貞享暦』改暦は実質的に，特に暦計算において同時代の人で関孝和しかいなかったと結論づけています[22]．実際に『授時発明』の計算を非常に丹念に追跡した横塚啓之の研究[23]からも幕府お抱え碁師が本職の片手間でやるのでは不可能に近いと言えます．保井算哲（澁川春海）自身も弟子の谷秦山に「わからなくて残念である」と告白していることもそれを裏づけています．

また，非常に奇怪な記録があります．『荒木先生茶談』に，

「古郡彦左衛門乗除往来を作る．後池田昌意と改めて，芝西応寺の門前に住せり．此彦左衛門授時暦を改めて，今の暦に叶ふ事を得たり．其の門人貞享暦を作りて官に納る後，昌意其作皆己が為る所成る事を官に訟ふれ共，上裁既に済たりとて，御取上なりしとかや．」[23]

この文の中で「其の門人」を保井算哲（澁川春海）と明記していませんが，別人は考えられません[24]．

「昌意常に宣明暦の天度と大差あるを慨して，暦理を講究せり．嘗て，元の郭守敬が著わせる授時暦を得て，大いにこれに通じ，終に当時の暦日をして，天歩に正合せしむるを得たり．然れども，当時安部家の在るあり．庶人猥りに暦日の正否を言うを得ず．これを以て，これを家塾に秘して，高弟数人の外，敢て他に示すこと無かりき．実に貞享暦の原作ここに存せり．然かるを貞享改暦は，全くその門人保井春海の功に帰せり．豈，惜しまざる可けんや．」[25]

さらに『増修日本数学史』に，「暦のことは安部家の所管のことで，庶民が正否を言えない」とあり，もっともなことで，しかも貞享暦の原作は池田昌意であって，保井春海の功ではないことをあげています．

この『貞享暦』改暦に対する池田昌意の言い分は，小日向科学技術研究所で共同研究した人々を代表したものです．たしかに徳川幕府の公認の暦とするために保井算哲は，お抱え碁師として培った人脈で保科正之，水戸光圀らの支援を得たり，朝廷（安部家）とのトラブルにならないように立ち回わりました．改暦の功を保井算哲一人にしておけば，小日向科学技術研究所の存在と役割を隠すことができます．しかし，池田昌意は黙っていられなかったのです．それ

でもギリギリのところで，保井算哲の名は記していません．実名の公表だけは避け，だれでも分かるように記したのです[26]．

第6節　黄昏の小日向科学技術研究所

関孝和の号に自由亭[27]とともに「子豹」があります．『天文数学雑著』の終わりに，

　　　「元禄己卯雨水日革墩　　藤子豹書」[28]

とあり1699年の作でしょう．また，『四余算法』の序文の末に，

　　　「元禄歳次＝丁丑＝，孟夏望後三日革墩　　関氏孝和子豹謹書」[29]

1697年の作と読めます．

号「子豹」と関孝和自身どんな思いをもって名乗ったのでしょうか．通常号は中国の古典から採る場合が多いようです．そこで考えられる言葉は，

　　　「君子豹変」

です．『易経』にあります．現在では，「態度などがすぐ変わる」という悪い意味でつかわれていますが，本来の意味は「君子は悪いとわかれば，すぐ過ちを改める」です．くわしく言えば，

　　　「豹の毛が季節によって抜け変わり，斑紋も美しくなるように，君子は
　　　　時代の変化に適応して自己改革をする」

となります．さて，号「子豹」と称した関孝和の心の内側が見えます．

関孝和著述年表[30]を見ますと，関孝和の著述は1680年から1685年までに集中していて，それ以降の著述は上記『天文数学雑著』と『四余算法』のみといった状況です．そして，1708年関孝和は没しています．2著とも天文関係書でありますが，「関孝和の遺したメモを一括編集したものと考えられ」ます[30]．

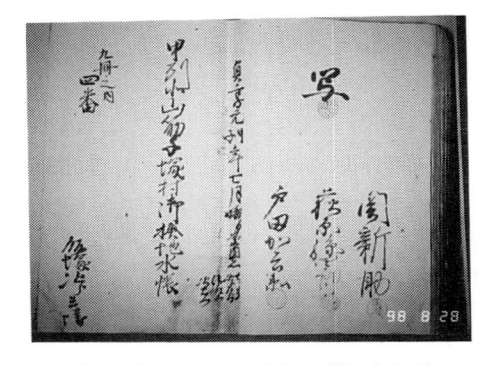

関新助（孝和）書名の検地表．甲州，貞享元年．

後著もそれまでの暦研究から比較すると改暦に直接結び付くような価値は少ないでしょう．1684年〜1685年関孝和は甲府で忙しく検地をしています．現在残る関孝和の著述は「重訂」とあり，意図的に甲府へ追いやりその間急ぎ写本を作らせたようにも見えます．また，1684年（貞享元年）『貞享暦』が採用されています．

そうしますと関孝和は号「子豹」を称することによって，本来目指していた改暦とは異なる方向に変化してしまったことへの自己批判と読めます．西洋暦による改暦を目指した小日向科学技術研究所の過去の栄光と不十分な『貞享暦』になった現在の黄昏を比べて「君子豹変」とつぶやくしかできなかったのです．

もう一度，関孝和著述年表と師である高原吉種＝ジュセッペ・キアラの動向を重ねてみましょう．ジュセッペ・キアラは1685年（貞享2年）に死去しています．前記しましたように，関孝和の著述もほぼ1685年で終わっています．これは偶然でしょうか．

さらに，奇妙な偶然が重なります．1684年ジュセッペ・キアラの一番弟子礒村吉徳著『頭書算法闕疑抄』の初版が板行されました．関孝和が生前唯一板刻した『発微算法』の解説を『発微算法演段諺解』とし1685年（貞享2年）に高弟建部賢弘の名で板刻しました．

関孝和の著書は，師であるジュセッペ・キアラの晩年を察して，それまでの著述を急いでまとめたものと，師の没後になってしまったものがありました．関孝和は，1685年頃で燃え尽きてしまったのでしょうか．傍書法演段術を公開した『発微算法演段諺解』の出版も師に対する記念としか考えられません．

『貞享暦』の採用もそれまで幕府へ二度も上表しても不採用でしたが，1684年（貞享元年）が三度目の正直でした．『貞享暦』は不完全というよりも，西洋暦法による改暦を研究していたジュセッペ・キアラと関孝和にすれば，非常に不本意な形でありましたが，幕府にすればこれまでの功績を歴史に遺す記念でした．一番弟子礒村吉徳著『頭書算法闕疑抄』の出版も，新しく頭注部分に師高原吉種の名を刻み記念としています．

そして徳川幕府によるジュセッペ・キアラへの感謝の記念は，カトリックの司祭帽を戴いた墓石として厳然として現在でも調布市サレジオ神学院に遺り，我々に語りかけてくれます．それは小日向科学技術研究所の栄光の記念碑でも

あります.

第7節　近世の人口爆発——小日向科学技術研究所

第2章で記したように，17世紀日本は2.5倍増という人口爆発を経験しました[31]．人口の激増はそれに見合った食料の大増産と必ず連動しています．

従って，日本の17世紀における人口激増は農地の開拓，水稲のための水源確保と水路の開削，農業技術の改革が推進された結果です．沼地や干潟を干拓して農地化するのも大事業です．関東各地にはその頃の歴史があり，確かな知識と技術を持った土木技術者を必要としていました．

このように確かな知識と技術を持った人材を育成し供給することがどのようになされたのかについては考えられたこともありません．17世紀に活動した和算家は有名無名も含めてその多くが土木技術者であったと考えられます．例えば，百川治兵衛，今村知商，吉田光由，礒村吉徳，村瀬義益などほとんど主たる実活動は土木技術者でありました．この技術者の育成と供給は組織的に行われていなくては，2.5倍の農産物増産の拡大は望めません．すなわち，何らかの公的な支援がない限り，技術者を育成し全国的に配置することはできません．それも徳川幕府が積極的に関与しなければできないことです．

技術者養成機関として小日向科学技術研究所が機能していたためであると考えるしか合理的な説明はできないと考えます．

第8節　余録——碁師保井（安井）算哲から天文方澁川春海へ

囲碁師保井（安井）算哲は，なぜ改暦を志したのでしょうか．囲碁師と政治勢力との結び付きと，一世安井算哲以来の安井家と本因坊家との怨念の対決が大きな原因でした[32]．特に寛文6年(1666)保井算哲が三世本因坊道悦との将軍列座でおこなわれる御城碁で敗れたことです．それも暦算学の知識を見せびらかせるように「天元の一」などと大見得を切ってはじめた争碁に敗れたショックは大きかったでしょう．その後「天元の一」を一度も打たず，しかも一世安井算哲の長男でありながら家職の囲碁師から逃げ出したと言われてもしかた

がなかった状況でした[33]．

　このような状況下にあった保井算哲が改暦の名誉によって一挙に挽回を図り，本因坊家等四家の囲碁師達の上に立ちたいと必死になったでしょう．それはまさになりふり構わずだったでしょう．

　彼は囲碁師で幕府の中枢や保科正之，水戸光圀に取り入っていたこともあり，幕府において秘かに天文暦学を研究していた小日向科学技術研究所の存在に気づきました．都合の良いことに，そこは外人潜入宣教師とキリシタン科学技術者たちの集団です．幕府にとっても，キリスト教厳禁という建前上，小日向科学技術研究所の成果として改暦を公表するわけにもいきません．暦編成権のある京都の朝廷や加茂家・安部家が騒ぐところとなり面倒になります．

　そこで幕府中枢が考えたのは，多少天文暦が理解でき碁師として世渡りもうまく，政治的な駆け引きにも長けていた保井算哲を利用することです．幕府中枢と碁師をやめたい野心家の保井算哲の利害が完全に一致したのです．

　保井算哲の脱囲碁師作戦は大成功します．それまでの囲碁師保井算哲はせいぜい 50 石がやっとでした．天文方澁川春海になったとたん，貞亨 4 年 (1687) 150 石になり，元禄10 年 (1697) 100 石加増し合計 250 石になります[34]．なんと囲碁師時代の 5 倍になったのです．本因坊家でも 50 石そこそこでしたから，澁川春海の得意満面の顔が見えるようです．本因坊家に完勝したした気分であったでしょう．

　しかし，その一方でジュセッペ・キアラと関孝和の改暦への貢献はほとんど歴史の闇に隠されていたのです．

―― 参考文献・註 ――

1) 平山諦・下平和夫・広瀬秀雄編著『関孝和全集』(大阪教育図書，1974) (文献：pp.2-376)．
2) 同上同書 (解説：pp.210-216)．
3) 山田慶児著『授時暦の道』(みすず書房，1980) p.82．
4) 尾原悟編著『イエズス会日本コレジョの講義要綱Ⅰ』(教文館，1997) pp.446-461．
5) 日本学士院編『明治前日本数学史』第1巻 (岩波書店，) p.39に初期和算家系図があります．『関孝和全集』pp.26-27 で高原吉種が関孝和の師であることは，「はなはだあいまいで，心細い説である」としています．
6) 山田慶児著『授時暦の道』pp.34-41．
7) 同上同書 pp.41-64．

8）同上同書 p.38，漢児司天台（司天監）の創設にかかわった劉秉忠はフビライの側近漢人ブレーンであったことも非常に重要でした．『元史』が出典の基本．
9）同上同書 p.59&pp.44-64，イスラム天文台としては，有名なのがマラガ天文台で，図書館もそなえた大規模なものでした．ペルシャ人天文学者ジャマル・ウッ・ディンが建設したものです．マラガはイラン西北にあったフビライの弟フラグのイルハン国にありましたから，ヨーロッパに影響を与えた有名な天文表を「イルハン表」と呼ばれます．藪内清著「イスラムの天文台と観測器械」『文明の十字路－イラン，アフガニスタン，パキスタン学術調査の記録－』（平凡社，1962）pp.144-155．
10）『文明源流叢書第二巻』（国書刊行会，1914）pp.1-100．
11）尾原悟編著『イエズス会日本コレジヨ講義要綱Ⅰ』p.458．
12）ロナルド・トビ著／永積洋子・訳『近世日本の国家形成と外交』（創文社，1991）p.101，情報ルートは長崎へ渡来する中国商人，渡来僧，反清勢力である南明政権，鄭一族，スパイなど．その情報の迫真性，詳細さ，正確なこと．
13）ロナルド・トビ著『近世日本の国家形成と外交』p.131．
14）同上同書 p.187．
15）川村博忠著『国絵図』（吉川弘文館，1997）pp.72-118．
16）遠藤利貞著『増修日本数学史』（恒星社厚生閣，1999）p.72，三上義夫著『日本測量術史の研究』（恒星社厚生閣，1947）pp.37-41．
17）黒木喬著『お七火事の謎を解く』（教育出版，2001）pp.9-15．Wolfgang Michel著『出島蘭館ハンス・ユリアーン・ハンコについて』（九州大学「比較言語文化研究科紀要」第 1 号，p.88．「明暦2年（1657）3月 2 日，ハンコはヴァーゲネルと共に井上邸に招かれ，江戸へ持参した薬品について解説をした．ちょうど，井上が「昨年長崎で彼のために指導をした際の多大な骨折り」に対して礼を述べていた時，ヴァーゲネルは「大鐘のような異様な物音」を聞いた．歴史に名を残す明暦の大火である．さらにしばらくして遠くから来るような大きな音が轟いた．井上は障子を少し開け，外を覗いたが，すぐに頭を引っ込めた．火事が見えなかったのか，又は客人を怖がらせないようにそうしたのか，とヴァーゲネルは分析している．井上はしばらく質問を続けていたが，若い男が，彼に何か伝えたいと入ってきて，一緒に部屋を出ていった．そのとき，皆にはそのまま留まっているように合図している．残された者たちが後方の障子を開け，廊下へ出ると，北の方の大火事から生じた高く立ち上がった黒い煙が見えた．」
18）三上義夫著『日本測量術史の研究』p.40．
19）遠藤利貞著『増修日本数学史』p.73，三上義夫は金沢清左衛門についての記述を疑っています．どこの資料からかと．『日本測量術史の研究』p.37．
20）『和算』第90号（近畿数学史学会，2000）p.13，最近発刊された『米国議会図書館蔵－日本古典籍目録』（八木書店，2003）p.376（3246.写．1折．袋．配架番号 WN: 051/和399），『近畿和算ゼミナール報告集（4）－下浦康邦氏追悼号－』（近畿和算ゼミナール，2001）．
21）三上義夫遺稿／藤井貞雄編『和漢数学史科学史回顧録』（私家版，1991）p.18と p.55，三上はこれらのことを「会津日新館誌」から引用していますが，現在刊行されてものからは発見できませんでした．
22）中村正弘・鈴木武雄『自由と和算家』（大阪教育大学数学教育研究第31号，2001）pp.119-124．
23）横塚啓之著『関孝和「授時発明」現代訳』（私家版，1994），関孝和の記述は，非常に簡潔であって，なかなか理解できません．それ故，関孝和が行った暦計算を横塚氏が詳細に復元したことは，非常に貴重です．具体的には一例として，最終的には，黄道の矢を x とし，つぎの 4 次の代数方

程式に帰着させて，

$$x^4 +3865.5625\, x^2 -1804707.859375 x+30016701.5625=0$$

それを解いています．近似解 $x=17.3253$ を求められます．すなわち，黄道の矢 $(x)=17$ 度 32 分 53 秒となり原文と一致します．この近似解は関孝和が記述しています．しかし，黄道の弧背，矢，弦，直径に関する基本方程式から変換して上記の 4 次方程式に至る複雑な過程および解法は記述していません．

24) 平山諦著『増補改訂－関孝和』（恒星社厚生閣，1981）p.44．
25) 遠藤利貞著『増修日本数学史』p.98．
26) 池田昌意，別名古郡彦左衛門といい著書『数学乗除往来』を刊行しています．この本の遺題を佐治一平著『算法入門』で解き，関孝和著『発微算法』を批判します．これに反論したのが建部賢弘著『研幾算法』です（第 8 章で詳述）．また，この本は円周率の近似分数 355/113 を和算書で初めて書いたことでも知られています．尚，筆者は池田昌意は江戸初期に富士川の洪水を防ぐ堤防，この地域での通称「雁堤」「雁音堤」を作った代官古郡一族と推定しています．（富士市史編纂委員会編『富士市史（上巻）』（富士市，1969）pp.586-628）．
27) 関孝和遺著『括要算法』序文にあります．参照 22)．
28) 『関孝和全集』p.502．
29) 『関孝和全集』p.467．
30) 『関孝和全集』p.484．
31) 速水融著『歴史人口学で見た日本』（文春新書，2003）pp.66-77．
32) 岩本薫編著『算砂・道碩／日本囲碁大系：第1巻』（筑摩書房，1977）．
33) 趙治勲編著『算悦・算知・道悦／日本囲碁大系：第 2 巻』（筑摩書房，1977）．
34) 佐藤政次編著『日本暦学史』（駿河台出版社，1968）pp.204-208，西内雅著『澁川春海の研究』（至文堂，1940，再版錦正社，1987）pp.182-186．

第8章　一生の奇会——白石・シドティ・賢弘

　『西洋紀聞』は新井白石(1657-1725)と1708年日本へ単身潜入したイエズス会宣教師シドティ（Sidotti, Giovanni Battista）(1668-1714)との出会いを記録したものです．新井白石は江戸時代でもっとも博識かつあらゆることに知的好奇心を働かせた大学者であっただけでなく，六代将軍徳川家宣・七代将軍家継の政治顧問として実際の内政外交の両面で活躍しました．その新井白石がシドティとの出会いを"一生の奇会"[1] "五百年に一人を得るべき人材"[2] と称したのです．同じ時期に，そのシドティに会って学んだと思われる一人の人物がいます．本章はこの"隠された一生の奇会"に焦点をあてたいと思います．

第1節　新井白石とシドティとの出会い

　宝永6年(1709)年11月22日切支丹屋敷で，白石とシドティは最初に会い，その後11月25日，11月30日，12月4日の4回会っています．これが公務日記である『新井白石日記』[3] に記してあります．関連記事を書き出してみます．
〈宝永5年（1708）〉
（10月）〇「五日　……又八月廿八日，薩州の沖に，帆数多き船東へ行とみえたり，廿九日，又右のことく現れ候て，本朝の人のことく，さかやきそり刀さしたる異国人，陸に一人あるを，長崎へ通して……略」
〈宝永6年（1709）〉
（11月）〇「九日　市正殿より申来，九時出仕，越前殿ヲ以て，長崎并異国人御用被仰付，」
　　　　〇「廿一日　四時出仕，今日横田備中守・柳澤八郎右エ門へ，三阿同道にて対面，明日ロウマ人へ対面之申し合わせし」
　　　　①「廿二日　改屋敷にて異人に対面，横田・柳澤出合ふ，帰宅之後

②「廿五日　改屋敷にて異人対談」
（12月）③「晦日　改屋敷へ参」
④「四日　改屋敷へ参，此日渡海之事相しる」
○「九日　越前殿へ一封進す，これハ今度ノ異人事に付申入ル旨ありて也」

　実際に新井白石はシドティに 4 回だけでなく何度も会っていると考えられています．前記した新井白石の安積澹泊(あさかたんぱく)宛書翰で，
「羅馬人(ろーまじん)に度々出会候事凡そ一生の奇会たるべく候」[4]
と記しているように，上記 4 回以外もかなり自由に会っていたと見るべきです．"一生の奇会" を 4 回だけに終わらせることはないし，『西洋紀聞』の詳細かつ重層的な記述にもそれを感じさせます．

　新井白石日記は宝永 5 年10月5日シドティの最初の動静を記しています．偶然のことか，この日の前日10月4日算聖関孝和が死去しています．新井白石と関孝和は知人で同じ甲府宰相綱豊時代から仕えていました．貞享 2 年 (1685) ジュセッペ・キアラが死去し，すでに 24 年が経過しています．改屋敷とは切支丹屋敷のことで，越前殿とは側用人間部詮房(まなべあきふさ) (1666-1720) のことです．『西洋紀聞』上巻の冒頭も宝永 5 年 10 月 6 日が書き出しです．

第 2 節　シドティの学識

『西洋紀聞』でシドティの博学博識に驚嘆して，
「凡そ其人，博覧強記にして，彼方多学の人と聞えて，天文地理の事に至ては，企て及ぶべしとも覚えず．」
「彼方の学，其科多し．それが中，十六科には通じたりと申しき．たとえば，其天文の事のごときは，初見の日に，坐久しくして，日すでに傾きたれば，某奉行の人にむかひて，時は何時にか候はんずらむと問ひしに，此ほとりには，時うつ鐘もなくてと申されしに，彼人頭をめぐらして，日のある所を見て，地上にありしおのが影を見て，其指を屈してかぞふる事ありて，我国の法にしては，某年某月某日の某時の某刻にて候

といひき．これらは其勾股の法にして，たやすき事と見えしかど，かく
たやすくいひ出しぬべしともおもはれず．」[5]

と科学的で実践的な知識の具体をつぶさに記しています．これは白石が天文時報のことが客観的で普遍的な学問であることを直感しシドティを高く評価することになった契機でした．

ヨーロッパの学術は多いが，その中でシドティは 16 科目に通じていたとあります．このヨーロッパ学術の内容はイエズス会の学事規定[6]によっていて，ラテン語に関する諸学，弁証術，哲学にはじまり，算術学，天文学，星学，地理学，軍事学，航海学などです．これはジュセッペ・キアラ（岡本三右衛門）が書き残した書とほぼ同じと考えられています[7]．特にイエズス会の学事規定において数学の学習は重要視されましたから，シドティの数学に関する造詣が深かったと考えて間違いないでしょう．そうでなくては，白石が"一生の奇会""五百年に一人を得るべき人材"などと驚嘆しないでしょう．数学のもつ普遍性が白石にそのことを感得させたのです．ラテン語と漢文を比較できないし，数学や天文学しかシドティの学術の高さ，それも"一生の奇会""五百年に一人を得るべき人材"などと途方もない評価はできません．

さて，はたして白石にこのような評価ができたかどうか大きな問題です．

第3節　新井白石の知り得た情報——西洋科学書漢訳本への接近

白石はシドティに会うための下調べとして，ジュセッペ・キアラの筆書本を切支丹屋敷から借り出し読んでいます[8]．ブラウとマテオ・リッチの世界地図も同じように切支丹屋敷から借り出しています[9]．これらの資料によって，二人の話し合いがスムーズに進んだのです．

ところで，切支丹屋敷にはキリスト教関係書として禁書になっていた多数の書籍が所蔵されていたと推定されます．それらは多くの殉教した宣教師たちやキリシタンたちから没収した書籍であったり，キアラたち潜入した宣教師たちがもたらした書籍，長崎から輸入した書籍もあったとするのが自然です．江戸時代流布したキリスト教関係漢訳書所在目録における旧蔵者には，幕府の図書館であった紅葉山文庫，御三家の尾張や水戸徳川家，松平定信，など多数が知

られていることも理解できます[10].

新井白石は，これら切支丹屋敷所蔵の禁書本を自由に閲覧し借り出していたのです．その痕跡が白石の写した西洋科学書の李之藻による漢訳本『句股弦度図説』です[11]．この白石による写本はマテオ・リッチと徐光啓・李之藻による漢訳本『天学初函』の中の一冊『渾蓋通憲図説』から鄭懐魁が若干改訂した本があり，それを書き抜いたものです．いずれにしましても，白石はキリシタン関係書として禁書になっていた本を丁寧に写しているのです．

また，白石が『句股弦度図説』を写した動機は前記引用した『西洋紀聞』の，
「これらは其勾股の法にして」
という文言と奇会の一場面と重なっています．おそらく白石はこの奇会の一場面に衝撃を受け，切支丹屋敷の書庫に駆け込み漢訳書を見つけ借り出し丁寧に書き写したのでしょう．

尚，『句股弦度図説』は「新井白石関係文献総目」[12] に掲載されていません．

「新井白石年譜」によると，元禄6年（1693）12月，白石は木下順庵の推挙によって甲府宰相綱豊に出仕しています．宝永元年（1704）12月綱豊が将軍継嗣となり家宣と改名し江戸城西の丸に入っています．白石も西の丸寄合となっています．宝永6年（1709）1月10日将軍綱吉が死去，1月20日「生類憐令」を廃し，5月家宣が第六代将軍になっています．

すなわち，最初白石は綱豊のブレーンでしたが，綱豊が将軍継嗣になり将軍となったことから，最高権力者将軍家宣のブレーンとして幕府政治中枢に位置することになります．綱吉死去後直ちに「生類憐令」を廃止した一件は徳川幕府の政治の特徴がよく現れています．当然家宣への白石の助言が大きく働いていました．

従って，宝永5年（1708）6月シドティ上陸という機密情報をいち早く新井白石は知る立場にいました．さらに，翌1709年白石がシドティに会える立場にあり，切支丹屋敷に関する機密事項や禁書へ自由に接近できたでしょう[13]．

正徳2年（1712）10月14日将軍家宣が死去していますから，白石の情報と権力への関与が最高であった時期に，シドティと会見したのです．正徳4年（1714）10月21日シドティが死去しています．

享保元年（1716）4月30日第七代将軍家継が死去，5月1日吉宗が第八代将軍となりました．5月3日白石が致仕を願い，5月16日白石は解任され幕府権

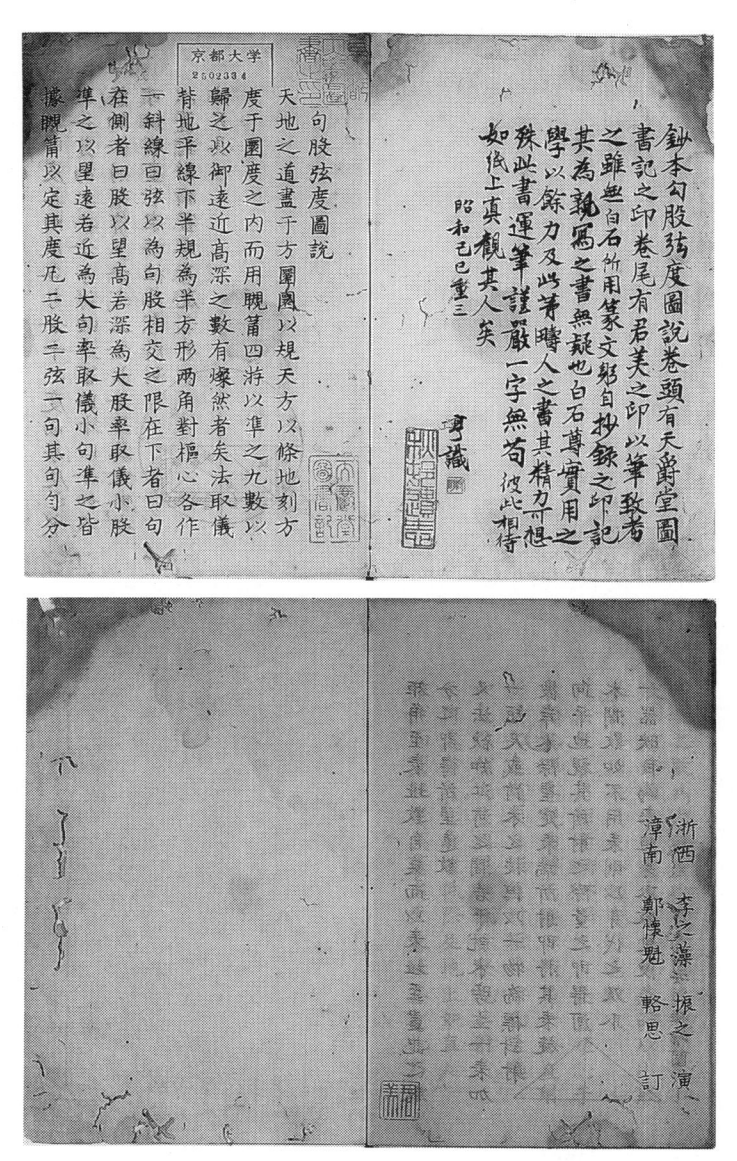

第8章 一生の奇会——白石・シドティ・賢弘　185

『句股弦度図説』（上：1丁表，下：11丁裏），（京都大学附属図書館所蔵　谷村文庫）

力から完全に離れます．

『西洋紀聞』は正徳5年（1715年）2月中旬に初稿がなりましたが，その後厳しく秘密にされていました．旧権力中枢から離れ，吉宗新政権への恐れからでありました．前政権中枢にいた者にたいする弾劾の恐れです．

第4節　新井白石と建部賢弘――奇怪な沈黙

『新井白石日記』に関孝和は元禄15年（1702）12月25日「切米扶持の証文」（200表・20人扶持）の署名者の一人としてのみ記されています[14]．関孝和の高弟で同じ綱豊の家臣であった建部賢弘の名は日記にありません．この年で3人の年齢を比べると，関孝和約62歳，新井白石45歳，建部賢弘38歳です．

白石の『退私録』[15]にも関孝和の逸話が記されていますが，建部賢弘については沈黙しています．

白石が甲府宰相綱豊へ出仕したのは元禄6年（1693）12月37歳のときですが，建部賢弘が綱豊の家臣になったのは元禄5年（1692）12月28歳のときです．すなわち，白石が綱豊の家臣になる1年前に賢弘は家臣となっていたことになります．

しかも，建部賢弘は19歳で『研幾算法』，21歳で『発微算法演段諺解』4冊，26歳で『算学啓蒙諺解大成』7冊を出版し，その2年後28歳で綱豊の家臣になっています．その建部賢弘を白石が知らないことはあり得ません．

『建部彦次郎賢弘伝』の正徳2年（1712）の項に，

「正徳二年の秋より大樹（家宣）御不豫あり．悉くも台命に依て吾家に帰らず，六十余日が間，昼夜御傍に在て看病し奉るといえども，遂に其年十月十四日御事有り．同十九日尊骸を供奉して増上寺に送り申し，断髪して此処に籠居し，御喪を弔ひ奉る．」[16]（（）内は筆者）．

と家宣の側近ぶりを記しています．

当然のことながら家宣の葬列には新井白石も供奉し御誌銘をしたためています．これほどの近い間柄にもかかわらず，新井白石は関孝和に言及していますが，建部賢弘には沈黙しています．

白石が大部の数学書3種も出版している建部賢弘の数学や天文学について沈

黙しているのは不思議です．一方で白石はシドティの数学や天文学の知識に驚嘆し西洋科学書の漢訳本を写すことまでしているのにも関わらず奇怪です．

勿論のこと，建部賢弘は新井白石について一言もなく沈黙しています．この両者の関係は何であったのでしょうか．

建部賢弘著『算学啓蒙諺解大成』（全7冊）（1690年刊）．

第5節　シドティと建部賢弘──隠された一生の奇会

シドティと建部賢弘が面談したなどという記録（史料）は発見されていません．だからと言って，建部賢弘がシドティに面会しなかったとは言い切れません．賢弘は家宣側近を自認しているのですから，白石と同様にシドティに面会できるでしょう．

白石は公務としてシドティに面談していますが，前記のように公式記録4回以上に何度も会っていたのです．それは白石がシドティの学識に驚嘆したからです．しかも白石はシドティの学識の宗教や語学・人文の分野より数学や天文地理などに驚嘆したのです．

しかし，白石がシドティを"一生の奇会""五百年に一人の人材"と称することは，よほどのことです．白石自身江戸時代を通じても最高の学識を有していた人物です．その白石がシドティを評して言った言葉です．

白石は自身の数学について，

「我もとより数に拙し．かなふまじき事也といえば，これらの事のごとき，あながちに数の精しきを待つまでも候はず．いかにもたやすく学(び)得給ふべき事也といひき．」[17]

と謙遜していますから，"一生の奇会""五百年に一人の人材"とシドティを評価するためには，数学や天文学に造詣の深い人間の意見を聞くでしょう．

白石が関孝和に意見を求めようとしても既に宝永 5 年 (1708) 12月孝和は死去しています．次の年宝永 6 年 (1709) 11月白石はシドティと面談しましたから，既に死去した孝和に数学や天文についてのシドティの評価を聞くことはできません．

それでは新井白石は誰にシドティの数学や天文についての評価を尋ねたでしょうか．いやむしろ，「途方もない人物ですぞ！」「シドティは五百年に一人の逸材ですぞ！」と白石に売り込んだ人物がいたのです．

「学識の鑑定はシドティと同じ学問を学んだものがあってできることです．共通の学問とは，普遍性を持つもの，つまり数学です」[18]

第6節　建部賢弘の奇妙な転居

建部賢弘は甲府宰相綱豊の家臣になり，綱豊が将軍継嗣となり江戸城西の丸に入ったとき幕臣となります．宝永 6 年 (1709) 7月18日三番町に宅地 280 坪を拝領しています．同年12月18日小川町（稲荷小路）に宅地 300 坪を換えて賜り住んでいます．正徳 4 年 (1714) 5月19日一番町の宅地 400 坪に代えて拝領し，同年6月2日より移り住んでいます（『寛政重修諸家譜』より）．

西暦	建部賢弘の動向	シドティ・白石の動向
1704	賢弘，幕臣（御家人）となる	白石，幕臣（寄合）となる
1705		白石，西の丸に下部屋を与えられる
1706		白石，若年寄支配となる
1707		白石，帷子橋外（飯田町）屋敷拝領
1708		10月シドティ上陸情報（*白石日記）
1709	7月賢弘，三番町の宅地拝領	※6月家宣，六代将軍に就任
	12月18日賢弘，小川町へ転居	11月～12月4日シドティと白石面談

第8章 一生の奇会――白石・シドティ・賢弘　189

1712		5月白石，一ツ橋外（小川町）屋敷転居 ※10月将軍家宣死去
1714	5月19日賢弘，一番町へ転居 10月賢弘，布衣に任じられる	10月21日シドティ獄死
1718		※4月七代将軍家継死去． ※8月八代将軍吉宗就任．白石解任

　千代田区三番町は江戸城の北西で千鳥が淵戦没者墓園のあたりです．それに対して，江戸時代の地図で小川町（稲荷小路）は江戸城の北で水道橋のすぐ近くで，現在の千代田区三崎町です．さらに，千代田区一番町は三番町より南で半蔵濠の西隣です．

　ところでシドティが居た切支丹屋敷は現在の文京区小日向1丁目にありました．切支丹屋敷はもともと井上筑後守政重の山屋敷でしたから，江戸城の外堀の外で当時は屋敷も少なく寂しいところでした．大名の山屋敷（下屋敷）は普段は物置で火災のときの避難場所でしたから，通常の武家屋敷から離れた郊外につくりました．

　結論的に申し上げますと，建部賢弘が三番町屋敷から小川町屋敷へ転居したのは，小日向の切支丹屋敷へ通うためであったと睨んでいます．三番町屋敷から切支丹屋敷に通うよりも，小川町屋敷から切支丹屋敷へ通う方がずっと近く便利です．おおよそ半分の距離です．1714年5月賢弘は一番町へ転居しますが，切支丹屋敷へ通えなくなります．それは同年2月シドティが召使い長助・ハル夫妻をキリスト教に入信させたことで地下牢に押し込められているからです．

　それゆえ，シドティに会えなくなった賢弘は同年5月一番町屋敷へ転居したと睨んでいます．そして同年10月21日シドティは獄死しています．まさに奇妙な転居と見るか，偶然と見るかです．切支丹屋敷にシドティを訪ね面談し，さらに切支丹屋敷へ通うために便利なより近くの小川町屋敷へ転居したと見るべきです．

　建部賢弘はシドティの西洋数学や天文学の学識の深さに驚愕し「五百年に一人の逸材ぞ！」と新井白石に伝えたのでしょう．1714年10月建部賢弘は布衣に任じられています．布衣とは幕府がつくった制度で六位にあたります．同年

10月にシドティは獄死し、賢弘は御目見以下の御家人から大きく昇進します．この結果は偶然でしょうか．賢弘に対する白石の推薦が大きく働いたと見るべきです．

第7節　建部賢弘後半生の累進

　将軍家継が死去した直後，新井白石は解任させられます．新将軍徳川吉宗は紀州藩主から将軍になりました．吉宗が御三家からのはじめての将軍でした．それまでの将軍は，

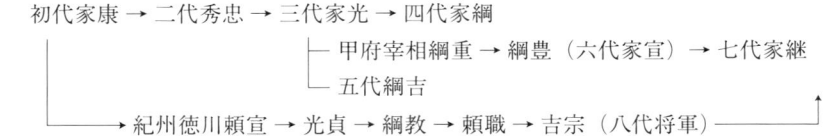

初代家康 → 二代秀忠 → 三代家光 → 四代家綱
　　　　　　　　　　　　├ 甲府宰相綱重 → 綱豊（六代家宣）→ 七代家継
　　　　　　　　　　　　└ 五代綱吉
　　　　→ 紀州徳川頼宣 → 光貞 → 綱教 → 頼職 → 吉宗（八代将軍）

と七代まで徳川宗本家の血脈でしたが，吉宗は傍系というべき立場でした．しかも吉宗自身紀州徳川藩主の庶子末子で，藩主になったのも兄達の死去により転がり込んだ幸運によります．この強運は吉宗を八代将軍にさせてしまいました．

　建部賢弘は家宣・家継の側近を自認していたほどです．享保元年 (1716) 4月30日将軍家継死去，5月1日吉宗新将軍就任，5月16日建部賢弘職を解かれ寄合となっています．新将軍になり前政権に近い人物や吉宗の必要としない人物は職を解かれるでしょう．

　その後享保5年 (1720) 3月13日賢弘は武蔵国妙見山・弁礼瀧山等の検地をした記録まで，4年間の記録は空白です．この空白の4年間を賢弘は何をしていたのでしょうか．

　武蔵国山地の検地をさせられた賢弘は吉宗政権の信任を得たのか，翌享保6年 (1721) 2月11日二の丸留守居となります．二の丸留守居職は二の丸の警衛一切を掌るもので，700石高布衣で焼火の間上席であるが閑職でした[19]．

　前将軍時代の賢弘は300俵[20]取りの御家人でしたから，新政権での役職は驚くほどの飛躍です．1俵は4斗，10斗で1石ですから，300俵は120石しかなりません．120石から700石は5.8倍となります．余程のことがない限り，

5.8倍の給料を出す現代の会社社長はいません．

それに留まりません．享保10年（1725）国絵図を受けて御褒美（時服三領費金五枚）を戴いています．さらに享保15年（1730）御留守居番になっています．留守居番は営中に当直して，大奥の警備および奥向きの用務を掌るもので定員5名，千石高布衣で中の間席でした[21]．700石から1,000石へ飛躍です．前政権時代と比べると9倍の飛躍です．

享保17年（1732）3月御広敷用人になっています．御広敷用人は将軍御台様御用人のことです．大体は1,000石以上の旗本から選ばれました[22]．前職で1,000石でしたから，2,000石〜5,000石になったと考えられます．この広敷用人は広敷伊賀者を支配する最高責任者でした．八代将軍吉宗は紀州藩時代の家臣を御庭番として隠密活動を盛んにさせましたが，身分は広敷伊賀者で広敷用人の支配下にありました．これまでに建部賢弘の警備情報機関の長官としての仕事についてのイメージと和算家としてのイメージをつなげて考えたことがあるでしょうか．ただし，御庭番だけは実質的に御側御用取次の加納遠江守と有馬兵庫頭の指示で動いていました．

それにしても建部賢弘は幕府御家人（御見目以下）から高禄の旗本（当然御目見）に大躍進したのです．この身分差は非常に大きく，昇格するにはよほどの功績が必要でした．建部賢弘の場合には，何が「よほどの功績」だったのでしょうか．

享保18年（1733）2月21日職を辞し，同年12月4日致仕し，元文4年（1739）7月20日76歳で死去しています．

第8節　累進の姿——建部賢弘宛の田沼主殿頭意行書状

建部賢弘が七代将軍家継側近を解任され非役の寄合になり，その後4年間の空白期間をおき八代将軍吉宗政権で再登場しました．さらにその後異例ともいうべき累進を重ね高位の旗本となりました．従来この理由は，建部賢弘の暦算学を吉宗が高く評価したからというものでした．

建部賢弘宛の田沼主殿頭の書状（料紙は縦15.7cm，横33.0cmの美濃紙，著者所蔵：口絵写真）を提示します．書状の翻字は，多年田沼意次や相良郷土史

の研究をされている相良史跡調査会長川原崎次郎にお願いしました[23].

> 建部彦次郎殿　　田沼主殿頭
>
> 以手紙申達候。然者
> 先日之御書物とも
> 彼是御吟味有之
> 別条無之筋ニ御座候。
> 仍之もたせ進し申候。
> 御見合(可)被成候御書物ハ
> 今一應御らん可被成候。
> 尤、同書(及)〔ママ〕無用書籍ハ
> 長崎へ返り可申候。
> 取込早々申渡候。已上
>
> 二月十八日

　　　建部彦次郎(賢弘)宛の田沼主殿頭書状．

　〈書状の大意〉　先日の書物を吟味したが別に問題のない筋です．持たせるので照合なさってください．書物は一応ご覧なさってください．もっとも，同書および無用の書は長崎へ返させます．

　この書物は長崎より取り寄せたもので，吟味を必要としていますから，西洋科学技術書（天文暦学・数学）の漢訳本と推定できます．禁書であるキリスト教関係の書物を吟味する手続きが記載されていると見ます．

　田沼主殿頭とは，意行といい田沼意次の父のことで，正徳6年（1716）5月吉宗が紀州藩より連れてきた側近の一人です．この年意行29歳で，賢弘52歳のことでした．意行は『徳川実記』に御刀持ち小姓として22度も登場します．享保9年（1724）12月意行は主殿頭に叙任し，享保19年（1734）8月奥間頭取に昇格900石加増され，合わせて1,500石の禄を得ています．享保19年（1734）12月死去しています．（享年47歳）従って，前記の書状はこの10年間のことです．

　『暦算全書』が長崎に渡来したのは享保11年（1726）のことで，賢弘は吉宗に本書の訳述を命じられたとあります．書状にある書物が『暦算全書』の可能性もあります．

　いずれにしろ，この書状は賢弘が書物をつうじて吉宗側近田沼意行と密接な関係をもっていたことを示し，賢弘の吉宗政権へ取り入りその後の累進につな

がったと考えられる証拠といってよいでしょう．

尚，田沼意行は「算数には優れた才能を持っていた」[24]とあり，その面でも建部賢弘の理解者であったでしょうか．

第9節 疑惑の大飛躍——建部賢弘の業績の検証

建部賢弘（1664-1739）の和算家としての業績は師である関孝和と並び称されるほど高く評価されています．その業績の中で板行された和算書は『研幾算法』（1683：19歳），『発微算法演段諺解』（1685：21歳），『算学啓蒙諺解大成』（1690：26歳）の3種だけです．それ以外の業績はすべて写本で伝わっています．

建部賢弘の業績と生涯履歴を比較年表で考察してみましょう[25]．

西暦	建部賢弘の業績	建部賢弘の履歴
1664		・幕臣建部直恒（右筆）の三男として誕生
1676	賢弘，兄賢明と関孝和に入門	
1683	賢弘著『研幾算法』板行す	
1685	賢弘著『発微算法演段諺解』板行す	
1690	賢弘著『算学啓蒙諺解大成』板行す	・秋，賢弘，甲府宰相綱豊家臣北條源五右衛門の養子となる（26歳）
1703		・養家のいじめで建部姓に復す（39歳） ・賢弘，綱豊の家臣となる
1704		・12月6日賢弘，幕府御家人，西城広敷添番となる．100俵月俸3口．
1707		・賢弘，西城納戸番士
1708		※関孝和死去
1709		・7月賢弘，西城小納戸．12月300俵となる． ※10月家宣，六代将軍となる． ※11月～12月白石，シドティに面談
1710	『大成算経』20巻完成	
1712		※10月将軍家宣没（51歳）
1714		・10月賢弘，布衣を許される．
1716		・5月賢弘，職を辞し寄合となる． ※4月将軍家継没（8歳）8月吉宗将軍就任
1720		・5月賢弘，武蔵国弁礼滝山等を検地する

1721		・2月賢弘，二丸留守居
1722	『綴術算経』『辰刻愚考』	・賢弘58歳
1725	『歳周考』	・9月賢弘，国絵図で賞賜される．
1726	『累約術』	・賢弘62歳
1730		・5月賢弘，留守居番
1732		・3月賢弘，広敷用人
1733	『暦算全書』へ序文	
1734		・2月賢弘，職を辞する．12月致仕．
1739		・7月20日賢弘死去（76歳）

　年紀不詳のものには，『円理弧背術（又は円理綴術）』『弧率』『算暦雑考』『授時暦議解，術解，数解』『極星測算愚考』『方陣新術』があります．

　さて，比較年表を熟考してみると，興味深い事に気づきます．それは建部賢弘が『綴術算経』『累約術』を著したのが58歳と62歳のときであることです．『綴術算経』『累約術』は建部賢弘の業績中で最も独創的であるだけでなく，和算史を超えて世界数学史上輝かしい業績と評価されています[26]．

(1) 『綴術算経』の第六で「極大極小問題」を取り扱っています[27]．

(2) さらに，第十二で「$(\arcsin\theta)^2$ を θ の冪級数に展開」したことです[28]．関数の無限級数展開に比すべき重要性を持っています．

(3) 第十一では円周率を求める際，関孝和による数値計算の加速法を改良し小数41位まで正しく計算しています[29]．

(4) 『綴術算経』が数多くの和算書の中でも異彩を放っているのは，数学方法論・数学思想的な見解を述べていることです．たとえば「綴術は綴り索めて術理を会し得る者也」「凡そ探索の方，理に據る者あり」「故に探て法則を可立，探て術理を可察，探て員数を可計」などという文言に端的に表れています．これについて村田全が『建部賢弘の数学とその思想』[30]として詳細に論じています．

　『累約術』は現代の数論で「有理数による無理数の近似」を論じる，いわゆるディオファンタス近似問題にあたるものです．藤原松三郎は，

「かかる問題は西洋数学史に現れたのは，ヤコービ（Jacobi）の遺稿論文（Crelle Jounal 69, 1869）におけるいはゆる Jacobi's Algorithm が最初である．しかるに賢弘はそのときより約140

年以前にこの問題を論じている．驚嘆すべき事実である」[31)]

と，まさに驚嘆しています．これは当時東北大学における数学研究が，ディオファンタス近似問題でも藤原松三郎，森本清吾等が研究の中心であったこととも関係しているでしょうか．

(5)『累約術』は関孝和による無理数（平方根，円周率）の近似分数を求める方法「零約術」を拡張したものです[32)]．形式的な拡張ではなく，本質的な飛躍であることは間違いありません．

さて，これだけの独創的な業績を上げた建部賢弘が偉大な和算家として評価されたのは当然なことでしょう．

しかし，冷静に思考してみると異常（異様）なことであることに気づきます．建部賢弘が独創性を発揮したのは50歳代後半から60歳代にかけてです．通常現代の数理科学方面で創造的な業績をあげた人達は20歳代30歳代のときです[33)]．

和算家が和算に熟達するのには時間がかかり，建部賢弘のように58歳，62歳でも不思議でないとおっしゃる方々もいるようです．が，建部賢弘の上記の業績は，並の和算家がそれまでの成果をまとめた類のものではありません．

建部賢弘の20歳代の業績もすばらしいものです．しかし，賢弘は『研幾算法』で確かな計算力を誇示していますが，独創的な研究とは言えないでしょう．『発微算法演段諺解』は傍書法演段術を世間に公表しましたが，賢弘は関孝和の代弁者という立場であったと言うべきです．『算学啓蒙諺解大成』も丁寧な仕事で後学の者にはありがたい仕事ですが，独創的な研究とは言えません．『大成算経』20巻はすばらしい業績ですが，建部賢弘の業績というよりも，関孝和の業績の集大成と見るべきでしょう．

比較年表で分かるように1691年〜1721年までの建部賢弘の業績は不明です．『大成算経』の編集に没頭していたと言うのでしょうか．建部賢明の方がその伝記に『大成算経』の編集の経過を述べているだけに1704年賢弘40歳頃までは十分な研究ができたと推測できます．20歳代の業績から考えれば，30歳代に大きな仕事，独創的な業績を上げ得るはずです．45歳とすれば1709年です．

しかし，実際に建部賢弘が独創性を発揮したのは50歳代後半からです．これは特異な出来事であったのでしょうか．賢弘は極めて例外的な人間であった

のでしょうか．筆者もそうですが50歳代になれば老眼にもなり，粘り強い思考力も正確でスピーディーな計算能力も格段に落ちるのが普通の人間です．

　本章第4節の考察をつなげてみると，この大問題は解決できます．すなわち，建部賢弘はシドティに何度も面談し大飛躍に結び付いたとすることです．賢弘はシドティより行き詰まっていた研究を格段に飛躍させることができる重大なヒントを得たのです．1709年（45歳）から1714年（50歳）まで賢弘はシドティに会うことができました．それから数年間シドティより与えられたヒントに基づきまとめたのが1722年『綴術算経』（58歳），1726年『累約術』（62歳）であったとすると，納得の行く説明になります．

　新井白石が建部賢弘のことについて沈黙しているのは，賢弘がシドティに何度も面談し大きなヒントを得たことを知っていたことです．また，吉宗政権になり白石は解任され『西洋紀聞』を知られることすら恐れていました．ところが，一方賢弘は吉宗政権にうまく取り入り，給与は数倍になり権力も手に入れます．白石の沈黙は賢弘への恐れでもあったと説明できます．

第10節　『綴術算経』に見える建部賢弘の心理と数学思想

　『綴術算経』を読んだとき，非常に気になることがあります．師である関孝和にたいする賢弘の対抗意識です．賢弘と孝和の間に確執があったのか，もともと賢弘自身に性格的な問題があったとも考えられます．

　このことについて村田全著『建部賢弘の数学とその思想』[34]の最後で詳細に論じています．

> 「『綴術算経』を理解するに当たって，建部が恩師・関に抱いていた幾分屈曲した心理を探ることがかなり有効なのではないか」

と記していますが，一方で，当初

> 「数学ないし数学の哲学の本筋から逸脱した好事家好みのゴシップ漁りに陥ってましょう」「数学史の本道の問題かという不安があって」

と論じることを抑制していますが，

> 「事柄は決してゴシップ漁りでないと思えるようになりました」

と記しています．

具体的に『綴術算経』にある建部賢弘の屈曲した心理のいくつかを追跡してみましょう．

(1)「算脱の法　第七」（継子立ての問題）のところで，

「算脱の法ハ兄賢明カ探会スル所ナリ．賢明カ生知孝和ニ亜リ．」[35]

と兄賢明の才能は師関孝和に次いでいると賞賛しています．賢弘本人ではなく兄賢明を採り上げて，

「賢明没シテ後，吾彼ノ成シタルヲ意テ始テ実ニ肯スルコトヲ得タリ」

と賢弘は兄賢明を立てています．逆に賢明が著した「建部彦次郎賢弘伝」では，弟賢弘の才能を，

「其稟性タル也孝和ニ不劣」「其妙最モ師ヲ超タリ」[36]

と師関孝和劣るどころか，超えているとまで激賞しています．この兄弟はお互いにお互いを褒め合っているのです．しかも，その才能の比較する基準が師関孝和なのです．この兄弟の奇妙な心理の背景が問題になります．

(2)「探求球面積術　第八」（球の表面積の求め方）

「吾元来ノ魯ナルヨリ観ルニ，……関氏生知ナルコト世ニ冠タリ，…… 吾生得ノ本質孝和ニ比スレバ減ルコト十ニシテ一ナルコトヲ．」[37]

と賢弘自らは魯鈍であり師孝和の才能の十分に一と謙遜しているが，その実，ひそかに自己の方法に対して満々たる自信があることを言外に記しています．

(3)「探円数　第十一」（増約術:加速法の拡張と連分数の発見）

「始関氏増約ノ術ヲ以テ定周ヲ求ルコトヲ理会シテ一遍ニシテ止ム……」

と関孝和が円周率を求めるとき，正131,072角形を円に内接させて小数15, 6位の真数を求めたが，賢弘は増約術を繰り返して適用することにより正1,024角形を円に内接させることで小数41余位まで求めたと誇っています．さらに，円周率の近似分数を求める〔零約術〕を関孝和は創始したが，賢明による発見として連分数の方法を述べています[38]．

(4)「探弧数　第十二」（弧背冪を表す無限級数：$(\arcsin \theta)^2$ を θ の冪級数展開）

「関氏弧率ヲ造改ムルコト歳次，吾亦重ニ造改ムルコト一次，……」

と弧率を求めるのに，関孝和は 2 度失敗したが，賢弘は 1 度の失敗だったと記しています[39]．

(5) 最後にある「自質説」は建部賢弘の数学の方法論を知る上で重要で，

「吾算ヲ学ンデ常ニ安行ナランコトヲ意フテ，算法ニ苦シムルコト久．蓋シ是未ダ自己ノ質分ヲ盡サザルユヘナリ．……」[40]

と長文をもって自己の比較的素直な気持ちを述べています．

第11節　建部賢弘の性格形成——生育歴と発達心理的な分析

　建部賢弘の屈曲した心理（屈折した性格）が 50 代後半になって突然現れたのでしょうか．それはあり得ないことで，賢弘自身の生育歴および成長過程，師関孝和との関係によって形成されたものです．また，主君家宣・家継の早すぎた死去によって，寄合となり一旦職を離れざるを得なかった状況も影響したでしょう．

　建部賢明の書いた『六角佐々木山内流建部氏伝記』[41]『寛政重修諸家譜』によりますと，賢弘は幕臣建部直恒の 3 男に生まれています．2 男が賢明でした．元来建部家は幕府右筆を家職とし直恒も右筆でした．長男賢之（賢雄）は幼い頃より書を習ったが「不堪ナル故」右筆を免じられています．賢明も病弱で右筆の役を免じられたとあります．賢弘について書に関する記述はまったくありませんが，二人の兄達と同様に右筆になるほどの腕はなかったと考えられます．兄弟そろって家職を継げる力量がないということは憂うべき状況です．それ故，賢弘は和算〔十三歳ニテ数ニ参ジ，兄賢明ト同ク，……〕を学ぶことを決意したのでしょう．

　『建部彦次郎賢弘伝』（以下『賢弘伝』）と『寛政重修諸家譜』（以下『家譜』）と記述内容が異なる所があります．賢弘について『家譜』では書き出しで，

「初め北條源右衛門某が養子となり，ゆえありて家にかえるのち，桜田の館に召され文昭院につかえたてまつり，……」[42]

となっていますが，しかし『賢弘伝』では，

「始メ名源右衛門賢秀ト称ス．然ルニ秀ノ字ハ家ノ通用タリトイエドモ，久シク避来レリ．今更是ヲ犯スニ憚也トテ，父此事ヲ説テ賢弘ト改メシ

> ム．元禄三年 (1690) ノ冬黄門綱豊卿ノ陪臣北條源五右衛門ト云ヘル者ノ養子トナリ，名ヲ源之進ト改ム．同五年 (1692) 十二月二十二日召出サレテ桜田営ニ勤仕ス．」[43] (（ ）内は筆者)

となっています．賢弘 26 歳（満年齢）のとき養子になり，28 歳で綱豊の家臣となったことになります．さらに『賢弘伝』は続いて，

> 「然ルニ此北條元来甚ダ邪欲無道ノ者ニシテ，賢弘ガ僅ニ賜ル所ノ資米ヲ七箇年ノ間押ヘテ是ヲ奪ヒ，……中略……，同十六年 (1703) ノ秋，己レカ意ニ不称ト訴ヘテ本家ニ返サントス．……後略」[44] (（ ）内は筆者)

と北條家による賢弘に対するイジメを延々と記述しています．この約 330 文字以上にも及ぶ長文の北條家への悪口は伝記として異様な感がします．

筆者は『家譜』がより正しい記述であって，賢明著『賢弘伝』にはその履歴を隠蔽する作為があったと判断します．

その根拠は，賢弘が養子になった年齢 26 歳が虚偽であることです．本章第 8 節に書いたように賢弘の業績は高く評価されています．その業績の中で板行された和算書は『研幾算法』(1683：19 歳)，『発微算法演段諺解』(1685：21 歳)，『算学啓蒙諺解大成』(1690：26 歳) の 3 種だけです．

『算学啓蒙諺解大成』の奥付に「元禄三庚午年初秋」とあり，『賢弘伝』にある北條家へ養子に入ったのは「元禄三年の冬」とありますから，大部の和算書 3 種も出版した後のことです．

これは非常におかしな事です．父直恒は明暦 2 年 (1656) 50 俵加増して，やっと 200 俵になったのが最高です．しかも，貞享 4 年 (1687) 賢弘 23 歳の時に，父直恒は職を辞しています．200 俵しかない御家人の父が和算書の出版を援助できたでしょうか．7 冊の立派な『算学啓蒙諺解大成』を出版したのは父が退職した後です．相当高額の出費になり，とても建部家で資金援助する余裕はなかったでしょう．長兄賢雄は延宝 6 年 (1678) に小十人組となっていますが，次兄賢明は延宝 5 年 (1677) 16 歳の時に賢隆の養嗣となって元禄 6 年 (1693) 御納戸士となっている状態です．また，賢明 16 歳のとき賢弘と共に関孝和に入門したとあります．

すなわち賢弘の本当の履歴は『家譜』にあるように，初め 13 歳の頃北條家へ養子に入り同時に関孝和へ入門し，学業を積み大部の 3 種の和算書を北條家

の援助で出版したが，26歳の冬北條家を離れたと見るべきです．その後元禄16年（1703）綱豊の家臣となったのです．

　何故このような手の込んだ履歴の改竄をしたか申しますと，北條家では養子の賢弘が大変優秀なので和算書『研幾算法』『発微算法諺解演段諺解』を出版する援助をしたが，さすがに大変な出費で困ったところへ更に7冊本『算学啓蒙諺解大成』の出版で呆れ果て，遂に離縁となったというのが真相でしょう．

　また，実子らしい氏盛（市之進）が宝永4年（1707）に北條家を継いでいますから，逆算して元禄3年（1690）頃に氏盛は生まれています．賢弘を養子としたのは北條家に男子がいなかったからです．しかし，実子でしかも男子氏盛が生まれたので賢弘は北條家を離れることにもなったのです．『賢弘伝』にある「元禄3年北條家の養子となる」は虚偽で「元禄3年北條家を去った」が真相です．

　このような理由で離縁されてしまった大秀才の弟賢弘伝をそのまま兄賢明は書けません．そこで養子へ入った北條家を悪し様に書くことで，やむなく建部家へ返ったとしたのです．

『賢弘伝』が手が込んだ書き方なのは，
　　「賢弘ハ吾身愚ニシテ養父ガ心ニ適ハズ，彼レガ実子ニ家ヲ継ガシメ，某ハ御暇ヲ賜ラント啓スルニ，卿（綱豊）其節義ヲ感シ給ヒ，賢弘ハ別ニ本姓建部ニ復シテ臣下ト成シ給フ．此時傍ノ人皆賢弘ガ信ヲ守ル事ヲ大ニ称歎シ，彼ガ欲ニ溺レテ忘レ，邪ニ贅金ヲ貪リ掠ルノ無道ヲ深ク憎ミ合エリ．」[45]（（　）内は筆者）

すなわち，賢明は，「賢弘自らは愚かで養父の心に適わなかったので，実子に家を継がせ，自分は暇をもらい家を出た」と人格者であったといい，「それゆえ綱豊がその道徳性を買って家臣とした」と賢弘を褒めたたえ，返す刀で再び北條家の悪口で止めを刺しています．

　ところが『寛政重修諸家譜』にある「北條家の家譜」には，北條源右衛門は氏英と名乗り源之丞とも称し，
　　「桜田の館にをいて文昭院（綱豊）につかえたてまつり，宝永元年西城にいらせたまふのとき御家人にくはへらる」（（　）内は筆者）
とあり，賢弘や関孝和ともに宝永元年に御家人に列しています．もし，北條源

第 8 章 一生の奇会——白石・シドティ・賢弘

右衛門が邪欲で賢弘の俸米まで掠め取って周囲からも悪く思われる人であったならば，その行為を綱豊は認めなかったでしょう．しかも儒教精神で功徳を説く綱豊が賢弘や関孝和と同様に遇することはなかったでしょう．

すなわち，北條源右衛門にそれほど悪口を言われる覚えはなかったのです．逆に言えば，建部賢明による『賢弘伝』は虚偽であったと言わざるを得ません．

『賢弘伝』にあるように賢弘が 26 歳から 13 年間北條家の養子であったとすると，39 歳のとき北條家を離れたことになります．

『研幾算法』は賢弘 19 歳のとき刊行された著作であり，池田昌意著『数学乗除往来』の遺題 49 問を解いたものです．ところで『研幾算法』著作の目的は，序文にあるように，関孝和著『発微算法』を批判した佐治一平著『算法入門』を徹底的に批判することです．

佐藤賢一は「建部賢弘著『研幾算法』の研究」[46]で，
> 「「佐治の解法はこうであるが，我々の解法はこうである」などとは一言も言わず，ただ淡々と問題と解答のみを記述する．そこには暗黙のうちに，読者が佐治と建部の本を比較考量することを求めているとも考えられる．それによって建部の側の解答が佐治の側のものよりも格段に勝っていることを一目瞭然に悟らせるようと言う魂胆であったのであろう．それほど自信が建部にあったとすれば，実際にそれはどのような形で現れたのであろうか．……」

と述べ，『研幾算法』と『算法入門』の解答を比較し，48 問中佐治の正解は 22 問であるのに対して建部の正解は 46 問という明瞭な判定を下しています．ただし，残りの 2 問については正誤の判断以前に意味不明であるとしています．序文の文言にある非常に厳しい批判を算法の力で示しています．

いずれにしましても，『研幾算法』にあるように非常に厳しい批判をした人物が，更に『発微算法演段諺解』『算学啓蒙諺解大成』を出版した人物が，それも 26 歳から 39 歳まで大人しく養子になって，ただイジメられているでしょうか．その上我々は賢弘の後半生の活躍と家宣・家継政権から吉宗政権に乗り換えた巧みな処世術とそのことによる飛躍を知っています．

このことでも，「賢弘が 26 歳になって北條家へ養子に入ったがイジメに耐えて 39 歳なってやっと北條家を離れ建部に帰った」などという『賢弘伝』は，

まったくの虚偽です[47].

　建部賢弘の前半生を筆者が正しく復元すると,「賢弘は幼児期から家職であった書を習ったがものにならず, しかも下級武士の3男でしたから将来仕官の見込みもなく前途は暗澹たる状況でした. そこで13歳ころ北條家へ養子に出され, 関孝和に入門させてもらい数学と天文暦学で身を立てる決心をします. 北條家は賢弘の数学の才能を喜び和算書の出版をさせます. しかし,『発微算法演段諺解』を出版したころから, 多額の出費を強いられた北條家との仲はしだいに悪くなり, 勝手に企画し出版した『算学啓蒙諺解大成』により決定的になりました」となります.

　幼児期から目から鼻に抜けるように才気走った賢弘でしたが, 兄たち同様に家職の右筆で仕官する望みは絶望的で父親は退職し経済的にも苦しく養子に行かざるを得なかったのです. 養家での生活は窮屈で実家のようには行きません. 我慢もしなくてはならなかったこともあったでしょう. このような生育歴をもった子供の多くは, 発達心理的に屈折した性格になりやすく, 後年になってもあらゆる場面で屈曲した心理となって出現します.

　兄賢明も同じように同時期に養子に入り, しかも病弱で, 家職の書も駄目で兄弟共に絶望的な気持ちで辛酸をなめたのです. それゆえ, 兄賢明は弟賢弘に同情し履歴を偽りその才能が師関孝和よりすぐれていると褒め称え, 逆に賢弘は『綴術算経』の中で兄賢明をさかんに立てることをしています.

　建部兄弟の奇妙な関係はこうした中で形成されてきたのです.

第12節　建部兄弟と関孝和——小日向科学技術研究所

　『賢明伝』によりますと, 賢明は万治4年 (1661) 正月26日生まれで, 16歳 (満年齢15歳) で弟賢弘と関孝和 (甲府宰相綱重の家臣) へ入門したと記しています. 賢弘13歳 (満年齢12歳) の時のことです. すなわち, 延宝4年 (1676) に建部兄弟は関孝和に入門しています. 甲府宰相綱重は延宝6年 (1678) 9月14日死去していますから,「綱重の家臣」という記述は間違いないでしょう.

　一方ジュセッペ・キアラが貞享2年 (1685) 死去し, 関孝和の著作が集中するのはこの年の前後数年間です. もちろん, 初稿ではなく重訂とあるように改

訂版の写本づくりが集中的になされたと見るべきです.

　いずれにしろ，建部兄弟の入門以来10年間ジュセッペ・キアラは生存していました．小日向科学技術研究所は改暦に向かって活動していた時期です．その痕跡を『賢明伝』に認めることができます．

　　　「丁時関新助孝和（甲府宰相綱重卿ノ家臣）ガ算数世ニ傑出セリト聞テ，兄弟各是ヲ師トシテ学ブニ，暦法天文同ク心ヲ留メテ，昼夜寝食ヲ忘レテ功夫ヲナシ……」[48)]（下線は筆者）

『賢弘伝』には，

　　　「十三歳ニシテ数ニ参ジ，兄賢明ト同ク，夙夜（早朝から深夜まで）ニ心ヲ盡シテ学ビシニ，太タ聡明ニシテ数理一貫ノ道ヲ深ク悟得テ，又歴術天文各其蘊奥ヲ極ム．其稟性タル也孝和ニ不劣，却テ暗ニ分合ノ諸数ヲ量リ，速ニ進退ノ衆技ヲ成ス事，其妙最モ師ヲ超タリ．……」[49)]（下線，（　）内は筆者）

とあります．この両者とも関孝和に入門して最初に学んだことは暦法（歴術）天文であると記述しています．その後天和3年(1683)より関孝和と建部兄弟の3人で『大成算経』の編集に入り，宝永の末(1710)に終わったと記しています．関孝和は宝永5年(1708)に死去していますから，『大成算経』20巻の編集のほとんどに関与したことになります．

　ここで再び注意しなければならないことは，入門して学んだのが暦法天文のことだと証言していることです．入門したての満年齢12歳と15歳の子供に暦法天文を学ばせるでしょうか．入門前に建部兄弟が相当の学習を積んでいたにしろ，暦法天文は和算学の応用でもあり，天文観測などの実務的なことも含まれ，合理的な学習過程とは思われません．

　建部兄弟が入門したころ，関孝和は小日向科学技術研究所でジュセッペ・キアラを顧問とし，多くのスタッフを率いて改暦のために暦法・天文の研究および天文観測を盛んに行っていたのです．だから入門した建部兄弟が最初に出くわしたのは暦法天文であり，彼らは暦法天文の助手をしたと解釈できます．「昼夜」「夙夜」という言葉に夜の天文観測が想起されます．

　「其稟性タル也孝和ニ不劣」「其妙最モ師ヲ超タリ」の文言は，どう考えても師関孝和に対して不遜な態度です．どうしてこのような不遜な言葉になって

しまったのか考えてみましょう．一つは前記したように建部兄弟の屈折した性格にあります．しかし，屈折した性格だけで不遜な文言を記述できません．かりそめにも「学ぶ身」です．賢弘の才能を関孝和以外の人物が高く評価したことがあり，その結果が上記のような不遜とも思える文言になったと推量できます．

賢弘の才能を評価した人物はジュセッペ・キアラしかあり得ません．キアラは関孝和の師でもあり，幼児から大成するまで熟知しており，「賢弘よ，あなたは孝和の少年期と比べても劣らない才能があり，ひょっとすると超えているかもしれないよ！」と激励したことがあったのです．師の師である老いたるキアラに激励された賢弘は有頂天になったことでしょう．

しかし，貞享元年『貞享暦』が採用されました．そのころ，関孝和は甲府の在で検地を忙しくさせられています[50]．幕府首脳陣にとって『貞享暦』を採用し公表するにあたって小日向科学技術研究所におけるジュセッペ・キアラや関孝和の貢献は極秘事項です．そこで関孝和を甲府藩の検地をやらせることで小日向科学技術研究所から体よく追放したのです．そのために関孝和を中心とした研究成果が散逸することを防ぐためにも，急ぎ写本づくりを行ったのです．

幕府首脳陣にとって長年貢献してきたジュセッペ・キアラも80歳の高齢になり先が長くないと踏み，多少不十分でも改暦を『貞享暦』で実現したのです．

このような小日向科学技術研究所の盛衰とキアラや関孝和への処遇を見聞していた賢弘20歳，賢明24歳は改暦の科学技術的なむずかしさと同時に政治権力との関係づくりの重要性を肌身で感じたのです．

こうして見ると『綴術算経』の各所に書かれた関孝和への対抗心が理解できます．数学思想の違いだけで，50代後半の人間（賢弘）が今は亡き師関孝和に感謝こそすれ対抗する意味がありません．師を超えてこそ弟子の本望なのですから．

『大成算経』20巻を編集し終え関孝和が死去（1708年10月）した頃，建部賢弘は44歳の壮年でした．ちょうどその頃主君家宣が死去（1712年10月）し幼君家継を戴いた政権は不安であったでしょう．賢弘は学問的に虚脱状態になり政治的にも先行き不安な時期を迎えていました．追い打ちをかけるように，享保元年（1716）賢弘がもっとも信頼していた兄賢明が死去します．同年4月8歳の

将軍家継が死去してしまいます．

　しかし，この時期に賢弘にとって一生涯を決定する出会いがありました．この「一生の奇会」が賢弘を学問的虚脱状態と政治的経済的な不安感を払拭させたのです．その「一生の奇会」こそシドティとの出会い（1709.11～1714.5）でした．白石だけでなく，賢弘にとっても「一生の奇会」でした．その結果が『綴術算経』『累約術』に結実したのですから．

　キアラと関孝和の関係を少年の頃見てきた賢弘にとって，突然潜入してきた西洋人シドティはまさにキアラの再来を見る思いだったでしょう．『大成算経』は偉大な業績です．しかし，それは師関孝和を主宰者とし兄賢明を含めた3人の共著です．『大成算経』は師の数学思想圏の範囲内の業績です．果たせるかなシドティとの出会いは賢弘に多大な収穫をもたらしのです．『綴術算経』にある師孝和への対抗心，師を超えたという満々たる自信が発露しています．幼将軍家継の死去（正徳6年（1716）4月）から新将軍吉宗に仕える（享保5年（1720）3月）までの賢弘の寄合時代こそ，シドティから学んだことを咀嚼しまとめ『綴術算経』『累約術』と形を成すための貴重な時間であったでしょう．

第13節　まとめ──建部賢弘とその時代

　白石・シドティ・賢弘の一生の奇会は宝永年間です．元禄年間につづく時代でした．江戸初期の人口は1,200万人±200万人で元禄時代前に急速に増えて享保時代には3,000万人になったと推定されています[51]．約2.5倍の人口増加は大変なことです．食料だけでも2.5倍必要です．原野の開拓，用水路の開削，農法の技術革新など相まって実現したのです．しかし，2.5倍と簡単に申しますが，外国からの輸入に頼ることなく2.5倍の人口爆発を可能にした歴史が解明されているとは言えません．

　建部賢弘の後半生に活動した享保時代は八代将軍吉宗の時代です．吉宗は実学を重んじ幕府財政を豊かにするための政策を推進します．江戸時代はお米を基礎としていましたからお米の増産は最も重要な政策でした．それ故，吉宗は米将軍とよばれました．

　賢弘は吉宗の政策の推進に貢献したと言われています．それは日本地図の作

製と改暦です．

(1) 享保日本図

享保2年 (1717) 8 月将軍吉宗は日本総図編集を命じました．勘定奉行大久保忠位を責任者とし実質編集者は北條氏如が担当しました[52]．15 年前に作製された元禄日本図を実測して正確でないことを発見しますが，実地測量にする際，基点となる「見当山」の望視調査を享保3年 (1718) から享保5年 (1720) まで3回，全国一斉に行っています．1回2回と北條氏如が行っていますが，3回目から建部賢弘が行っています．これが『建部家譜』にある「享保5年3月武蔵国妙見山弁礼山の検地」を指しています．

> 「最初の北條氏如による日本図編集は失敗に帰し，第3回目の望視調査は編集の行きづまりを打開するために，担当者を建部賢弘に交代しての全面的なやり直し調査であったと推測される．」[53]

日本総図の編集は各国絵図をつなぎ合わせる方法なので，各接合の仕方と配置が重要となります．もちろん，各国絵図は同じ縮尺で作製されることです．享保日本図は6分1里縮尺（216,000 分の1）という大縮尺でした．ちなみに，井上筑後守政重が指揮した正保日本図は6寸1里（21,600 分の1）の縮尺で初めて統一された画期的な地図でした．

いずれにしろ，享保10年 (1725) 9月16日建部賢弘は日本総図事業により賞されています．実際の完成は享保13年 (1728) 2月でした．

この享保日本総図の評価でありますが，あまりよいとは言えません．享保日本図の基になった元禄日本図が正保日本図よりもかえって図形がゆがみ，国境筋の接合に厳密さを求める編集方法は壁にぶっつかっていると評価されています．享保日本図も若干手直しはしましたが，

> 「享保度における隣国見当山の方位実測をともなう望視交会法は，一見きわめて科学的な印象をうけるが，隣接国相互の位置関係を相対的に決定するだけで，部分の小さな誤差が全体では大きな歪みを生む可能性を残している」[54]（下線は筆者）

と 80 年前に作製された正保日本図より劣るだけでなく，「一見科学的な印象をうけるが，……部分の小さな誤差が全体では大きな歪みを生む」といった科学技術者として決定的な評価をせざるを得ないようです．一見科学的な印象を与

えれば満足し，誤差の認識が甘いのでは実学を重視した将軍吉宗が高い評価をしたでしょうか．まがりなりにも日本総図完成で一応吉宗政権の権威づけはできましたが．

(2) 改暦について

　吉宗は天文や気象観測を自らしたと言われた人物です．その吉宗は将軍になって改暦を強く望んだでしょう．東アジアの伝統としても新政権の権威づけのために，新暦による改暦を天下に布告することは傍系吉宗政権の正統性をアピールできます．また，農耕の革新のためにも改暦は重要な要素であったでしょう．当時すでに『貞享暦』の問題点が明らかになっており，吉宗は天文方澁川春海の弟子猪飼文次郎に尋ねたが要領を得ず，建部賢弘をよんだところ，賢弘は京都の銀工中根条右衛門玄圭を推薦したといいます [55]．中根は中国の梅文鼎著『暦算全書』に訓点をほどこし，賢弘が序文をつけて将軍吉宗に献上しました．吉宗は満足したでしょうか．新暦による改暦が成されない限り，研究の第一段階に過ぎません．賢弘自身『授時暦議解』『授時暦術解』『授時暦数解』があり『授時暦』の暦法研究として評価されていますが，それによって新暦が造られるほど甘くはありません．

　幸い賢弘はキアラとシドティとの奇会によって，西洋数学及び暦法の優位性について知っていました．改暦は中国へ渡来したイエズス会宣教師たちによる『西洋新法暦』しかないことも知っていたのです．しばしば建部賢弘が洋学解禁の扉を開いた功績に言及しますが，賢弘がどのような経路で『西洋新法暦』の重要性を熟知できたのかを問題視してきませんでした．保井算哲（澁川春海）も明末清初の西洋天文学の知識に基づいた游子六著『天經或問』を読んでいましたが，当時厳禁であった西洋科学書の漢訳本を解禁し公に導入しようとした行動を建部賢弘がどうして起こしたかです．いかに吉宗が開明的な将軍であったにしろ，西洋科学書・西洋暦法の優位性について納得した説明を欲するでしょう．おそらく賢弘はシドティとの奇会によって，西洋科学書の漢訳本〔西洋新法暦〕を参考にしながらも，直接に西洋暦法の要点について聞いていたので，それを吉宗に上申できたと考えられます．

―― 参考文献・註 ――

1) 新井太吉著者相続人『新井白石全集』(発行者吉川半七, 1906) 第五pp.297, 新井白石著／宮崎道生校注『西洋紀聞』(平凡社, 1968) p.388. 新井白石の安積澹泊 (1655-1737) 宛書翰. 安積澹泊は, 水戸藩彰考館総裁でした.
2) 同上『西洋紀聞』p.414. 大槻文彦博士白石社版「校訂序言」.
3) 『新井白石日記』下 (岩波書店, 1953) pp.102-103, 他人に代筆させている部分があると解説にあります. ①②③④の4回会った記事です. 公務日記にしろ簡潔です.
4) 1) に同じ.
5) 同上『西洋紀聞』pp.13-14.
6) 佐々木力著『デカルトの数学思想』(東京大学出版会, 2003) pp.25-34, カパッソ・カロリーナ著「宣教師シドッティの研究」『神戸女学院大学論叢』第49巻・第2号 (2002) pp.109-143.
7) 海老澤有道著『南蛮学統の研究』(創文社, 1958) pp.14-26.
8) 『西洋紀聞』p.5, 実際にはそれ以外でも切支丹屋敷所蔵のマテオ・リッチの地図や禁書を借り出していました.
9) 『西洋紀聞』pp.30-32.
10) 『南蛮学統の研究』pp.301-317.
11) それは京都大学付属図書館谷村文庫に所蔵されている一写本『句股弦度図説』は白石の熱意を伝えるものになっています. この写本は1冊11丁, 表紙にある書名の最初の文字は破損し読めません.「□天墨禄」です. 原本に包紙があり, 狩野亨吉により「白石新井君美先生謄写」とあり, 原本内表紙に大蔵書家狩野亨吉による新井白石による写本であることが書かれています. 狩野亨吉の根拠は, この写本にある朱印「天爵堂図書記」と「君美」です. 天爵堂は白石の号のひとつで, 白石の多数の自筆写本には同じ朱印があります. この写本で重要なことは, 跋に「李之藻演　鄭懐魁訂」と記していることです. すなわち, この写本『句股弦度図説』は, 西洋科学書の漢訳本であったことです.『天学初函』によりますと『渾蓋通憲図説』の第1～第15までは, 天文です. 第16が「句股弦度図説」です. ただし,「比運規之器」(コンパス) の図と説明は,『渾蓋通憲図説』の首巻の末にあります.

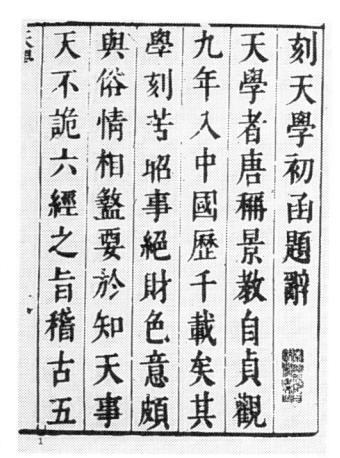

『天学初函』(序)

12) 宮崎道生著『増訂版　新井白石の研究』(吉川弘文館, 1969) pp.735-810. 但し,『渾蓋通憲図説』は天理図書館静嘉堂文庫蓬左文庫に所蔵されています.
13) 現代日本政府で内閣官房長官は外交・内政における全ての機密情報を知り得る立場にあり, 内閣官房長官が管理する厖大な機密費の使途についてニュースになったこともありました. 将軍家宣政権では間部詮房が内閣官房長官で新井白石は政治顧問の役割を果たしていました. 白石と間部との書翰もかなりあり非常に親密でした.
14) 『新井白石日記』pp.171-172, 関孝和は「新助」と署名しています.
15) 『新井白石全集』第5巻 pp.578-579「関新助和漢間数の話」関新助とて同僚に数学に達せし人に

第 8 章　一生の奇会——白石・シドティ・賢弘　209

間数を尋しに答に，一歩六尺　倭の四尺八寸也……．と中国の長さ面積の単位を日本の単位に換算することが記されています．記されている逸話の内容は簡単なことですが，重要なことは白石が関孝和をよく知っていて関心を持っていたことです．関孝和は白石の扶持証文に署名しているから，知っていたことは間違いありません．『退私録』に記すほど白石は孝和を算学者として尊敬していたと考えられます．

16) 日本学士院編『明治前日本数学史』第 2 巻 p.269，原本の写本は日本学士院に所蔵されています．
17) 『西洋紀聞』p.15．
18) 中村正弘著「もしETに出会ったら－普遍的とは何か－」（大阪教育大学数学教育研究第28号，1998）pp.185-190．
19) 笹間良彦著『江戸幕府役職集成:増補改訂』（雄山閣，1996）p.338．
20) 『建部彦次郎賢弘伝』には「宝永 6 年7月22日加恩 200石，役料 300 俵」となっているが，『寛政重修諸家譜』は「宝永6年7月23日西城御小納戸にすすみ，12月15日 200俵を加えられ，すべて 300 俵となり，月俸を収められる」とあります．『建部賢弘伝』には誇張や虚偽があり，『寛政重修諸家譜』の 300俵が本当である可能性が高い．『明治前日本数学史』第 2 巻 p.269と p.272 を比較参照．
21) 『江戸幕府役職集成：増補改訂』p.253．
22) 同上同書p.291，深井雅海著『江戸城御庭番』（中公新書，1992）p.49，p.9，御家人と旗本の違いよりも，御見目か御見目以下，すなわち将軍に御見目できるかどうかの差は大きかったのです．（高柳金芳著『江戸時代御家人の生活』（雄山閣，1982）p.15）．
23) 川原崎次郎著「田沼主殿頭意行の書状をめぐって」『相良史蹟』（相良史蹟調査会：2002）創刊号 pp.28-33．
24) 後藤一朗著『田沼意次』（清水書院，1971）p.33．
25) 『建部彦次郎賢弘伝』『建部隼之助賢明伝』『寛政重修諸家譜』を参照．
26) 村田全著『日本の数学・西洋の数学』（中公新書，1981）pp.132-142．
27) 『明治前日本数学史』第 2 巻 pp.291-292，ライプニッツ「無限量でも適用可能な極大・極小および接線を求める新しい方法」は1684年です．小川束著『建部賢弘の極値計算について』（京都大学数理解析研究所講究録：1998）「建部の方法は，いわゆる「微分学の理論」とは無縁のものであり，それとは全く別の経緯を辿って，導関数の発見に至り，極大値を求めていたことがわかる」と結論づけています．賢弘の自筆本と考えられている国立公文書館内閣文庫蔵『綴術算経』は小川束氏のHPで公開されています．
28) 同上同書 pp.299-310 この巾級数の公式の発見は 1737 年 L. オイラーと J. ベルヌーイによります．単純に比較はできませんが，数学史上で非常に重要な課題であることは間違いありません．
29) 上野健爾著「円周率はどのように計算されてきたか」『数学文化』（日本評論社，2003）vol.1No.1 pp.11-26，関孝和の増約術は数値計算法のエイトケン加速法で，建部賢弘はリチャードソン加速法を適用したことになります．小川束著「そろばんによる江戸時代の円周率計算」『数学文化』vol.1No1pp.59-68，『綴術算経』にある賢弘の円周率の計算を分かりやすく再現しています．小川束・平野葉一著『数学の歴史』（朝倉書店，2003）pp.6-131．
30) 村田全著『建部賢弘の数学とその思想』（「現代数学のあゆみ1」／日本評論社，1986）pp.81-116（雑誌「数学セミナー」への6回連載論文をまとめたものです）．『日本の数学・西洋の数学』（中公新書）pp.132-142でも．
31) 『明治前日本数学史』第 2 巻 p.311．
32) 同上同書 p.311関孝和・建部賢明・賢弘共著『大成算経』巻6では，零約術を用いています．

33）数学者 E. ガロア（1811-1832），N.H. アーベル（1802-1829）は有名な例です．ガロアは21歳でのあまりにも早い死でしたが，いわゆるガロア理論など数学史上燦然と輝く画期的な業績を残しました．アーベルも27歳の死でしたが天才を歴史に刻み込みました．K. F. ガウス（1777-1855）は『Disquisitiones Arithmeticae』が1801年出版で 24 歳の時です．相互法則の第1補充則を発見したのは1795年ガウス18歳の時です．正17角形の作図方の発見は1796 年ガウス 19 歳の時です．これらから D.A. に成長し成立したのです．G.F.B. リーマン（1826-1866）は1851年の学位論文が 25 歳の時，1854 年就職論文および就職講演が 29 歳の時，1858 年素数分布論とゼータ関数は 32 歳の時です．ちょっとした例外かもしれないのは，E. ネーター（1882-1935）でしょう．彼女が不変式論の計算（彼女自身は"がらくた"と言っていますが）から飛躍しイデアル論に達したのは1921年〜1926 年のことです．39 歳から 42 歳の時です．それとて，58 歳から 62 歳までは 20 年後のことであり彼女に失礼でしょうか．残念ながら彼女は 53 歳で亡くなっていますが．

34）村田全著『建部賢弘の数学とその思想』pp.111-116.
35）『明治前日本数学史』第 2 巻 p.293.
36）同上同書 p.269.
37）同上同書 p.295.
38）同上同書 pp.297-299，本書第1章第7節「礒村・村瀬方式の逐次近似法と連分数展開」でもできます．賢弘は，賢明に業績を譲ったのでしょうか．
39）同上同書 p.300.
40）同上同書 pp.307-399.
41）『六角佐々木山内流建部氏伝記』上下（写本／日本学士院蔵）この中に「建部隼之助賢明伝」「建部彦次郎賢弘伝」などと分筆されています．
42）『明治前日本数学史』第 2 巻 p.272.
43）同上同書 p.268.
44）同上同書 p.268.
45）同上同書 p.269.
46）『科学史・科学哲学』No.13（東京大学科学史科学哲学教室，1996）pp.26-40.
47）賢弘には生涯二人の妻が記録されています．先妻は本多信五兵衛政興の女で，後妻は三枝八郎左衛門守雄の女でした．それぞれの「家譜」から妻たちの年齢を推定しますと，先妻は賢弘より少し若く，後妻は賢弘より 20 歳近く若いと推定できます．このことと『賢弘伝』との矛盾もありますが詳細は省略します（cf. 私家版『和算の成立』下，pp.69-70）．
48）『明治前日本数学史』第 2 巻 p.270.
49）同上同書 p.269.
50）貞享元年，2 年の検地帳が現在も甲府に 14 通も残されています．
51）速水融著『歴史人口学で見た日本』（文春新書，2003）p.69，享保時代から幕末まで日本の人口は多少の増減はあるものの 3 千万人で推移しています．
52）川村博忠著『国絵図』（吉川弘文館，1997）p.227.
53）同上同書 p.233.
54）同上同書 pp.242-243.
55）国史大系『徳川実記』第 9 編 pp.292-294「有徳院殿御実記附録」にあります．

第9章 和算史の光と陰

第1節 歴史とは何か ――「歴史的真実」とは

　歴史に光と陰，あるいは表と裏があることは，誰しも認めることでしょう．和算史も同じことで，光も陰も表も裏もあるはずです．本章では，和算史の光と陰，表と裏を意識的にとりあげてみます．和算史を光の部分から見たり，陰の部分から見ることによって真相に迫ることができると確信します．

　このような発想は，井上筑後守政重のまったく別の面を発見したことにあります．これまで，現在でもほとんどすべての歴史書で井上筑後守政重は，キリシタンを弾圧し虐殺した宗門改奉行として描かれています．最初著者自身，同じように考えていました．しかし，第4章に書いたように，ルビノ第1隊と第2隊の処遇の差を契機として，井上筑後守政重の経歴，関係一族，初代大目付としての役割，彼自身の科学技術への興味関心の所在などから，それまでとは正反対の人物像が浮かび上がってきました．その結果，切支丹屋敷が秘密の科学技術研究所であったという，驚くべき歴史の裏面を暴き出してしまいました．

　もちろん，井上筑後守政重の発見以前に，村瀬義益『算法勿憚改』の書肆名を削って刊行するという裏面史にはじまり，礒村吉徳『算法闕疑抄』の初版本の秘密，そして高原吉種＝ジュセッペ・キアラの発見がありました．結果的に関孝和と建部賢弘の秘密まで立ち至りました．

　非常に不思議なことは，これら全てのことが，これまでの和算史研究上で問題にならなかったことです．村瀬義益『算法勿憚改』にしても，礒村吉徳『算法闕疑抄』にしても，それぞれ活字版や復刻版があり，多くの和算史研究家にとって非常によく知られた基本的な史料です．

　何故これらのことが和算史研究の対象にならなかったのでしょうか．その鍵は，史料の読み取り方や叙述の仕方の違いにあると思います．根本的には，歴史についての考え方の違いにあるかもしれません．「歴史とはなにか」と大上

段に振りかぶるつもりはありませんが，岡田英弘著『歴史とはなにか』[1]は分かりやすい説明をしています．

「そもそも歴史を叙述するということは，一個人である歴史家が，他人の経験を利用しながら，それを自分の認識のフィルターをとおして，組み立てていくことだ．個人である歴史家が，どのようにして，個人の視点を超えた，普遍性のある歴史を書くことができるか．それは第一に，その歴史家が，他人の経験にどれぐらい自分を投入できるか，ということにかかっている」[2]

また，次の言葉も重要です．

「史料はうそをつく，というのが歴史家の常識だ」[3]

つまり，史料がうそをつくという前提に立って，その史料を読み取っているのかどうかです．すなわち，史料を表面から眺めるのではなく，表面の奥底や裏面から読み解くことが常識ということでしょう．そこで史料とはなにかが問題となります．

そこで岡田英弘は，史料について[4]，

第1に，作者や，作者が属している社会の好みの物語の筋書にしたがって整理されている．

第2に，作者あるいはその社会が，記録する価値があると思ったことだけが書かれている．

第3に，史料はすべて，なにかの目的があって記録されたものだ．

と，史料のもつ制約をまとめています．すなわち，書かれたこと記録されたことが歴史の全てではないし，歴史的な真実でもないということです．

その上で岡田英弘は，「よい歴史」「よりよい歴史」とはなにかを定義し，その意義を書いています．

「「よい歴史」とは，結局，史料のあらゆる情報を，一貫した論理で解釈できる説明のことだ．こういう説明が，いわゆる「歴史的真実」ということになる」[5]

これらをまとめると，記録されたことが歴史的真実ではなく，一貫した論理で解釈できた説明が「歴史的真実」であると明言しています．

第2節 「和算正史」考

　これまでの和算史研究は，いわば「和算正史」を記述することを重点にしてきました．「和算正史」とは，毛利重能にはじまり，吉田光由，今村知商，高原吉種とつぎつぎと枝分かれし継承されていった和算家の歴史とも言えます．途中で関孝和という傑出した和算家の出現により始まる関流という正統の歴史も「和算正史」と言えます．これまでの和算史研究の重点は，この「和算正史」をできるだけ深く掘り下げ詳しく記述することに集中してきたと言えます．「和算正史」は，和算が正統に引き継がれてきたことに重点を置きますから，そこかしこに存在する不可解なことに目をつむりがちです．

　なぜ村瀬義益は3次方程式を逐次近似法で解こうとしたのか？　なぜ礒村吉徳『算法闕疑抄』の書肆名が村瀬三郎右衛問なのか？　なぜ関孝和は超時代的なのか？　業績はその天才性のみに帰すべきか？　なぜ関孝和には不可解な点が数々あるのか？　等々の疑問は，「和算正史」という視点のみから追究したのでは，課題として浮かび上がってきません．

　「正史」とは，正統性の歴史であり，変化があってもそれを認めてはいけません．また，変化を記録してはいけません．ある意味で非常に退屈な歴史とも言えます．人間がそこに生きて血が躍り血が沸き立つ歴史ではありません．生きた人間が行き交う歴史になりません．

　本章では，和算史を光と陰，表と裏から見ることにより，これまでの「和算正史」の変更を迫ります．

第3節 『徳川実記』の成立

　江戸時代の正史といえば，それは『徳川実記』[6]のことになります．中国史で正史といえば，前漢の武帝の時代に司馬遷が書いた有名な『史記』のことでしょう．中国の正史は，次の王朝が前王朝の歴史として記述します．例えば『元史』は，明の太祖洪武帝が編集させて1370年に完成したものです．

　日本では『日本書紀』を最初の正史として書き残しました．その後『続日本

紀』『続日本後紀』，鎌倉幕府による『吾妻鏡』とつづきます．しかし，中国のように，後の王朝が前の王朝の正史を記述するという伝統が，日本にはありません．その代わり原史料やその史料の写本が比較的よく残存しました．

『徳川実記』は，昭和4年，歴史家黒板勝美の書いた凡例によりますと，
> 「徳川実記は家康以来家治に至る江戸幕府将軍の実記にして，一代ごとに将軍の言行逸事等を別叙し，之を付録とせり．大学頭林衡総裁の下に成島司直旨を奉じ撰述し，文化6年に稿を起し，嘉永2年に至りその功を成したり．……」

とあるように，徳川将軍の言行や事跡を書き残す目的であったので，中国の正史が皇帝の正統の歴史を記述していることと同じようなものです．しかし，『徳川実記』は，後の王朝が編纂した歴史ではありませんので，徳川政権に都合のよいところしか採用しなかったでしょう．すなわち，批判的な要素が少ない歴史書といえます．

また，『徳川実記』が書き始められた文化6年（1809）という時代背景も考慮しなくてはなりません．それは，その頃から，ロシア，イギリス，アメリカなどの外国の船舶が来航して，国交や通商を求めてきたことと関係があると思います．

・寛政3年（1791）和算家でもある最上徳内がエトロフ島に至って，ロシア人の南下を知り幕府に報告しています．
・寛政4年（1792）ロシア使節ラクスマンが根室に来航し通商を求めています．来航の目的には，大黒屋光太夫等を護送する役割もありましたが．同年幕府は，林子平を蟄居とし『海国兵談』を絶版とします．
・寛政8年（1796）イギリス人プロートンが根室に来航し，翌年にかけて日本近海を海図作成のために測量をします．
・寛政9年（1797）ロシア人がエトロフ島に上陸します．また，同年に幕府は，外国船渡来の際，穏便に処置するよう諸大名に命じています．
・享和2年（1802）近藤守重（重蔵）ら幕命によりエトロフ島を視察します．
・享和3年（1803）アメリカ船が長崎に来航し，貿易を要求します．
・文化元年（1804）ロシア使節レザノフが長崎に漂流民を伴って来航し，貿

易を求めます.

この年以降，ますます外国船の来航が増加し，幕府は対応に苦慮しています．このような状況下で，『徳川実記』が構想され編集に着手したと考えてよいでしょう．当時の幕府首脳にとって，このような諸外国の圧力は，「鎖国」以来170年間にわたって築いてきた幕藩体制の危機を予感させたのでしょう．そこで『徳川実記』の編集によって，徳川家・徳川将軍の恩を明らかにし，諸大名，旗本・御家人にたいする忠誠心を呼び戻し，いざというときの御奉公をさせようと考えたのかもしれません．

第4節 『徳川実記』に現れた和算家・暦算家——関孝和は？

『徳川実記』に載っている和算家は多くない，というより，ほとんどないといってよいのです．『徳川実記』に載るためには，少なくとも大名か旗本である必要があります．その条件に適合する和算家・暦算家は，数えるしかありません．従って，本節では多少範囲を広げて，和算家・暦算家の周辺まで追究してみます．

まず，関孝和について調べてみましょう．関孝和は，甲府宰相綱重・綱豊の家臣であり，綱豊が将軍家宣になるに従い幕臣となっています．関孝和は後に伝記が書かれるほど和算家として，非常に有名でありましたから，何らかの形で『徳川実記』に載っても不思議はありません．いやむしろ載るのが当然と考えます．

ところが，関孝和の氏名は，『徳川実記』のどこを探してもありませんでした．『寛政重修諸家譜』にある関秀和，関新助でもありませんでした．もちろん，『徳川実記索引人名篇』[7]にもありません．たしかに関孝和が幕府直参になったのは，晩年の3年間であり，幕臣として活躍しなかったという理由かもしれません．しかし，綱重・綱豊の二代に仕え，新井白石とも知友な人物が『徳川実記』に一言も載らないのは不思議です．将軍家宣の時世を飾る『徳川実記：文昭院殿御実記』において，関孝和の名前は必要だったはずです．しかし，なぜか関孝和の氏名はありません．関孝和の身分が低く御目見得以下であったので，『徳川実記』に掲載しなかったと，決めつけることができるでしょうか．

ところで再度『徳川実記』第 6 編 (p.557) を調べてみますと，関孝和の氏名はありませんが，

　　「同邸納戸頭三人，勘定吟味役一人は共に西城納戸組頭になり」

とあります．このことは，宝永元年 (1704) 12月12日のことです．『寛政重修諸家譜』[8] の関秀和（ひでとも）新助のところに，

　　「十二月十二日西城御納戸の組頭となり，後月俸をあらためられ，すべて廩米三百俵となる」

という記載にあたります．『徳川実記』どこにも関孝和，関秀和，関新助の氏名を見出せませんが，櫻田邸の勘定吟味役で西城納戸組頭になった上記の人物こそ，関孝和のことです．

『寛政重修諸家譜』同上同頁，

　　「宝永 3 年11月 4 日務を辞し，小普請となる」

とあり，関孝和の辞職を伝えています．しかし，『徳川実記』の同年同月同日に全く関孝和のことは記載されていません．さらに関孝和の死去した日である宝永 5 年10月24日の『徳川実記』には，関孝和の死去のことなど記載していません．

第 5 節　『徳川実記』——関孝和の実家内山家の人々

関孝和の実家といわれる内山家について，調べてみましょう．関孝和の祖父にあたる内山吉明が，『徳川実記』に 1 ヶ所出現します．

　　「書院番内山左京吉明駿府に附けらる」[9]

とあります．寛永 4 年 (1627) のことです．

関孝和の父親といわれる内山永明は，2 ヶ所出現します．

　　「内山七兵衛永明は禄たまはり天守番となり」[10]

とあり．寛永16 年 (1639) のことです．駿河大納言の家臣であった依田権兵衛信忠の一統として，幕臣に帰り咲いたのです．さらに，寛永18年 (1641) のこと，芦田衆の一員として，

　　「内山七兵衛永明ら，駿州の采邑廩米もとのごとく賜ふ」[11]

とあります．駿河大納言家のお取り潰しに際して，蟄居していたが，あらため

て幕臣としてもとのままの采邑と廩米で取り立てられたということです．

『徳川実記』には，他に内山永清，内山永恭，内山永金などの氏名が出てきます．彼等は，関孝和より後代の人々でした．内山永清は，元文5年(1740)に将軍吉宗にはじめて拝謁し，明和7年(1770)に鷹匠頭になり66歳で死去しています．この後，内山本家は，鷹匠頭に幕末まで任じられます．

ここで，非常に不思議なことは，関孝和の兄といわれる内山七兵衛永貞の名前がどこにも見当たらないのです．内山永貞は，内山永明の長男で内山本家を継いでいます．また，永貞は，『寛政重修諸家譜』に勘定方で御林奉行や代官として活躍しています．将軍綱吉が，上野寛永寺の根本中堂を造営する際，内山永貞は遠州中泉代官〔現静岡県磐田市〕として大井川上流にある井川村〔静岡市井川〕の材木を切り出すことに大きな貢献をしています．この内山永貞の中泉代官就任は，『寛政重修諸家譜』に記載がなく大きな謎です．

いずれにしろ，関孝和の兄にあたる内山七兵衛永貞の名前が，『徳川実記』に一度も出ないのは，解せないことです．

第6節 『徳川実記』——内山庄左衛門と関新七

もう一人，内山庄左衛門という人物が記載されています．この人物が，この内山家に関係するかどうか判明しませんが，気になる点があります．『徳川実記』第6編[12]，元禄3年(1690)8月，

「廊下番内山庄左衛門某は二丸張番に貶され，廩米三百俵の半を削られ」

とあります．さらに『徳川実記』第6編[13]，元禄14年(1701)8月，

「二丸張番，内山庄左衛門某（ら，七名），みな飲酒の禁を犯したるをもって士籍を削られ」(（ ）内は筆者)

とあります．内山庄左衛門は，内山永貞や関孝和と同世代の人物であることが分かります．このような人物の不法行為が，『徳川実記』に載っているにも関わらず，関孝和が全く載らないのは，不可思議のほかありません．

ところで，『明治前日本数学史』第2巻[14]に，有名な和算家藤田貞資が遺した「関大夫之由緒」が記してあります．これに内山家の系図があり，長男内山七兵衛，次男内山庄兵衛，三男関孝和，四男内山小十郎となっています．関孝

和が三男となっているのも不可解です．その代わり三男内山永行〔新五郎，松軒，医を業とする〕が抜けています．四男内山小十郎は，四男内山永章のことで，間違いありません．それゆえ故意に内山庄兵衛を内山家系図から削ったとも考えられます．この「関大夫由緒」にある内山庄兵衛と『徳川実記』にある内山庄左衛門某と同一人物であるかどうかは，確定できません．筆者は，同一人物であったのではないかという可能性を捨て切れていません．

さらに，関孝和の養子となった新七（新七郎）は，この内山庄兵衛の実子となっています．『寛政重修諸家譜』第 22 巻 [15] で，新七について，

　　「享保九年（1724）甲辰八月十二日　甲府勤番被仰付」
　　「享保二十年（1735）乙卯八月十七日　不身持に付追放被仰付，家断絶仕候」（（　）内は筆者）

とあります．この関新七の行為と内山庄左衛門の行為と重なってきます．このように内山家および関家には，不可解なことがたくさんあります．

第 7 節　『徳川実記』——建部賢弘の場合

関孝和が『徳川実記』に全く載っていないのに反して，高弟である建部賢弘は『徳川実記』に 10 数ヶ所も記載されています．しかも，建部賢弘は，暦算家として高く評価されているのです．関孝和と弟子の建部賢弘の差はどこにあるのでしょうか．もちろん，関孝和に比較して建部賢弘は将軍吉宗の代に飛躍的な累進していますから，不思議はないかもしれません．しかし，暦算家としては，あくまで関孝和が師匠であり実績もありました．

《『徳川実記』と『寛政重修諸家譜』にある建部賢弘》

西暦	建部賢弘の記事	実記	家譜
1707	5月西の広敷添番三人，同所納戸番に加へらる [16]．	○	×
	班をすすめられて西城御納戸の番士となり．	×	○
1709	7月納戸番建部彦次郎賢弘は小納戸となる．	○	○
	12月小納戸建部彦次郎賢弘二百俵加秩有て実録三百俵となり．	○	○
1710	12月小納戸建部彦次郎賢弘，御印章彫刻せしをもて金二枚給ふ賢弘巧藝の誉れありて，是よりさきも璇璣玉衡など手造して奉れり [17]．	○	×

第9章 和算史の光と陰

年	内容		
	若年より細工の巧妙を得て世に旁く称せらる．先年櫻田の営に陪合せし時，渾天儀を制して家の伝器となしけるを（家伝）		
1712	10月落髪して供奉せし小納戸は，…，建部彦次郎賢弘，…なり	○	×
1714	10月小納戸建部彦次郎賢弘なり（布衣をゆるされる）	○	○
1716	5月15日其外の小納戸……，建部彦次郎賢弘，……且行列の人々仮廊より扈従す（将軍家継の葬列に加わる）	○	×
		○	○
	5月16日建部彦次郎賢弘，……寄合となる [18]	○	×
1720	3月寄合建部彦次郎賢弘先々より事奉り，遠国にまかりしをもて金をたまわる．	×	○
	仰をうけて武蔵国妙剣山牟禮瀧山等の地を検す．		
	11月寄合建部彦次郎賢弘も常に奉る事多きをもて金三十両を下さる．これ彦次郎賢弘天学数術に精しきをもて，御顧問にあづかりし事もあるゆへなるべし．	○	×
	仰せ付られ候御用之節，出精相勤候に付金三十両下し置かるる旨，御右筆部屋縁頬にて水野和泉守殿仰渡さる．（本朝数学史料）		○
1721	2月寄合建部彦次郎賢弘，二丸留守居となる．	○	×
1725	9月二丸留守居建部彦次郎賢弘に金五枚，時服三たまふ．これ諸国地図を製し奉りしによれり．	○	○
1727	5月二丸留守居建部彦次郎賢弘が養子佐助秀行は書院番に入番．これ等が父，久しく布衣以上の食にありて勤労せしかば，めしいだされしなり．	○	○
		○	?
	※京銀座の所属中根條右衛門天学の長ぜしをもて月俸十口をたまふ・此條右衛門は数術にもくはしく，天象に [19]．	○	×
	12月二丸留守居建部彦次郎賢弘測量の事により，つねに近郊におもむくをもて，時服三をたまふ [20]．	○	×
1728	12月二丸留守居建部彦次郎賢弘暦書の事にあづかりしをもて，時服三をたまふ [21]．	○	×
1729	12月二丸留守居建部彦次郎賢弘を褒せられて，時服賜ふ．この賢弘は天文暦数の学にくはしかりければ，しばしば其事うけつかふまつるをもてなり [22]．	○	○
1732	3月留守居番建部彦次郎賢弘広敷用人となる．	○	○
1733	2月広敷用人建部彦次郎賢弘病免して寄合になる．	○	○
	12月建部彦次郎賢弘が養子小姓左助秀行をはじめ，父致仕の請をゆるされ，その子家つぐもの十一人．彦次郎賢弘には養老の料三百俵をたまふ．	○	×
	※『徳川実記』付録は省略 [23]．		

第8節 『徳川実記』に記された関孝和の養子——関新七（新七郎）

ここで，また不思議なことがあります．関孝和の養子関新七郎が『徳川実記』第8編に記載されているのです．

　　「甲府勤番原田藤十郎某，関新七郎某（ら，六人），追放たる．同心四人
　　も同じ．これ博奕の罪によりてなり」[24)]（（　）内は筆者）

とあります．これ以外，関新七郎の記載はありません．

偉大な養父関孝和について『徳川実記』は一行も記述せず，養子・関新七郎の悪行だけ記載するとは，不可解としか言いようがありません．

少なくとも，関孝和の事跡について『徳川実記』が，『寛政重修諸家譜』に記載された程度のことを記載してもよいと思うのは，身びいきでしょうか．

第9節　建部賢弘と関新七（新七郎）——本多利明の知り得たこと

東北大学図書館の林文庫所蔵に，建部賢弘著『圓理弧背綴術（えんりこはいてつじゅつ）』という本多利明の自筆写本があります[25)]．この自筆写本について『明治前日本数学史：第2巻』[26)]は詳しく記述しています．この自筆写本の冒頭に「建不休先生撰印」とあり，末尾には，

　　「此書建部不休先生之製作也．其向
　　授時暦之起源詳解……中略……
　　………………本多利明謹誌印」

とあります．ところで，この自筆写本には，一枚の紙が折り込まれています．それに不思議なことが記述されています．

　　「此書は関孝和先生の遺書にして関
　　流一派の長器なり．曾て延宝年間
　　に関家断絶，其後先生の高弟たる

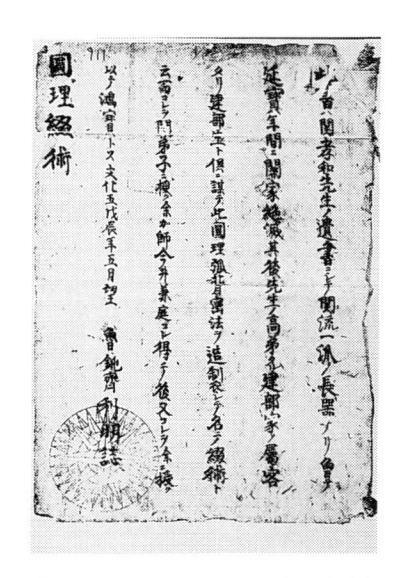

『圓理弧背綴術』（一枚の折り込み紙）（東北大学附属図書館蔵）

建部家の屬客たり．建部生と倶に謀て此圓理弧背密法を造製して名て綴
術と云．而これを門弟子に授く．余が師兼庭これを得て，後又これを余
に授く．以て鴻寶とす．文化五戊辰年五月望魯鈍斎 利明 誌
圓理綴術」[27]

『圓理弧背綴術』（円理弧背綴術 <ruby>えんこりこはいてつじゅつ</ruby>）の本文では建部賢弘の遺書と記述し，この折り込み一枚紙の記述は，関孝和の遺書と記述し全く違ったことをいっています．これについて，藤原松三郎博士は，関家が断絶したのは延宝年間ではなく享保年間であり，この書の内容も『綴術算経』享保 7 年 (1722) と同じ公式が異なる導き方で書かれているので，建部賢弘の遺著であり，関孝和の遺著でないと言明しています．

また，東北大学図書館岡本文庫に不休建部賢弘撰『圓理綴術　圓理弧背術全』という写本があります．この写本の巻末に三上義夫博士によるペン書き長文の注意書『圓理綴術の後に書す』とあり，その中で「圓理綴術は建部賢弘の作なり．……」とあります．また，三上義夫は「本多利明の注意書は，蓋し憶測深く信憑し難きに似たり」としています．

たしかに，関家断絶が延宝年間 (1673-1680) ということは，明らかに間違っています．しかし，なにゆえ本多利明は，このような貴重な写本に本文の記述と全く違ったことを書き残したかを考察してみましょう．

まず，本多利明が『圓理弧背綴術』を書いた年紀がなく分かりませんが，折り込み一紙が文化 5 年 (1808) に書かれていることに注意しましょう．本多利明は寛保 3 年 (1743) に生まれ，文政 3 年 (1820) に死去しています．この自筆写本『圓理弧背綴術』が書かれたのは，本多利明の若い頃と推定できます．本多利明の伝記は，その弟子である宇野保定『本多利明先生行状記』[28]（文化 12 年稿）が最も早い時期のものです．そこには，

「十八歳の秋，父母に暇を告げ東武に至りて猶も其道を極めんと欲して，今井寛蔵兼庭（御代官元締役）を算学の師として仕へ，関流の奥義を習ふ．……」

とあります．この自筆写本『圓理弧背綴術』も本多の師である今井兼庭の所持していたものを利明自身が書き写したものとあります．さらに，同書に，

「廿四歳より算術天文剣術を以て人を教育し音羽に住す．諸国を遊行し

て天文地理を量り，」[29]

とあります．従って，20歳代の前半に，この『圓理弧背綴術』は書かれたと推定してよいでしょう．本多利明自身その後，関心がどんどん広がり航海術，経済問題，蝦夷地問題と和算家の枠を超えて経世家として知られた存在になります．すなわち，本多利明は数理に基礎をおいた実学思想を形成してゆきます．従って，20歳代後半から，忙しくなって，とても丹念に計算をする余裕がなくなっています．

ところで，折り込み一枚紙は，文化5年 (1808) と記述されています．本多利明が65歳のときです．従って，この『圓理弧背綴術』は写されたときから，約40年後に書かれていると考えてよいでしょう．なにゆえ，40年後になって，わざわざこのような本文と異なったことや次に述べる関新七郎の知らざる事を書き加えなければならなかったのでしょうか．

第10節　キアラの真相と建部賢弘の秘密――本多利明著『交易論』

このような例は別にもあります．それは刈谷市中央図書館村上文庫[30]に所蔵されている本多利明自筆書『交易論』にあります．交易論の名のとおり，国家として交易をとおして国を富ます方法を論じています．末尾に，

「享和元年辛酉年七月上旬於根諸之間誌　本多利明　印」

とあります．享和元年は，西暦1801年で本多利明が58歳の署名です．しかし，その頭注として，自らの書き込みがあります．非常に重要なことが，何回か書き直しながら記載しています．これは，明らかに，享和元年より後年になって頭注として書き加えたものです．まず『交易論』[31]の本文に，

「欧羅巴の内ポルトガル国より，耶蘇宗の導師三人を送り遣し，……」

とありますが，この頭注[32]に，更に，

「一人をバテレンといひ，一人をエルマンといひ，一人をフラテントイフ也．各有髪赤毛の人なり．彼国には男女とも修真の人（注，修道士）といふて生涯童身を守り，男女交合の□を断つ．只道を修て徳を保なり．此三人は修道の人にても□，日本へ渡来て二十余年の内決して色道の交りをせず，感銘せんも余りある」

と書き加えています．頁をかえて，同じ頭注に，次のように記しています．

「一　半天連（岡本三右衛門，本名ジョセフ）右同人延宝年間に日本の地薩州侯の所領内なる屋久島へ渡来，住居せし縁て擒とし，東都へ囚となり数年存命なりし内に日本語を聞覚てより其事の始末も解たるに哉．一カ年銀子一貫目十人扶持を給て山屋鋪に住居，妾をも召仕ふべき旨を蒙りて豆州ミサキ西町産の婦を置たれども，生涯妾にせず．此半天連イタリヤ帝の選挙に縁て渡来し，日本へ自然治道・真政を相伝すべき旨の命を奉□ケ渡来せりといへり．八十四歳に病死．小石川無量院に墓あり．日本に住居四十余年，修真を保，行状約にして実に聖人ともいふべき人物なりといへり」[33)]

このなかで，キアラとシドティとの混同と思われるところがありますが，岡本三右衛門の名前を明記しました．『西域物語』にないことが書いてあります．特に，生涯童身を守り，男女交合を断ち，生涯妾にせず84歳の生涯を送った立派な聖人として感銘しています．このことも初めて記載されたことで，これまでの歴史で，ジュセッペ・キアラたちは，井上政重の拷問に耐えきれずキリスト教を捨て，妻を娶った背教者として蔑まれてきました．

本多利明は，どうしてこのような秘密を知っていたのでしょうか．本多利明は，小石川無量院の近くである小石川音羽に住み音羽先生と呼ばれるほどですから，キアラの墓を見て調べ知っていた可能性もあります．

もう一つの可能性は，関孝和 → 建部賢弘 → 中根元圭 → 幸田親盈 → 今井兼庭 → 本多利明，という和算家の系譜に連なる秘密の口伝です．それは，『圓理弧背綴術』の伝来と同じルートを辿ってみれば理解できます．

『交易論』の頭注の記載時期について考察します．この頭注は，本文と同時期に書かれたものではない，と推定できます．明らかに後年になって，頭注として書き加えたのです．この頭注にあることは秘密にすべき事柄であり，恐らく『圓理弧背綴術』の折り込み一枚紙にある文化5年 (1808) 頃，本多利明65歳頃と考えてよいでしょう．文化5年 (1808) という時期は，彼自身にとって区切りの時でした．それは，文化6年 (1809) に，本多利明が加賀藩に招かれ1年半ほど加賀へ赴いているからです．招かれたとはいえ，65歳にして江戸を離れることは，大きな決断であったでしょう．結果的には78歳という非常に

長命でしたが，本多利明は加賀が終焉の地になると思い，ある意味で遺著として『交易論』への頭注と『圓理弧背綴術』への折り込み一枚紙を書いたと考えられます．

本多利明の著書で一番後年のものは，『方円算經立表源』（文化 3 年，1806）です．本多利明の蝦夷地渡海は，享和元年（1801）に実行していますが，文化 5 年に「ロシア人がクナシリ，エトロフに乱入し……」との報を聞くも老年を理由に弟子の最上徳内を代わりに推薦しています．

従って，文化 5 年（1808）本多利明 65 歳になって，『圓理弧背綴術』の折り込み一枚紙として，本文と異なる利明自身の知っている真実を書き残しても不思議ではありません．『交易論』の頭注への書き込みも同じ状況と考えてよいでしょう．

結論的に申し上げますと，『交易論』の頭注も『圓理弧背綴術』の折り込み一枚紙の記述も，全くのデタラメではないということです．

すなわち『圓理弧背綴術』は関孝和の遺著で，関家断絶後（関新七郎は）建部賢弘の食客であった可能性もなしと言い切れないのです．さらに（関新七郎）と建部生と共に相談して，この『圓理弧背密法』を書き，建部賢弘の弟子達に授け，今井兼庭から本多利明と伝わったというのです．養子の関新七郎が関孝和の遺著を所持していても不思議はありません．

『圓理弧背綴術』の折り込み一枚紙で，本多利明は「関孝和先生」としていますが，一方で「建部生」としています．「先生」と「生」のこの書き方の差は，不可解です．本多利明から見れば，関孝和も建部賢弘も大先生のはずです．事実『圓理弧背綴術』の本文には，「建部不休先生」と記載するくらいですから．可能性として高いのは，本多利明が建部賢弘の暗い秘密を知っていたことです．このようなことからか，本多利明の二人の扱いに差が出ます．寛政 6 年（1794），本多は多くの賛同者を得て関孝和を讃えたて石碑を建てていますが，建部賢弘については同じような讃え方をしていません．

第11節 「落書」とは──裏側からの歴史

いつの時代でも，表向きの公式的なことは，真実から程遠いことが多いもの

です．むしろ，皮肉な言説や体制批判文書のなかに真実があると考えてよいでしょう．これは現代でも通じることですが，徳川時代のように将軍独裁軍事政権のもとでは，本当のことがなかなか言葉で言い表せません．しかし，どんな権力でも言論を完全に封殺することはできません．体制・人物・世間に批判・不満・反感をもつ人達は，「落首」や「落書」といった形で表現をしました．

「落書」とは，時事または当時の人物について，諷刺・嘲弄の意をあらわした匿名の文書で，衆目に触れ易い場所や権勢家の門・壁などに貼りつけ，または道路に落としておくものです[34]．「落首」とは，和歌形式のものです．

徳川時代になると，落書作成人口は増大し，武士だけでなく，町民や農民など庶民階層にも及んでいました．もちろん，作成した人物はだれであるか判明しません．権力者・権威者などの行為行動を批判することができる人物が，存在したことは確かです．それは一般庶民だけでなく，支配階層に属しているが批判精神を持ち皮肉る人物の成せる技であったと考えられます[35]．

徳川時代の落書をまとめた『江戸時代落書類聚：上中下』[36] という書物があります．この書物は，大正3年から大正4年に，矢島隆教（松軒）という旧幕府時代の生き残りの人物によって書かれたもので，どのような人物か明かではありません．この書物の序として，「落書概説」をくわしく書いています．

第12節　落書は語る——建部賢弘のある実像

『江戸時代落書類聚：上巻』(p.124)，つぎのような落書が載っています．
　　「一，雨天に埒の明ぬもの宮芝居と建部彦次郎
　　　　　*寄合建部彦次郎賢弘，天文に精通せし人なり」
とあります．

落書に書かれるほど，建部賢弘はよく知られていた見るべきでしょうか．この落書の意味は，「雨天になると，はかどらず決まりがつかないものは，宮芝居と建部彦次郎である」と，皮肉っています．注にあるように，建部彦次郎賢弘がいかに天文に精通していても，宮芝居と同じように雨天では観測もできなくてしょうがないと皮肉られています．

建部賢弘は，2度寄合になっています．1度目は将軍家継死去にともない寄

合になったときです．2度目に寄合になったのは，晩年の享保18年（1733）2月になってからです．

　この落書を「享保落書」[37]といい，その最初に，
> 「此落書は，有徳公が享保の初め御代を承継れし以来，武芸を勉（ママ）まし，風俗を正し，倹約の令を施行し，其他百般の改革をなされしにより，此新政に対して不平の余り，かかる落書を造りしならん．其言処，不条理なる事いと多し．後年に至り，徳川家中興の名君と世人に称賛せられしも，かく罵詈讒謗（ばりざんぼう）の落書多きは，当時の世態人情の有様想ふべし．「物揃」（享保7年6月の作）」（（　）内は筆者）

という序文なようなものがついていて分かります．

　この享保7年（1722）とは，建部賢弘にとって重要な年でした．それは建部賢弘が独創的な和算書『綴術算経』の序文を記述した年だからです．前章で書きましたように，建部賢弘の『綴術算経』の独創性について，疑義があるからです．シドティとの密会による伝授です．この「享保落書」を書いた人物は，他の落書から推定して，幕府の要路の裏側をよく知る者でしょう．そうしますと，前期の落書は，建部賢弘がシドティと密会し，また『綴術算経』の成立の裏面を知っていて皮肉ったともいえます．

第13節　「落書」と関孝和

　『江戸時代落書類聚』に関孝和の氏名を見つけることはできませんでした．ただ，面白い落書があります．先の建部賢弘に関する落書のすぐ前に（享保落書中[38]），
> 「一，不断いそがしいもの山師と御勘定奉行吟味役
> 　　　＊御勘定吟味役，日勤にて休暇なく，諸役人中第一の多忙なり」

とあります．関孝和は甲府宰相綱豊に仕えていたとき，この勘定吟味役をしていました．関孝和は，この勘定吟味役という重要な職による多忙が重なり疲労困憊となり，幕臣になって短期間で死去することになります．

　また，私家版『和算の成立下』第8章で建部賢弘との対比でとりあげた萩原美雅は，将軍吉宗の代の勘定吟味役として，辣腕を振るいました．

第14節 「宝永落書」——内山七兵衛の役割

「宝永落書」[39]は，長文なものです．この落書の附言に，
　「此落書は，宝永六年（1709）正月十日将軍綱吉公薨去の当時作りしものなり．公の寵臣側用人松平美濃守吉保・若年寄稲垣対馬守重富・勘定奉行荻原近江守重秀・帰依僧成満寺，隆光等が，公の在世中に執行せし政事上の罪悪をあげしものなり．徳川氏初世以来宝永五年迄の中に，当代の如く落書の多きは絶てなし．いかに人民の憤怨せしかを想像するに足べし．茲に公及び松平吉保・稲垣重富・荻原重秀の略伝，生類憐愍に関する布告，鳥獣を殺傷して厳刑に処せられし人名を載せ，以て落書の多き所以をしらしむ」(（　）内は筆者)

と掲げてあるのを読むと「落書」の趣旨がわかります．
　この中に「常憲院殿に関する落書」というものがあります．いくつかに別れていて，「東叡山通夜物語」「地獄」「極楽」「御役替之章」「御仕置者事」「重罪之事」「御定」「後方事」などとつづいています．
　常憲院とは，将軍綱吉のことで，その通夜，葬儀に関する落書です．綱吉側近であった当直の松平右京大夫輝貞が居眠りをし，その夢の中で，故人である長兄の前将軍家綱，次兄の甲府宰相綱重らが綱吉を裁判にかけます[40]．
　「珍らしや綱吉，此度娑婆の栄花つきて此土に来る事，今更思ひしるや．……毒薬を調合して世上に是をあたへ民の命を断事，其科おろそかならず．返答あらば答へ給へ」

などと罪状をならべて，綱吉を厳しく糾弾して地獄に落とすことを決します．そこで次兄綱重が取りなして，極楽に行くことになります．そこへ浅野内匠頭と四十七士が押し寄せ，なぜか大老堀田正俊を刺殺した稲葉石見守が700騎を率いて登場し戦闘となります．そのうちに夜が明けて夢がさめるという物語です[41]．
　その反面，綱重と家宣にたいして極めて好意的な記述をしています．
　「家宣公今より世上あらたまりて繁栄ならん事，飢渇に食をあたへ旱魃に水を得るが如し．聖なるかな聖なるかな．家宣公民を憐ませ給ふこと，

　　　　一子に乳味を与ふ如し」
これによって，書き手の人物が綱重・家宣の周辺か，あるいは綱吉につぶされた大名の家臣であったということがわかります．
　さて「地獄」という部分に，綱吉の死出への旅の役割と人物が充ててあります．例えば，
　　　「一，御道筋箱根通死出之山へ御出，三途川渡御．六道之辻へ御掛，極楽之前より東門へ被為入候事」
　　　「一，箱根山　　　　　　　　　　藤堂和泉守」
　　　「一，死出山坂下固　　　　　　　酒井内匠頭
　　　　　　　　　　　　　　　　　　　牧野備前守」
　　　「一，三途川固　　　　　　　　　本多中務大輔
　　　　　　　　　　　　　　　　　　　本庄因幡守」
とつづき，最後の役に，
　　　「一，御代官　　　　　　　　　　内山七兵衛」
この後，徳松などの名代，桂昌院などからの献上物が並んでいます．
　この，御代官内山七兵衛に注目しました．この内山七兵衛は，宝永5年 (1708) 7月25日に死去した関孝和の実兄という内山七兵衛名永貞のことです．内山永貞は，前章の「松木新左衛門聞書」のところで書いたように，林奉行や勘定組頭の後，代官に転じています．どこの代官であるか『寛政重修諸家譜』に記していませんが，実際は遠州中泉代官に就任し，中泉代官支配の井川村御林の切り出しを指揮しています．このとき切り出した材木は，江戸に運ばれ上野寛永寺根本中堂の造営に使われています．将軍綱吉の大事業で，元禄11年 (1698) 8月に落成しています．惣奉行は柳澤吉保でした．このときの実際の事業を請け負った人物こそ，紀伊国屋文左衛門であり駿府の豪商松木新左衛門で，莫大な儲けをしたといわれています[42]．
　ところで，この松木新左衛門と関孝和は親友で，孝和を顧問にして和算書「拾遺共二冊」を出版したといいます[43]．
　内山七兵衛永貞への密命は，この井川の材木切りだし事業と密接に絡んでいると推定されます．恐らく，この「宝永落書」の作者は，この大事業に大きく貢献した内山七兵衛永貞を死出の旅路の役割にしたのです．

この内山七兵衛永貞は，前節で書いたように，『徳川実記』のどこを探しても出てこない人物です．しかし，このように「宝永落書」では，重要人物の一人として登場します．これこそ，内山家が隠密の役割を担ってきたことを示すものです．内山七兵衛永清（明和の頃）の代になって，御鷹匠頭に大きく栄進するのも，このような背景が感じられます．

第15節　田沼主殿頭意行という人物——将軍吉宗の側近

　田沼意行と建部賢弘の人間関係を調べてみます．まず，田沼意行という人物について調べてみます．田沼意行とは，有名な田沼意次の父親のことです．息子が悪い例で有名になってしまいましたので，その父親という存在は忘れ去られています．また，それゆえ田沼意行はどのような人物であったかほとんど分かっていません．田沼意次が行った悪評高い賄賂政治ということによって消されていったといえます．

　田沼意次についてまとまった本としては，後藤一朗著『田沼意次－ゆがめられた経世の政治家－』[44]しかないようです．後藤一朗は，静岡県〔遠州〕相良町の郷土史家として，相良を居城にしていた田沼意次の汚名を晴らそうとして，本書を書いたとのことです．

　現在では，田沼意次の政策は見直されつつあります．田沼意次の政策を批判して政権の座に就いた松平定信によって徹底的に悪くおとしめられたというのが真相といわれています．

　さて，田沼意行について，調べてみます．田沼意行の父は田沼次右衛門義房といい，もともと紀州徳川家に仕えていました．田沼次右衛門は病気で元禄年間に引退して，ほとんど記録に残らない人物です[45]．

《田沼意行・建部賢弘の対応年表》

西暦	田沼意行	建部賢弘
1664		・賢弘，生まれる．
1676		・関孝和に入門する．
1683		・『研幾算法』刊行す．
1685		・『発微算法演段諺解』刊行す．

年		
1687	・意行,生まれる（幼名重之助）	
1690		・『算学啓蒙諺解大成』刊行す.
1692		・甲府宰相綱豊に仕える.
1693		
1704		・綱豊に従い幕府御家人となる.
1708		・（関孝和が死去す）
1716	・吉宗に従い御家人となる．小姓を勤める.	
1719	・嫡子龍助（意次）生まれる.	
1720		・3月妙見山牟瀧山等を検地す. ・11月寄合建部彦次郎へ金30両. ・天文数学に清しきをもって御顧問.（吉宗,洋書解禁）
1721		・二之丸留守居となる
1722		・『綴術算経』を著す.
1724 1730	・主殿頭を叙任す.（田沼主殿頭 意行御刀をもち[46]）	・留守居番となる.
1732		・広敷用人となる.
1733		・職を辞し，寄合となる．『暦算全書』訓点本へ序文を付す.
1734	・龍助（意次）家重附き小姓. ・意行，近習頭取1500石拝領す. 12月8日意行，死す.	
1737	・龍助（意次）主殿頭に叙任す.	
1739		・7月20日死す.（76歳）

　以上，田沼意行と建部賢弘の対応年表の理由は，田沼意行の記録が非常に乏しい[47]ことと，この後載せます田沼意行の建部賢弘宛の書状に関する考証のためです.

第16節　建部賢弘宛の田沼意行の書状[48]

　この書状については，第8章で取り上げましたが，再度考えてみます.
　まず，この書状の時期は，書状に「主殿頭（とのものかみ）」とありますから，享保9年(1724)からから享保19年(1734)までの10年間と限定されます．書状の文面から建部賢弘が，田沼意行に長崎渡来の書物を依頼したことが分かります．享

第9章 和算史の光と陰　231

> 建部彦次郎殿　　田沼主殿頭
>
> 手紙を以て申し達し候　然れば
> 先日の御書物ども
> 彼是御吟味これあり
> 別条これなき筋に御座候
> これにより持たせ進じ申し候
> 御見合わせなるべく候御書物は
> いま一応御覧なさるべし候
> もっとも同書無用の書籍は
> 長崎へ返し申すべく候
> 取り込み早々申し渡し候　以上
> 　　二月八日

（口絵写真参照，読み下し文）

保5年（1720）に洋書が解禁になっていますから，イエズス会宣教師たちが漢訳した天文暦学・数学関係の書物と考えてよいでしょう．書状の内容はもちろんのこと，田沼意行の書状は初出のものであると60年以上田沼意次の研究をしている相良町郷土史蹟調査会会長の川原崎次郎の話です．建部賢弘の書状はもとより彼宛の書状も存在を確認していません．それゆえ和算史上からみても，貴重な書状だと思います．この書状から考え得ることがいくつかあります．

まず，建部賢弘が家宣・家継政権の側近と自ら自認し，一度引退し寄合になっていますが，次の吉宗政権にどのように取り入り復活したのかということです．筆者はその秘密の一端をこの書状が示していると思います．

八代将軍吉宗の誕生は，よく知られているように異例中の異例のことでした．徳川家康 → 秀忠 → 家光 → 家綱 → 綱吉 → 家宣 → 家継という徳川総本家の血筋が絶えて御三家のしかも筆頭でない紀州徳川家にお鉢が廻ってきたのです．それゆえ，この政権交代はスムーズでなかったと考えてよいでしょう．徳川総本家に直属してた旗本・御家人たちは，これからの処遇を考えると不安であったに違いありません．その中でも六代将軍家宣・家継政権になって幕臣となり，側近であった者たちこそ，後の吉宗政権にとって邪魔な存在でしょう．事実，家宣・家継政権において政権運営をしていた間部詮房や政治顧問であった新井白石は，4月に七代将軍家継が死去し，政権が将軍吉宗に交替すると，5月に

は罷免されています．そして，8月には広敷伊賀者（後の御庭番）を任命し，鷹匠頭を再設置し，鳥見役も再設置します．この一連の処置は，将軍吉宗直属のスパイ網を確立することでした．広敷伊賀者，鷹匠，鳥見役とは，それぞれ将軍の諜報機関という役割を担っていました．将軍吉宗は，紀州藩から連れてきた家臣たち多数を広敷伊賀者に任命しています．

深井雅海著『江戸城御庭番』[49]によりますと，紀州藩薬込役の川村弥左衛門利徳ら全部で17家が主だった者たちでした．分家別家になると50家にもおよんでいます．その上，従来からの幕臣であった広敷伊賀者が多数（約96人）いたといいます．吉宗が紀州から連れてきた広敷伊賀者こそ御庭番とよばれた将軍の直々の内命・密命をうけて隠密活動をしたのです．それ以外の広敷伊賀者は，本来の職務である大奥警備などを担当しました．

第17節　建部賢弘の累進過程──将軍吉宗の意向は？

このように警戒心が極度に強かった将軍吉宗が，この広敷の用人に建部賢弘を任命します．

建部賢弘の役職は，享保6年（1721）二之丸留守居，享保15年（1730）留守居番，享保17年（1732）広敷用人と異例の栄進をします．それまで4年間寄合という一度引退していた者が現職に復帰したのですから，二之丸留守居は閑職とはいえ700石高布衣は大出世です．家継政権末期宝永6年（1709）300俵になり，正徳4年（1714）布衣をやっと許されていることを考えると，異例中の異例の取り立てと思わざるを得ません．留守居番は江戸城に宿直して大奥の警備および奥向き御用を掌り定員5名で，千石高布衣でした[50]．

広敷用人の石高等は不明ですが，前職より高禄であったでしょう．

建部賢弘が，広敷用人として紀州家から吉宗が連れてきた御庭番まで統率していたのか疑問の残るところですが，一貫して警備の中心にいました．和算史の研究家が，一般的にもっている大和算家としての建部賢弘のイメージ，とは随分異なるものです．しかも，この時期建部賢弘は独創的な研究『綴術算経』(1722)を著し，天文暦学のお役に立っていたというのです．

さて，一方で田沼意行は，紀州から吉宗が連れてきた子飼の側近でした．

第9章 和算史の光と陰

『徳川実記』の記録にあるように，刀持ち小姓として常に側に控えていた様子がよくわかります．この書状から判明することは，当然それ以前から田沼意行と建部賢弘の両者は親しかったということが分かります．おそらく，建部賢弘が寄り合い時代に田沼意行との付き合いがはじまったと推定できます．本来，この両者を結び付ける要素が見当たりません．この書状がなかったならば，この両者の結びつきは明らかにならなかったでしょう．

享保5年 (1720) 3月,「武蔵国妙見山牟瀧山等を検地す」という仕事を貰うために建部賢弘は吉宗政権の側近に接近したと考えるのが常識です．吉宗にしたら寄合身分のまま，地方の検地という地味な仕事をさせて様子を見たでしょう．

つぎの同じ享保5年 (1720) 11月,「寄合建部彦次郎賢弘へ金三十両，天文数学に清しきをもって，御顧問」ということと，検地の仕事と結果としては全く結び付きません．検地は測量をしますから和算を使いますが，天文暦学に直結しません．しかし，金30両（現在の邦貨で1千万円以上に当たる）を拝領し，天文数学で顧問に抜擢されたのです．これは不思議なことです．このからくりは，田沼意行という存在を考えるとすっきりわかります．おそらく田沼意行は，建部賢弘を熱心に吉宗および御側取次の加納久通等に推挙したと見ます．そうでなくては，あの用心深い将軍吉宗と側近グループが前政権の側近建部賢弘を取り立てはしないでしょう．あまつさえ警備の責任者・スパイ網の元締めにまでさせないでしょう．

一方，田沼意行の生涯をながめると吉宗の小姓として一生を勤め，死去の年やっと1,500石取りになっています．田沼意次の生涯があまりに華々しくドラマティックでしたから，それに反して父親の田沼意行は和歌など多少の風流を嗜みながらも地味で地道な生涯であったようです．その人生のつながりの一人に建部賢弘がいたのでしょう．

筆者は，建部賢弘を特に悪く書こうと思っているわけではありません．むしろ，生身の人間らしい人間として共感すらしています．逆境をバネに異例の累進を重ね，さらに和算研究では傑出した業績をあげたからです．しかし，とかく和算史を研究している者は，建部賢弘を大和算家として偶像視し過ぎる傾向があります．人間建部賢弘という視点は盲点になってしまいがちです．現在で

も，いやむしろ「現代でこそ建部賢弘的人間は，近くによく見かける」といえば，誤解を招くでしょうか．

第18節　まとめ

　本章は本書『和算の成立』のまとめの章です．本節は，そのまとめの節です．歴史とは何か．史料の光と陰，表と裏を観察することによって新たな歴史が書けないでしょうか．和算正史とは何でしょうか．和算の裏面史とは何でしょうか．生き生きとした新たな和算史をどのように描いたらよいでしょうか．このような発想のもとに，いくつかの基本史料に基づいて考察してみました．それは，『徳川実記』『寛政重修諸家譜』『江戸時代落書類聚』など活字化され，だれでも入手可能な史料から考察されたものです．多少日本史をかじった者ならば，だれもが知っている史料からでも，考察する視点の違いによって新たな歴史が展開できることは，驚きでもあります．

　本章での考察によって，前章までの関孝和や建部賢弘を補完できたと思います．関孝和の氏名が徳川政権の正史である『徳川実記』に1ヶ所もないという事実は驚きでした．それに反して，関孝和と同じ甲府宰相綱豊の家臣であり弟子であった建部賢弘が，『徳川実記』で頻出することも驚きでした．しかも，建部賢弘は天文や暦術の大家として認められているのです．ところが，建部賢弘の師匠であり，まさに和算の大家であったと新井白石も書き残した関孝和の氏名が『徳川実記』になく，ある意味でまったく認められていないという『徳川実記』の裏側を探ることになりました．「落書」という裏側から歴史を見直したとき，関孝和の秘密も，内山家の秘密も，建部賢弘の秘密も，透けて見えてきました．このように，和算史を光と陰，表と裏から見直したとき，はじめて人間が生き生きと躍動する歴史になってくると思います．

　「歴史は物語であり，文学である．言いかえれば，歴史は科学ではない」と岡田英弘[51]は言い切っています．本書は筆者の浅学非才によって，文学作品の高みに到達することはかないませんでしたが，できるだけ読みやすく書くように努力はしました．しかし，史料の引用文を挿入すると文章が滑らかにつながらなくなってしまいますが，原文を味わっていただくために入れました．

使用した史料・文献は，今後この分野を研究する人達のために記録しておきました．さて，岡田英弘[52]の書いている，

　　「文学作品が歴史と呼んでいいものになるためには，……立場の違う人が作った史料を，明快な論理で，矛盾なく説明できるかどうか，……」

という考えは納得できます．本書の評価は，本書をお読みいただいた方々が"明快な論理で，矛盾なく説明"されていると感じられるかどうかで決まります．

　本書は序章に書いたように，平山諦著『和算の誕生』を出発点としています．すなわち，和算史へヨーロッパ数学・文化の影響が存在するという仮説にもとづいています．その結果，和算史上の数々の不可解なことを，まさに"明快な論理で，矛盾なく説明"できたと確信します．それは，和算史においてヨーロッパ文化の影響が，これまで考えられた以上に大きかったことを示すことになりました．徳川時代におけるキリシタン弾圧と禁制や「鎖国」という，為政者の"正史"によって，惑わされてきたことも分かりました．逆に，そのような困難な状況のなかでからこそ，和算は成立し得たと思います．和算が中国数学という皮を被りながらもそれを打ち破り独創性を発揮し高みに達し得たのも，困難な状況下でヨーロッパ文化を秘かに育んできたからと考えます．

　また，岡田英弘[53]は，

　　「歴史をつくるのは，結局，個人としての歴史家なのだ」
　　「歴史は，それを書く歴史家の人格の産物なのだ」
　　「歴史家は，豊かな個性を持っていなくてはいけない」
　　「歴史家は，いろいろな人と，気持ちを通い合わせることができた，と感じるような経験を，たくさん積み重ねなくてはいけない」
　　「書く歴史家の人格の幅が広く大きいほど，「よりよい歴史」が書ける」

と述べています．筆者にとって，一つ一つどれも実現するために非常に困難です．しかし，本書を書き終えた今，この言葉の一つ一つが，あらためて重みとなって迫ってきます．本書を書く上で，筆者が 1944 年戦時中[54]に生まれ，育った状況は，何がしかの影響を与えているかもしれません．また，この 35 年余の教員生活の中で，多くの方々に出会って様々なことを学んできたことも大きかったと思います．特に，中学校が校内暴力・問題行動で大崩壊する過程で，

多くの問題生徒との格闘，生徒会などのリーダー達との交流，保護者や地域の方々との連帯，同僚の教員達との同志的な結びや辛い思いでの中から，"自分という個人の小ささ" "個人の成し得ることの小ささ" "自分の限界" を確かめてきました．それによって幅の広い人格が形成され，豊かな個性がもてるようになったのかは，確信が持てません．しかし，人間の多様な側面を見ることができるようになったことは確かです．また，人間の美しく力強い側面，限りなく愛しい側面，おぞましき醜い側面，弱く淋しい側面，そしてある時は，途方もないむなしさを感じたこともありました．

そんな個人の感傷などひとたまりもなく踏み潰してしまう政治・経済の論理．見えざる手に支配された個人の生き様があります．社会とは何か．文化は何の役に立つのか．学問は何のためにあるのか．学ぶ意味はあるのか．学校は本当に必要なのか．……．

筆者にとって最も大き転機は，平山諦先生と中村正弘先生との出会いです．また，土倉保先生をはじめとする多くの和算に関心を持っている方々との出会いです．これらの出会いが大きな転機となり，筆者が Serendipity（思いがけない発見）を受けたことを，心に刻んでおくべきことです．

本書を書くことによって，筆者の人生の大きな区切りになったと思います．まさに本書に，筆者自身の歴史が投影されていると言ってもよいと思います．

最後になりましたが，つぎの岡田英弘の文を引用して本書の"まとめ"とします[55]．

> 「「よい歴史」が，他人に歓迎されるとはかぎらない」
> 「「よい歴史」ほど，だれにも喜ばれない．だれにも憎まれるおそれがある」
> 「「よい歴史」ほど，文化の違いや個人の好みを超えて，また書かれた時代を離れても，多数の人を説得できる力が強いということだ」と．

―― 参考文献・註 ――

1) 岡田英弘著『歴史とはなにか』（文春新書，2001），この本以外に山内昌之著『歴史の作法』（文春新書，2003），小田中直樹著『歴史学ってなんだ？』（PHP 新書，2003），マルク・ブロック著／村松剛訳『歴史のための弁明』（岩波書店，2004），リシュアン・フェーヴル著／長谷川輝夫

第 9 章　和算史の光と陰　237

　　　訳『歴史のための闘い』（平凡社，1995），竹内康浩著『「正史」はいかに書かれてきたか』（大修館書店，2002）などそれぞれ特長があり，"歴史をとは何か"を考える良書がたくさんあります．
2) 岡田英弘著『歴史とはなにか』pp.217-218.
3) 同上同書 p.218.
4) 同上同書 p.219.
5) 同上同書 p.220.
6) 成島司直編『増補新訂国史大系：徳川実記』（吉川弘文館，初編：1809-1849．再刊1981-1982）．
7) 徳川実記研究会編『徳川実記索引 人名篇 上巻下巻』（吉川弘文館，1973）．
8) 『寛政重修諸家譜』（続群書類従完成会）第 22 巻 p.404.
9) 『徳川実記』第 2 編 p.420．
10) 『徳川実記』第 3 編 p.168.
11) 『徳川実記』第 3 編 p.243，芦田，武川の輩18 名の中の 1 名として幕臣として再び仕えることになりました．他に，関孫兵衛信久もいました．彼等は，駿河大納言の失脚に伴い，浪々の身になっていました．
12) 『徳川実記』第 6 編 p.82.
13) 『徳川実記』第 6 編 p.448.
14) 『明治前日本数学史』第 2 巻（岩波書店）p.141.
15) 『寛政重修諸家譜』第 22 編 p.404.
16) 建部賢弘の氏名はありません（cf.『徳川実記』第 6 編 p.655）．
17) 御印章彫刻とは，将軍家宣の印章を彫ったということです．璇璣玉衡とは，天文観測の機器すなわち渾天儀のことです．問題なのは，『寛政重修諸家譜』にはないことで，建部賢弘の一側面を表しています．建部賢弘にとって，賞すべきことであったはずなのに，なにゆえ記載しなかったのか問題になります．『徳川実記』には，「間部日記」からの引用とあります．将軍家宣の短い時世の間の出来事で，側用人間部詮房の記載するところとなれば，建部賢弘にとって生涯の大事と考えてよいはずです（cf.『徳川実記』第 7 編 p.137）．
18) 建部賢弘は，将軍家宣・家継政権の側近として身を引いた考えてよいでしょう．次の将軍は，紀州徳川吉宗と決まっていました．大きな政権交代で，ある見方では無血クーデタ的な要素があるほどでした．したがって，建部賢弘ら側近が退任するのは，当然のことでしょう．
19) 建部賢弘が推薦したなどという文言はありません．
20)，21)，22) 建部賢弘の測量・天文歴法に関する業績ですが，何故か寛政重修諸家譜にはありません．
23) 『徳川実記』第 9 編 pp.292-294，にある記述は，『明治前日本数学史』第二巻pp.278-279，に一部採録されています．非常に長文なので省略しますが，建部賢弘が望遠鏡を使って日を測っています．また，この時期の貞享暦や天文暦法や洋学の解禁のいきさつなども詳しく書かれています．全体として将軍吉宗の栄光と御恩が際立つように記述されています．他に『徳川実記』に，建部賢弘の長兄賢雄が一行記載されているのみで，次兄建部明は一ヶ所も記載されていません．また，父親の建部直恒も一行記載されているのみです．建部賢弘の養子の建部左京亮秀行は，小姓として三ヶ所記載されています．秀行は，天文暦学に関係していません．このように『徳川実記』に載った和算家・暦算家として建部賢弘の扱いは，師匠である関孝和を遥かに凌いでいます．というより『徳川実記』に全く記載のない関孝和と建部賢弘を比べる意味がないほどです．これは意外な感じをもちます．建部賢弘の業績は，天文暦学や和算関連の測量や地図製作などです．しかし，建部賢弘の師匠で和算家の大家あった関孝和が一ヶ所も記載されないのは不可解です．し

かも，関孝和は甲府宰相綱重・綱豊以来の家臣であり晩年ですが，幕臣になっていますから，『徳川実記』に載る有資格者でした．単に御目見得できる身分とできない身分の差だけではないと考えられます．

24) 『徳川実記』第8編 p.691（享保20年（1735）8月のこと）．
25) 『圓理弧背綴術』について，土倉保東北大学名誉教授に大変お世話になりました．
26) 『明治前日本数学史』第2巻 pp.318-319.
27) 文化5年は西暦1808年です．実物は，カタカナまじり文です．
28) 本庄栄治郎解題『本多利明集』（誠文堂新光社，1935）pp.399-404，に含まれている宇野保定著『本多利明先生行状記』は最初期の伝記です．他に，阿部真琴著『本田利明の伝記的研究』（ヒストリア，1955，1957）．
29) 同上同書 p.400.
30) 刈谷市図書館編『村上文庫目録』（刈谷市図書館，1978），刈谷市立中央図書館の方々は，貴重書の閲覧と複写など快く便宜を図っていただきました．
31) 『本多利明・海保青陵』日本思想体系44，（岩波書店，1970）p.179.
32) 同上同書 p.210.
33) 同上同書 p.210．この引用文1行目にある「延宝年間」は，明らかに間違いです．これは，第9節で論じました『圓理弧背綴術』の中に折り込まれた1枚紙へ本田利明が記した「延宝年間」と同じ記述で，明らかに間違いでした．しかし，奇妙な一致です．二つの考え（説）ができます．一つは，本田利明が「延宝年間」を"むかし，むかし"的につかったという考えです．もう一つは，読者に，わざと間違った情報を与えることによって，その文全体の信頼度を低下させたという考えです．筆者は，後者の考えが主です．というのは，本田利明にとって算法の正統な後継者としては，その内容を秘密にすべきであったのです．それ故，「延宝年間」と，年代だけごまかした内容は，ほぼ正確な伝承といえます．
34) 新村出編『広辞苑』（岩波書店）．
35) 吉原健一郎『落書というメディア』（教育出版，1999），pp.8-10.
36) 矢島隆教編／鈴木棠三・岡田哲校訂『江戸時代落書類聚』全三巻（東京堂出版，1985），上巻（巻之一）p.8に「老臣殉死」という落書があります．徳川家光が死去したとき，堀田正盛，阿部重次などの重臣が殉死しました．日本橋の立ち置き落書でそのことを皮肉り，殉死した老臣どもが，キリシタンの詮議にあぐみ，井上筑後守を弘誓（ぐぜい）の早舟で渡海させよ，と殉死しなかった松平伊豆守などに命じています．井上筑後守政重の力量が，幕閣中でも抜きん出ていたことを落書は示しています．
37) 『江戸時代落書類聚』上巻 p.124.
38) 同上同書 pp.42-43.
39) 『江戸時代落書類聚』上巻 pp.35-104.
40) 同上同書 pp.42-45.
41) この作者は，綱吉が稲葉石見守をつかって大恩ある大老堀田正俊暗殺させたことを知っていたのでしょう．
42) 紀伊国屋文左衛門がミカンで大儲けをしたというのは俗説で，井川御林の材木で大儲けをしたのです．『静岡の数学1』（私家版，1982）pp.10-14
43) 松木新左衛門聞書の各所に出てきます．
44) 後藤一朗著『田沼意次－ゆがめられた経世の政治家－』（清水書院，1971），小説では，村上元三著『田沼意次』上・中・下（毎日新聞社，1985）．

45) 静岡県相良町編『相良町史資料編近世』（相良町教育委員会，1991），『寛政重修諸家譜』『田沼家系図』などを参照しました．
46) 「田沼主殿頭意行御刀もち」という記述が，1724年から1734年の病に倒れるまで20数回の記録が『徳川実記』にあります．それほど，吉宗の側近であったわけです．
47) 他に『徳川実記:有徳院御実記付録巻16』に，田沼主殿頭意行の和歌に関する記述と先の曲水の宴閲する記述があります．同上同書第9巻，p.299，p.301，p.303，曲水の宴以外，年月日は不明です．
48) 川原崎次郎氏を中心とした古文書専門家による解読です．この場をお借りして感謝申し上げます．
49) 深井雅海著『江戸城御庭番』（中公新書，1992）pp.18-22．
50) 「布衣（ほい）」とは，幕府だけの位で，朝廷では六位の叙任がなく，六位以下は無紋の狩衣を正式の服装とし登城御目見得しました．御家人は将軍に御目見得できませんから，布衣を許されたということは，旗本に出世したことです．
51) 岡田英弘著『歴史とはなにか』（文春新書，2001）p.82．
52) 同上同書 p.220．
53) 同上同書 p.221．
54) 第二次世界大戦は人類史上最大の大事件でした．この大事件を直接体験したのか，それがどのような体験であったのかで，その人の歴史観に大きく影響すると思います．中村正弘先生は応召され兵士として中国大陸へ赴き多くの戦友を亡くした重い体験があります．その際，S. Banach『Théorie des Opérations Linéaires』（Warsaw, 1932）を携えて戦地へ赴いたそうです（竹崎正道「作用素環論の歴史（50年の歩みと日本の伝統）」，『数学』第35巻第2号（日本数学会編，岩波書店，1983），pp.62-69）．中村先生による多数の数学史・和算史の論文には戦争体験の強い影響があります．筆者にとって父親が1945年8月13日満州ハイラルで，日ソ不可侵条約を破棄したソビエト軍が怒涛の如く押し寄せる中で戦死したことも歴史観に影響しています．
55) 岡田英弘著『歴史とはなにか』（文春新書，2001）pp.221-222．

あとがき

　まず，拙い文をお読みいただき感謝申し上げます．本書は結果的に遠藤周作著『沈黙』が描いたセバスチャン・ロドリゴ（ジュセッペ・キアラ）の後半生に光をあてることになりました．『沈黙』につづく新たな世界が切り拓かれたと感じていただければ望外の幸せです．

　寛永 20 年 (1643) 日本へ潜入後，42 年も生き永らえたキアラ達は，転び伴天連として，またキリシタン弾圧の手先として蔑まされ，屈辱の歴史しか残していません．

　しかし，歴史のすべてを隠蔽し消し去ることはできません．カトリックの司祭帽を戴いたキアラの墓石はいまでも沈黙していますが，キアラは異国の地で 42 年を価値あることに貢献したことによる静謐を感じつつ 83 年の生涯を終えたと確信いたします．時の為政者もキアラ達の生き方に感銘を受け，手厚く葬るだけでなく墓石に司祭帽を載せることによって報いたかったのです．

　キアラが現在の邦貨で1千万円以上を交わらなかった妻への遺産としたことも（それを記録に残したことも），切支丹屋敷の役割が陰湿なキリシタン詮議の手先ではなく，創造的建設的であったことを示しています．しかし，その役割と貢献を闇の中に隠さざるを得なかったところに政治支配の現実と限界があります．礒村吉徳，関孝和，建部賢弘の出現もその謎もその疑惑もすべてその中に含まれています．それに類する謎も疑惑も現代社会でもつづいていますが．

　18世紀末になりますと有力な和算家が重い口を開き，自らのルーツの秘密を吐露し始めます．それは関流宗統五伝日下誠であり，建部賢弘の直系であった本多利明です．そのころ既にロシア，アメリカ，ヨーロッパ諸国が日本近海に出没し開国を迫りつつありました．諸外国の軍事的な脅威とその背景にある政治・経済・産業および文化が彼らを呼び覚ましたのでしょうか．

　和算が誕生し成立した歴史を現代の私たちはどのように評価するでしょうか．"科学技術創造立国でしか日本は生き残れない"と声高に叫ばれながら，学問文化の基底，それも最も普遍的な数学への敬愛／畏敬と，それを紡ぎ出した歴史への真摯な眼差しなくしては虚しい言葉です．

さて，私家版『和算の成立：下』を一応書き終えた後，はやくも5年の歳月を刻んでしまいました．1998年6月22日午前3時2分，静岡県磐田郡豊田町にて平山諦先生は，93歳で永眠されました．私家版『和算の成立：上』には平山先生に序文をいただきました．私家版『和算の成立：下』の出版は1998年9月30日になってしまい，それ故お見せすることができませんでした．本拙書の出版を喜んでいただけると思います．

『和算の誕生』（恒星社厚生閣）は平山先生89歳の著作です．この本の出版は和算の研究者たちに戸惑いと反発を巻き起こしました．是非ともお読みいただくことをお勧めしますが，この本は"和算キリシタン起源説"で貫かれています．平山先生は東北帝国大学に在学中より和算史研究の中心に位置し，その基本図書『林鶴一和算研究集録』，『明治前日本数学史』，『増修日本数学史』，『関孝和全集』，『安島直円全集』，『会田算左衛門安明』，『松永良弼』，『東西数学物語』，『方陣の研究』，『円周率の研究』等々の出版に関わってきた「権威」であり，それまでの自説を変更したことにたいする戸惑いや反発だったからです．

ところで，川原秀城氏による『古典の再構築』研究ノート「東算と和算——日本の和算研究は右翼の運動か——」を興味深く読みました．内容を要約しますと"朝鮮の数学書を豊臣秀吉軍が掠奪しそれにより和算は成立した"という主張です．その中の次の一節を引用します．「過去現在の和算研究をみわたすとき，わたしは和算の研究者は右翼の運動員かと疑いたくなり，悲しい思いにとらわれる．また遣り場のない怒りをも覚えてしかたがない．」 和算史研究をこのように見ていらっしゃる方もいます．

さて，本拙著『和算の成立』はどのようにお読みいただけたでしょうか．本書は片田舎に住む，時の権威とも縁遠い浅学非才の手による作品だからです．歴史著述の多様性を認める社会は民主的であると言われています．異なる人がそれぞれ違ったアプローチで多様な『和算の成立』を展開したとき，それらを生み出した社会と文化は懐の深い豊かさを持っていると思うからです．

最後に筆者が和算史研究を志した動機を記します．長年筆者が中学生に数学を教えている際，生徒達の疑問や解らなさの根底に恐ろしく深いもの感じたからです．それは数学の歴史を遙かに遠くへ遡ることによって，教える者と学ぶ

者が初めて共有できる感覚だと思ったからです．その追究結果の一つが本書です．さらに，その上で筆者自身が"和算史研究を愉しむ"ことができるようになったことは何よりの喜びであり幸せです．また，和算史研究を通じて多くの方々と出会い交流でき学ぶことができることは，得難い貴重な体験であり掛け替えのない喜びです．しかもその交流は，ほとんどが手紙によるもので直接お会いしたことがありません．数々のお手紙によって，田舎で孤立して研究をするデメリットを感じませんでした．むしろ，研究活動の周辺（辺境）でこそ本質が見えてくると確信します．

　泥沼化・複雑化・深刻化する，社会状況・子どもの状況のなかで，少子化はますます進み，学校の存立そのものが岐路に立ち，先行きが見えない地域社会．そこには果てしない要望（要求）にさらされた学校（子どもたち，教師たち）があります．ドラスティックな教育改革の激流に洗われ，絶え間ない緊張を強いられている教育現場での和算史研究は，"不易と流行"を客観的に見定めるとともに心のバランスを保つ役割を果たしてくれました．このような筆者の味わっている愉しみと喜びのいくらかでも子ども達（若い世代の方々に）に還元できているならば，それこそ大いなる喜びです．

　　　2004年6月13日

　　　　　　　　　　　　　　　　　　　　　　　　　　　　　鈴木武雄

人名索引

あ 行

(N・H・) アーベル　209
赤松則良 (大三郎)　3
(トーマス・) アクィナス　143
安積澹泊　182, 208
足利義満 (日本国王 源道義)　147, 148, 164
安島直円　111
新井白石 (君美)　67, 110, 111, 116-119, 181-184, 186-190, 196, 205, 208, 209, 215, 234
荒木村英 (彦四郎)　38, 77, 127, 130, 131, 169
(ルイス・デ・) アルメイダ　83
(ジェロニモ・デ・) アンジェラス　67
安藤有益　150, 151
安間佐市 (好易)　2
猪飼文次郎　207
池田好運　149
池田昌意 (古郡彦左衛門)　174, 180, 201
礒村吉徳 (礒村文蔵)　8, 9, 24-26, 37-42, 47, 49, 51, 52, 77, 78, 85, 86, 103-105, 107-109, 113, 114, 118, 130, 131, 133, 135, 136, 138-140, 169, 176, 177, 211, 213
板倉重昌　57
板倉重宗　57
伊藤一明　53
伊東俊太郎　83, 116, 166
井上政重 (筑後守)　8, 10, 11, 43, 44, 52, 55, 57-61, 63-73, 75, 76, 80, 86, 91-97, 109, 110, 114, 116-119, 129, 138-140, 150, 165, 169-171, 189, 206, 211, 223, 238
井上正就　10, 68, 73, 76
今井兼庭　110, 221, 223
今村知商 (仁兵衛)　6, 7, 37, 77, 78, 85, 86, 131, 135, 150, 177, 213
(アンドレ・) ヴィレイラ　80
ヴェサリウス　66
ヴォス　118, 142
宇喜多秀家　34
内山清信　124
内山庄左衛門　217, 218
内山清隣　124
内山永恭　217
内山永明 (七兵衛)　122-126, 138-140, 216, 217
内山永章 (小十郎)　123, 124, 139, 217, 218
内山永金　217
内山永清　127, 217, 229
内山永貞 (七兵衛)　125, 141, 217, 227-229
内山永行 (松軒)　122, 125, 126, 218
内山吉明　123, 139, 143, 216
宇野保定　221
榎並和澄　150
海老澤有道　83, 94, 116, 117, 165, 208
遠藤周作　7, 10, 97
遠藤利貞　171, 179
王恂　160
黄鼎　123
太田資宗　59, 68
大原利明　112
岡田英弘　212, 234-236, 239
岡野井玄貞　150, 157, 158, 165
岡村半右衛門　133,
小川正意　150
奥村吉當　113
織田信長　40, 147
尾原悟　83, 94, 116, 117, 165, 166, 178, 179

か 行

(K・F・) ガウス　210
郭守敬　160, 174
カジョリ　35
春日局　91
(フランシス・) カッソラ　80, 94, 95, 115,

117
加藤明成　　43, 46, 143
加藤平左ェ門　　9
加藤嘉明　　42, 43, 71
金沢刑部左衛門　　172
金沢清左衛門　　172, 179
金子勉　　31
懐良親王　　147
狩野亨吉　　208
(E・) ガロア　　209
(カパッソ・) カロリーナ　　208
(フランソワ・) カロン　　59
川上茂治　　52
川北朝隣　　124, 139
河原一夫　　53
川村弥左衛門　　232
勧修寺晴豊　　34
閑室三要元佶　　164
(ジュセッペ・) キアラ (岡本三右衛門)
　　7-10, 79-81, 85-91, 94-103, 105, 108-115,
　　117-119, 138, 140, 141, 166, 169, 170, 173,
　　176, 182, 183, 204, 205, 207, 211, 222, 223
(ドナルド・) キーン　　120
紀伊国屋文左衛門　　49, 125, 228, 238
木下順庵　　184
日下誠　　111, 113
(クリストファー・) クラヴィウス　　6, 8, 18,
　　19, 33, 85, 88, 89, 105, 114
クリスティーナ女王　　166
(第十五代朝鮮国王) 光海君　　154
(清朝第四代皇帝) 康熙帝　　161
(第十七代朝鮮国王) 孝宗　　155, 166
幸田親盈　　110, 223
甲府宰相綱重　　103, 122, 140, 202, 215, 227,
　　228, 238
甲府宰相綱豊 (家宣)　　11, 103, 122, 124,
　　126, 139, 182, 184, 186, 193, 199, 201, 203,
　　204, 208, 215, 226-228, 231, 234, 238
呉三桂　　153
(朝鮮国礼曹参判) 呉億齢　　151
呉明烜　　161, 162
(ペドロ・) ゴメス　　84, 149, 166, 168

金地院崇伝 (以心崇伝)　　61, 165,
近藤守重 (重蔵・正齋)　　145, 164, 214

さ　行

齋藤清右衛門　　75
酒井忠勝　　45, 61
酒井忠清 (雅楽頭)　　45, 53
坂部広胖　　120
佐治一平　　180, 201
(ヨハネス・デ・) サスコボスコ　　84, 166
(フランシスコ・) ザビエル　　148
沢口一之　　142
シドティ　　11, 12, 181-184, 187-190, 193, 196,
　　205, 207, 226
司馬遷　　146, 147, 213
澁川敬也　　165
澁川春海 (保井算哲)　　13, 145, 149-151, 157,
　　158, 164, 165, 173-175, 177, 178, 207
下浦康邦　　33, 173
下平和夫　　29, 32, 33, 168, 178
(アダム・) シャール　　72, 73, 156, 160-162,
　　166
(ジャマル・) ウッ・ディン　　179
壽庵 (黒川三郎右衛門) ／チュウアン　　97-
　　100, 108, 110
(第十九代朝鮮国王) 粛宗　　155
(清朝第三代皇帝) 順治帝　　161
蔣英実　　156
昭顕世子　　166
徐光啓　　169, 184
(第十六代朝鮮国王) 仁祖　　155, 156, 165,
　　166
新村出　　83, 115, 142, 238
瑞渓周鳳　　164,
崇禎帝　　62
杉田玄白　　83
杉本忠恵　　83
鈴木久男　　31
(カルロ)・スピノラ　　6, 8, 19, 149
駿河大納言忠長　　123, 138, 141
西笑承兌　　164
関五郎左衛門　　122, 125, 138, 143

関新七郎　　　122, 125, 126, 218, 220, 222, 224
関孝和（新助，考和，秀和）　　1, 9, 10, 77, 86,
　　103, 110, 112, 121-131, 133-142, 167-169,
　　173-176, 178-180, 186, 188, 195-204, 208,
　　209, 213, 215-218, 220, 221, 223, 224, 226,
　　228, 230, 234, 238
（第四代朝鮮国王）世宗　　156
（第十四代朝鮮国王）宣祖　　154
（対馬藩主）宗義成　　152
祖沖之　　147

た　行

太祖（洪武帝・朱元璋）　　147, 213
高原関之丞　　108
高原吉種（庄左衛門）　　9, 39, 51, 77-79, 85,
　　102-104, 108, 109, 113, 121, 134, 135, 138,
　　169, 176, 178, 211, 213
沢庵和尚　　60
建部賢明　　31, 127, 141, 193, 195, 197-204,
　　209, 237
建部賢雄　　198, 199, 237
建部賢弘（彦次郎）　　9, 11, 31, 34, 77, 110,
　　112, 127, 141, 176, 180, 181, 186-207, 209,
　　210, 218-226, 229-234, 237
建部直恒　　193, 198, 237
建部秀行　　219, 237
竹村権兵衛　　109, 110
（クロドヴェオ・）タッシナリ　　100, 118
伊達政宗　　44, 46, 71
谷秦山　　174
田沼意次（主殿頭）　　191, 192, 229, 230, 233
田沼意行（主殿頭）　　191-193, 229, 230-233,
　　239
田村甚兵衛　　133
（アレン・）ダレス　　63, 171
（フンベルト・）チースリク（Hubert Cieslik）
　　81, 115, 117, 118, 142
土倉保　　8, 17, 18, 32, 142, 236, 237
鄭懐魁　　184, 208
鄭招　　156
鄭之龍　　62, 70, 74
鄭成功　　70, 74

鄭麟趾　　156
テレンス　　160
天海大僧正　　91
天樹院（千姫）　　140, 143
天秀尼（豊臣秀頼の息女）　　143
土井利勝　　61, 154
徳川家継（七代将軍）　　189, 190, 201, 205,
　　219, 225, 231
徳川家綱（四代将軍）　　72, 103, 126, 150,
　　153, 155, 156, 163, 172, 190, 231
徳川家治（十代将軍）　　214
徳川家光（三代将軍）　　12, 43-46, 55-57, 61,
　　67, 72, 73, 90, 91, 96, 116, 140, 149, 150,
　　152, 155, 156, 165, 190, 231, 238
徳川家康（初代将軍）　　40, 43, 61, 68, 69,
　　149, 151, 158, 164, 165, 190, 214, 231
徳川綱吉（五代将軍）　　70, 72, 119, 125, 126,
　　150, 155, 184, 190, 228, 231
徳川秀忠（二代将軍）　　46, 55, 68, 69, 75,
　　149, 152, 154, 155, 190, 231
徳川吉宗（八代将軍）　　127, 184, 189-193,
　　196, 201, 205-207, 226, 230-233
戸田氏鐡　　57, 73
ドドネウス　　66
（ロナルド・）トビ　　63, 70, 74, 154, 165, 170,
　　179
豊臣秀次　　69, 164
豊臣秀吉　　34, 40, 61, 147, 151, 164
豊臣秀頼　　43, 143
（摂政王）ドルゴン　　72, 160, 161
（ヴィンツニンゾ・）トルネッタ　　100

な　行

内藤治衛門　　78, 169
中沢氏亦助照　　25, 26
中根元圭（条右衛門）　　110, 207, 219, 223
中村正弘　　22, 32, 142, 145, 179, 209, 236, 239
鍋島勝茂　　52, 59
鍋島正茂（孫平太）　　39, 51, 52
南甫　　86, 97, 98, 100
二官　　86, 97-100
西玄甫　　83

西村又右衛門　107
丹羽光重（右京大夫）　40, 41, 46
（朝鮮通信使）任絖　154
（E・）ネーター　210

は　行

梅文鼎　207
（ファン・）バイレン　66
橋本正数（伝兵衛）　140, 142
パチョーリ　53
林吉衛門　159
林鶴一　5, 9
林羅山　163, 165
速水融　48, 53, 180, 210
原田甲斐　44, 45
（アンブロワース・）パレ　66
樋口権衛門（小林義信）　42, 150, 159, 166, 168, 172
久田玄哲　34, 135
平賀保秀　78
平山諦　5, 7, 9, 13, 15, 28, 29, 31-33, 52, 115, 120, 137, 140, 141, 168, 178, 180, 235, 236
広瀬秀雄　13, 117, 141, 168, 178
（ラウレチョ・）ピント　115
（フェルディナンド・）フェルビースト　161, 162, 166
（クリストヴァン・）フェレイラ（クリストフォロ）　79-82, 84, 90, 92, 116, 170
藤原松三郎　5, 9, 10, 24, 33, 122, 124, 194, 195, 221
（前漢）武帝　146, 147
プリニウス　66
（フランシス・）ベーコン　55, 70, 73
北條安房守氏長　67, 119, 172
北條氏如　206
北條源五右衛門　193, 199, 200
鳳林大君　166
卜意　98
保科正之　43, 174, 178
星野實宣　150
細井知慎（広沢）　150
細川三齋（忠興）　56, 71

堀主水　43, 143
本因坊道悦　177
本多利明　110-113, 119, 120, 126, 220-224, 238
ホンタイジ（清朝：崇徳帝）　153
（ラファエル・）ボンベリ　35

ま　行

松木新左衛門　125, 142, 228, 238
松倉勝家　59
松崎利雄　105-107, 118, 119
松田順承　157, 158
松平伊豆守信綱　10, 45, 57, 58, 61, 63, 66, 68, 73, 91
松平吉保（美濃守）　227
松永良弼　77
曲直瀬玄朔　34
曲直瀬正琳　34
曲直瀬道三（一渓）　34
間部詮房　182, 208, 231, 237
（フェリペ・）マリノ　94
（ペドロ・）マルケ（ク）ス　80, 115
三上義夫　9, 24, 34, 143, 179
水戸光圀　174, 178
向井元升（玄松）　84, 118, 150, 170
村岡喜八郎　133
村瀬義益　8, 9, 15, 19, 20, 24-26, 34, 37, 38, 51, 77, 86, 104-108, 118, 128, 130, 131, 135, 136, 142, 177, 211, 213
村田全　194, 196, 209, 210
村松茂清　131, 135-137, 143
毛利重能　6, 15, 19, 31, 77, 78, 85, 213
最上徳内　120, 214, 224
百川求之助　133
百川治兵衛（忠兵衛）　6, 7, 16-19, 25, 26, 31, 32, 118, 132, 133, 177
百地川次兵衛　133
森正門　112

や　行

柳生宗矩（但馬守）　57, 60
ヤコービ　194

矢島隆教　　225 , 238
保田宗雪　　60
柳川調興　　72 , 152
藪内清　　164, 179
山崎與右衛門　　31, 52, 78, 118
山路主住　　77, 128, 130
山本北山　　112
（ユリアン・）ヤンセン　　59
游子六　　151, 207
養安院　　34
楊光先　　161, 162
横塚啓之　　174, 179
吉田光由　　2, 6, 15, 16, 19, 31, 37, 42, 77, 78,
　　85, 135, 150, 177

吉原健一郎　　238

ら　行

螺山（朴安期）　　150, 157, 158, 165
（G・F・B・）リーマン　　210
李之藻　　19, 104, 113, 169, 184, 208
（マテオ・）リッチ（利瑪竇）　　4, 19, 104,
　　112, 113, 162, 183, 184, 208
劉秉忠　　179,
（アントニオ・）ルビノ　　12, 67, 80, 82, 83
蘆千里　　42
（セバスチャン・）ロドリゴ　　7, 117,
（イグナティウス・デ・）ロヨラ　　88
ロンゴバルディー　　160

書名・論文名索引

あ　行

会津日新館誌　179
会津藩家世実記　75
アジアのなかの中世日本　165
安島直円全集　120
吾妻鏡　214
新井白石関係文献総目　184
新井白石全集　119, 208
新井白石日記　181, 186, 208
新井白石の研究　208
荒木村英茶談　24, 38, 51, 77, 104, 108, 115, 174
イエズス会教育のこころ　115
イエズス会日本コレジョの講義要綱　84, 116, 149, 166, 168, 178, 179
異国日記　165
イスラムの天文台と観測器機　179
イスラム暦　156
伊勢物語　128
伊曾保物語　128
井上氏六家系譜　68
井上筑後守政重の海外知識　73
井上家私記　75
岩波数学事典　33
運気六十年図　150
運気論口義　150
易経　175
江戸開幕日本の歴史,　73, 74
江戸時代御家人の生活　209
江戸時代前期百川系算法巻物『勢ミの怒希から』と『算法方物積蔵書』について　142
江戸時代の帳合法　53
江戸時代落書類従　225-228, 234, 238
江戸城御庭番　209, 232, 239
江戸初期和算書解説　32

江戸のノイズ　115
江戸幕府役職集成　209
江戸幕府老中制形成過程の研究　73, 74
縁起寺東慶寺史料　143
遠州横須賀城史談　75
円周率はどのように計算されてきたか　209
圓理弧背綴術（円理弧背綴術）　194, 220, 221-224, 238
圓理綴術 圓理弧背綴術全　221
奥州二本松藩　52
大目付井上筑後守政重の西洋医学への関心　66, 75
岡本三右衛門筆記　85, 86, 88
岡本三右衛門の墓　118
お七火事の謎を解く　179
オッペンハイマー　117
阿蘭陀外科指南　83
和蘭風説書　62, 74, 170

か　行

解隠題之法　167
解見題之法　167
海国兵談　214
解伏題之法　167
華夷変態　62, 72, 159, 162, 165, 170
海路安心録　120
花押を読む　142
科学史・科学哲学　210
カジョリ初等数学史　35
割円表　112, 113, 120
括要算法　127, 136, 137, 167, 180
唐風説書　62, 72, 170
寛永九年駿河大納言忠長卿附属諸士姓名　123, 126
寛永鎖国と宣教師の入国問題　115
寛永時代　73, 74

韓国数学史　　34
乾坤弁説　　84, 116, 150
乾坤弁説の原述者澤野忠庵　　115
乾坤弁説の原著とクラヴィウス　　116
乾坤弁説の成立について　　116
勧修寺晴豊記　　34
寛政重修諸家譜　　73-75, 122, 124, 141, 188, 198, 200, 209, 215-218, 220, 234, 237, 239
寛政呈譜　　143
幾何原本　　116, 160
規矩要明算法　　167
郷土乃歩み　　53
極星測算愚考　　194
キリシタン禁制史　　74, 118
キリシタン禁制と民衆の宗教　　74, 75
キリシタン研究：第10輯　　116, 117, 166
キリシタン時代の科学思想　　116, 117, 166
切支丹伝道の興廃　　115
きりしたん版の研究　　142
吉利支丹文学集　　142
吉利支丹暦　　148
キリシタン暦－林家旧蔵本を中心として　　165
契利斯督記　　81, 116, 129, 143
近畿和算ゼミナール報告集（4）下浦康邦氏追悼号　　179
近世国民史－徳川幕府鎖国編　　73
近世初期の外交　　74
近世日本天文学史　　117, 165
近世利根川水運史の研究　　34
近世日本の国家形成と外交　　63, 74, 165, 179
近世の飢饉　　74
近世洋学の海外交渉　　75
近代世界史の中のイエズス会　　120
口遊　　22
国絵図　　74, 179, 210
クリストヴァン・フェレイラの研究　　81, 115, 117
闕疑抄（一百）答術　　127, 133-135, 138
研幾算法　　11, 180, 186, 193, 195, 199-202, 229
元史　　179, 213

原資料で綴る天草島原の乱　　73
検地　　141
元和航海記　　149
交易論　　119, 222-224
句股弦度図説　　184, 185, 208
交食通軌　　156
黄門さまと犬公方　　69
国史大事典　　165
古今算法記　　143
古今算法記自問一十五好之答術　　143
暦（こよみ）入門　　117
弧率　　194
古暦便覧　　78, 150
転び伴天連の偉業（沢野忠庵の再評価）　　116
五郎兵衛と用水　　53
渾蓋通憲図説　　184, 208
コンテムツス・ムンヂ　　165
コンテムツス・ムンヂ研究　　142
こんてむつすむん地　　128-130, 142
近藤正齋全集　　164

さ　行

采覧異言　　119
酒井忠清　　53
相良町史資料編近世　　239
鎖国とシルバーロード　　75
作用素環論の歴史（50年の歩みと日本の伝統）　　239
査祆余録　　81, 85, 86, 97-99, 102, 110, 113, 117-119
算悦・算知・道悦／日本囲碁大系　　180
算学啓蒙　　25, 27, 34, 134, 135
算学啓蒙（訓点）　　34, 135
算学啓蒙諺解大成　　11, 34, 187, 193, 195, 199-202, 230
算砂・道碩／日本囲碁大系　　180
算爼　　25, 135-137, 143
三部抄　　127, 140, 167
算法闕疑抄　　25, 34, 37, 38, 40, 49-52, 77, 78, 85-87, 103, 105, 106, 109, 113, 114, 133, 135, 211, 213

算法直解　25
算法点竄指南　112
算法童介抄　25
算法入門　180, 201
算法勿憚改（算学淵底記）　8, 19, 20, 22, 24-29, 33, 37, 38, 51, 86, 103-105, 114, 118, 128, 129, 135, 136, 142, 211
算法方物積□書　133
算法明解　143
算用記　15, 31
算暦雑考　194
史記（太史公書）　146, 147, 213
時憲暦　72, 160, 161, 164, 166
静岡県史 資料編9 近世一　141
静岡の数学1　3, 142, 238
史蹟切支丹屋敷研究　120
七政算　156
七部書　127
自転車　95
澁川春海の研究　165, 180
清水町用水史　53
十五世紀の朝鮮刊銅活字版数学書　34
自由と和算家　142, 179
自由之理　128
16世紀～17世紀ヨーロッパ像　115
竪亥録　37, 78, 135, 136
宿曜算法　168
授時発明　127, 147, 150, 168, 174
授時暦　156, 160, 164, 170, 207
授時暦議解、術解、数解　194, 207
授時暦経立成　168
授時暦経暦議　150
授時暦の道　170, 178
貞享暦　145, 149, 150, 164, 173, 174, 176, 204, 207
正保国絵図　171
生類をめぐる政治　69
諸勘分物：第二巻　6, 16, 31, 132, 133
初期和算への西洋の影響　5
続日本紀　213
続日本後記　214
初等整数論講義　35

神学大全　143
新刊授時暦経及び立成　150
塵劫記　2, 7, 15, 19, 31, 34, 37, 135, 136
塵劫記の研究図録編　31
真説長暦　150
新編算学啓蒙註解　34
新編諸算記　7, 16-19, 22, 31, 32, 132, 133, 142
数学乗除往来　180, 201
数学著作集全集　87
数学の歴史（ボイヤー著）　53
数学の歴史（平野葉一・小川束著）　209
崇禎暦書　156, 160, 166
崇禎暦書にみる科学革命の一過程　166
数量化革命　53, 74
駿府城石垣刻印調査報告　35
駿府城石垣刻印の謎　35
西域物語　110, 112, 223
政治学史　73
「正史」はいかに書かれてきたか　237
西洋医学伝来史　115
西洋紀聞　88, 110, 111, 116, 118, 119, 181, 182, 186, 196, 208, 209
西洋近代文明と中華世界　32
西洋新法　161
西洋新法暦　72, 160, 207
西洋文明と東アジア　166
西洋暦法　156
世界の名著：ベーコン　73
関孝和を巡る人々　141
関孝和（平山諦著）　5, 52, 115, 120, 141, 180
関孝和「授時発明」現代訳　179
関孝和全集　5, 123, 141, 142, 167, 168, 174, 178, 180
関孝和伝記の新研究　143
関孝和と内山家譜考　143
関訂書　122, 123, 127, 141, 168
世臣録　38
せみのぬけから　132, 133
宣教師シッドティの研究　208
前近代の国際関係と外交文書　165
宣明暦　145, 147, 148

戦略戦術兵器事典－日本城郭編　73
戦略戦術兵器事典－ヨーロッパ城郭編　73
善隣国宝記　150, 154, 163-165
1643年アイヌ社会探訪記－フリース号航海記録　116
増修日本数学史　171, 174, 179
続々群書類従：第12宗教部　115-117, 119, 142, 143
測量秘言　84, 150
素問入式運気論　149
ソ連における科学と政治　117

た　行

太陰通軌　156
太初暦　146, 147
退私録　186
代数学の歴史　35
大成算経　31, 127, 141, 193, 195, 203-205, 209
大統暦　147, 148, 160
大明暦　147
太陽黒点が語る文明史　75
太陽通軌　156
鷹場史料の読み方・調べ方　142
建部隼之助賢明伝（賢明伝）　202, 203, 210
建部賢弘著『研幾算法』の研究　201
建部賢弘の極値計算について　209
建部賢弘の数学とその思想　194, 196, 209, 210
建部彦次郎賢弘伝（賢弘伝）　186, 197-201, 203, 209, 210
伊達安芸と寛文事件　52
田沼意次（小説：村上元三著）　238
田沼意次－ゆがめられた経世の政治家　229, 238
田沼主殿頭意行の書状をめぐって　209
断家譜　122, 126, 141
丹野100年史　76
探訪大航海時代の日本　58, 73
中國算學史　32
中国数学史　32
中国の天文暦法　164
中世思想原典集成　143

中世思想史　117, 143
朝鮮刊本『金鰲新話』の旧蔵書者養安院と蔵書印　34
朝鮮通交大紀　154, 165
朝鮮王朝実録　154, 165, 166
朝鮮科学技術史　165
朝鮮通信使と徳川幕府　165
朝鮮通信使の研究　165
朝鮮と和算　32
朝鮮の西学史　166
長暦宣明暦算法　150, 151
直指統宗（算法統宗）　25, 27, 32
沈黙　7, 10, 97, 117
追遠発蒙　2
通航一覧　75, 81, 115, 117-119, 154
ディオファンタス近似論　35
デカルト伝　116
デカルトの数学思想　208
綴術算経　11, 194, 196, 197, 204, 205, 209, 221, 226, 230, 232
天学初函　160, 184, 208
天球論　84, 150, 166
天經或問　151, 207
天文数学雑書　127, 168, 175
天文大成管窺輯要　123
天文の科学思想　164
天文備用　84
東慶寺と駆込女　143
東西暦法の対立－清朝初期中国史　166
東算と天元術　4
頭書算法闕疑抄　24, 37, 38, 49, 50, 52, 78, 85-87, 104, 106, 107, 113, 114, 118, 136, 176
同文算指　8, 17-22, 27, 28, 32, 33, 104, 105, 113, 114, 116, 129, 140, 160
同文算指と算法勿憚改の間　22
同文算指の開平法　32
同文算指の成立　32
東洋の科学と技術　166
桐陵九章捷徑算法　25, 27
時と暦の事典　165
徳川家光　73, 74
徳川実記　52, 73, 74, 173, 192, 210, 213-220,

　　　　234, 237, 238
徳川実記索引人名編　　215, 237
徳川実記：有徳院卿実記附録16　　239
徳川秀忠　　76
どちりなきりしたん　　128
豊臣秀頼　　143

な 行

長崎オランダ商館の日記　　74, 75, 115, 117
長崎先民伝　　42
長崎洋学史　　115
南蛮学統の研究　　116, 117, 208
南蛮廣紀　　115
南蛮天文家澤野忠庵をめぐって　　116
南米ポトシ銀山　　75
二儀略説　　84, 150, 166, 168
二十四気昼夜刻数　　127
日月会合算法　　150
日本関係海外史料　　75, 116
日本キリスト教史　　118
日本キリスト教歴史大事典　　115
日本経済史　　53
日本乞師の研究　　74
日本古典偽書叢刊　　149
日本資本主義の精神　　120
日本書紀　　213
日本書紀暦考　　150
日本人の西洋発見　　120
日本数学史研究便覧　　30, 35
日本測量術史の研究　　179
日本の数学・西洋の数学　　209
二本松市史　　52, 53, 119
二本松寺院物語　　53
二本松における和算家（数学者）の資料と解説　　52
二本松藩史　　52
日本暦学史　　165, 180
ニュー・アトランティス　　70, 73
信長と十字架　　34

は 行

背教者沢野忠庵　　115

箱根用水史　　53
バタヴィア城日誌　　61, 75
発微算法　　86, 87, 127, 167, 176, 180, 201
発微算法演段諺解　　11, 86, 143, 176, 186, 193, 195, 199, 229
バビロンから作用素平均へ　　32
遙かなる高麗　　115
春海先生実記　　157
蛮暦　　150
東アジアの科学　　166
百姓一揆の歴史的構造　　73
平戸オランダ商館の日記　　58, 74, 75
不朽算法　　111, 112
富士市史　　180
藤津鹿島のキリシタン　　52
武士の家計簿　　48, 98
勿憚改答術　　127, 128, 130, 135
船乗ぴらうと　　150
武林隠見録　　173
文明源流叢書　　116, 179
文明の十字路－イラン，アフガニスタン，パキスタン学術調査記録　　179
平家物語　　128
米国議会図書館蔵－日本古典目録　　179
弁説南蛮運気書　　84
編年井川村史　　141
方円算経立表源　　224
方陣新術　　194
篁蕳内傳金烏玉兔集　　149
北夷算法　　120
本多利明・海保清陵－日本思想史大系　　119, 238
本多利明集－社会経済学説体系　　120, 238
本多利明先生行状記　　221, 238
本田利明の伝記的研究　　238
本朝数学史料草稿　　124, 139
本朝数学宗統略記　　173

ま 行

松木新左衛門聞書　　142
マラーノの系譜　　115
癸未東槎日記　　165

明清と李朝の時代　　166
明・日関係史の研究　　164
武蔵府中物語　　143
村上文庫目録　　238
村瀬義益と算法勿憚改　　24, 34
村山諸藩の和算　　133, 142
明治前日本数学史　　5, 24, 30, 33, 35, 120, 122-124, 141, 142, 178, 209, 210, 217, 220, 237
明治前日本天文学史　　157, 165
明暦／失われた革命　　145
もしETに出会ったら－普遍性とは何か　　209
物語藩史　　52
樅の木は残った　　44, 52

　　　　　や　行

四約術　　120
四余算法　　127, 168, 175

　　　　　ら　行

落書というメディア　　238
理性の思想史　　116
暦　　117
暦学正蒙　　150
歴史人口学で見た日本　　53, 180, 210
歴史とはなにか　　212, 236, 239
歴史の作法　　236
歴史のための闘い　　115, 237
歴史のための弁明　　236
歴史を変えた太陽の歴史　　75
暦算全書　　192, 207

累約術　　194, 196, 205
六角佐々木山内流建部氏伝記　　198, 210

　　　　　わ　行

和漢合運　　78
和漢算法　　143
和漢数学科学史回顧録　　173, 179
和漢編年合運図　　150
和算（近畿数学史学会会誌）　　179
和算－革命のプロシオン　　145
和算研究集録　　5
和算ノ研究Ⅲ　　24, 33
和算の成立（私家版）　　33, 118, 141, 210, 226
和算の誕生　　5-7, 15, 31, 32, 79, 115, 140, 235
和算の道－環シナ海交流史　　117
割算書　　6, 7, 15, 19, 31, 85, 149

A History of Japanese Astoronomy　　116
CREDO / AD CHIARA　　119
Disquisitiones Arithmeticae　　210
Epitome Arithmeticae Practicae　　8, 18, 19, 33, 105
History of Mathematics　　33
Johann Adam Schall von BELL S.J.　　166
kirisyito–ki und sayo–yoroku　　118
l'Algebra　　35
Mandarijn en astronoom　　166
RARA ARITHMETICA　　18, 33
THE ASTRONOMIA EUROPAEA OF FERDINAND VERBIEST. SJ.　　166
Theorie des Operations Lineaires　　239

著者紹介
鈴木武雄（すずきたけお）
1944年　静岡県生まれ
現　在　静岡県小笠郡小笠町立小笠北小学校長

著　書
『静岡の数学1』（共編著：私家版），1982年
『―和算史研究の泰斗―平山諦先生長壽記念文集』（編者：私家版），1996年
『和算の成立 上』（私家版），1997年
『和算の成立 下』（私家版），1998年　など．

論文等
「小日向／沈黙の丘」（共著，『数学教育研究』，第26号），大阪教育大学，1996年
「SILENT HISTORY OF JAPANESE TRADITIONAL MATHEMATICS― WHO IS TAKAHARA ―YOSYITANE？―」（Scientiae Mathematicae Vol.3,No.3），2000年
「和算の道―環シナ海交流史―」（『数学教育研究』，第31号）大阪教育大学，2000年　など．

和算の成立―その光と陰
（わさん　せいりつ）

2004年7月25日　初版発行	著　者　鈴木　武雄
	発行者　佐竹　久男
	発行所　恒星社厚生閣
	〒160-0008　東京都新宿区三栄町8
	TEL 03-3359-7371 FAX 03-3359-7375
	http://www.kouseisha.com／
	組　版　恒星社厚生閣 制作部
	本文印刷　協友社
定価はカバーに表示	製　本　協栄製本

© Takeo SUZUKI, 2004 printed in Japan
ISBN4-7699-0999-3

― 平山博士畢生の和算史 ―

和算の誕生

平山 諦 著

A5判／212頁／定価 3,990 円

平山博士が和算史の謎に挑む．初期和算への西洋文明の影響について宣教師スピノラ，ロドリゲスらの京都天主堂のアカデミア活動，ロドリゲスの日本文典・算法統宗の渡来，ほつ，弗，拂の謎を，現存する事跡探査と著者の鋭い推理で解明する．

関　　孝　和
―その業績と伝記―

平山 諦 著

A5判／318頁／上製函入／定価 4,725円

昭和33年，関孝和二五〇年祭の記念出版の増補改訂版．わが国の生んだ偉大な和算家の伝記，および発微算法をはじめとするその全業績を簡明に解説．また現代の我々にも和算の記述が理解出来るよう西洋数学に置き換えた解説も成される．

文化史上より見たる
日 本 の 数 学

三上義夫 著
平山 諦・大矢真一・下平和夫 編

A5判／300頁／上製函入／定価 6,090円

本書はわが国の自然科学，殊に数学を文化史的立場から論究した三上義夫の遺著を上記編者により詳細な解説を付し再生を来す．和算の社会的・芸術的特性について，芸術と数学及び科学，文化史より見た珠算，遊歴算家の事蹟，算額雑攷など．

増修日本数学史

遠藤利貞　著
三上義夫　編・平山 諦　補訂

菊判／900頁／上製函入／定価 18,900 円

明治29年（1896），本書の初版となる『大日本数学史』が出版され，明治期の三大名著と称され高い評価を受けた．本書はその決定第2版として，初版後に発掘された事項，その後の研究成果を平山諦博士が隈なく収集，収録．

東西数学物語

平山 諦 著

A5判／520頁／上製函入／定価 6,300 円

算数・数学は洋の東西を問わず2000年にわたり民衆と共に歩み，真理の探究，教養を高める手法であった．本書は西洋・中国・日本の数学を比較し乍ら，九々算・鶴亀算・鼠算 etc.の図形，そろばん・対算・円周率 etc.計算問題を平易に解説

定価は5%消費税込です．　　　　　　　　　　　　　　恒星社厚生閣